北京理工大学"双一流"建设精品出版工程

Image Detection and Object Tracking Technology
(2nd Edition)

图像检测与目标跟踪技术
（第2版）

李 静　王军政 ◎ 著

北京理工大学出版社
BEIJING INSTITUTE OF TECHNOLOGY PRESS

内 容 简 介

本书主要介绍了图像检测与目标跟踪相关理论和技术。全书共分 6 章，第 1 章主要介绍图像检测与跟踪技术发展现状；第 2 章讲述了图像检测与跟踪系统的基本组成，分别对摄像机的组成、工作原理、特性、数据接口等进行了讲述；第 3 章讲解了常用的图像预处理算法，包括图像的灰度化、增强、滤波、校正、压缩以及边缘检测等；第 4 章和第 5 章是本书的核心，详细讲述了多种目标检测与跟踪算法；第 6 章为实际应用实例。

本书内容总结了作者及相关人员在目标检测与跟踪方面多年的理论研究和实际应用成果，所讲述的内容层次清晰，系统性强，非常实用。本书可作为高等院校及科研院所从事图像处理和计算机视觉等领域高年级本科生、研究生的教材，也可作为相关领域科研人员及工程技术人员的参考书。

图书在版编目（CIP）数据

图像检测与目标跟踪技术 / 李静，王军政著. -- 2
版. -- 北京 ： 北京理工大学出版社，2023.4
ISBN 978-7-5763-2277-4

Ⅰ. ①图… Ⅱ. ①李… ②王… Ⅲ. ①图象处理-高
等学校-教材②图象通信-目标跟踪-高等学校-教材
Ⅳ. ①TN911.73②TN919.8③TN953

中国国家版本馆 CIP 数据核字（2023）第 061981 号

责任编辑： 陈莉华	**文案编辑：** 陈莉华
责任校对： 周瑞红	**责任印制：** 李志强

出版发行 / 北京理工大学出版社有限责任公司
社　　址 / 北京市丰台区四合庄路 6 号
邮　　编 / 100070
电　　话 / （010）68944439（学术售后服务热线）
网　　址 / http://www.bitpress.com.cn

版印次 / 2023 年 4 月第 2 版第 1 次印刷
印　　刷 / 保定市中画美凯印刷有限公司
开　　本 / 787mm×1092mm　1/16
印　　张 / 16.5
彩　　插 / 6
字　　数 / 405 千字
定　　价 / 66.00 元

党的二十大明确提出："必须坚持科技是第一生产力、人才是第一资源、创新是第一动力，深入实施科教兴国战略、人才强国战略、创新驱动发展战略，开辟发展新领域新赛道，不断塑造发展新动能新优势。"而实施创新驱动发展战略是一个系统工程，需要各专业领域保驾护航。

图像的采集、传输、处理是信息领域非常热门的研究内容，并且应用十分广泛。本书全面系统地介绍了图像检测与目标跟踪技术，是作者多年在这方面研究和应用成果的总结，经整理后形成本书，并将书名定为《图像检测与目标跟踪技术》。

全书主要围绕图像检测和目标跟踪处理算法进行阐述。共分为 6 章，第 1 章主要介绍图像检测与目标跟踪技术发展现状；第 2 章主要阐述图像检测与目标跟踪系统的组成，包括辅助光源系统、摄像机和图像采集处理系统，讲述了摄像机的特性、数据接口及如何选择使用；第 3 章介绍图像预处理方法，主要包括图像阈值化、增强、边缘检测、滤波、校正，摄像机标定、视频压缩编解码与传输等；第 4 章详细讲述了目标检测方法，包括基于运动信息、特征匹配、特征点匹配、机器学习和深度学习等的目标检测方法；第 5 章详细讲述了目标跟踪方法，主要包括基于 Camshift、多特征融合、滤波器及视觉上下文信息等的目标跟踪方法；第 6 章为实际应用实例，主要介绍了研究成果在空中机动目标检测与跟踪，无人运动平台道路检测、轻量化语义分割，基于双目视觉的物体检测与定位和基于红外摄像机的目标检测等方面的应用。

全书由李静和王军政共同撰写完成，书中所涉及的理论研究和应用实例全部是在王军政教授的指导下，由李静深入研究并组织完成，参与者包括周斌博士、常华耀博士、韩天宝硕士、张小川硕士、毛佳丽硕士、陈超硕士、崔广涛硕士、谷玉硕士、刘文学硕士、宋晓宁硕士、杨子木硕士、石欣欣硕士、张鑫硕士、史建勋硕士等，书中诸多算法程序的设计和调试均由李静完成，同时也得到了汪首坤、马立玲、赵江波和沈伟等教师的支持和协助。

作者希望本书能够给本领域的研究生和专业技术人员一定的帮助。但由于作者水平有限，本书难免有不妥之处，恳请各位专家、学者提出批评和指正。

作 者
2023 年 4 月于北京理工大学

目 录
CONTENTS

第1章
绪　　论

1.1　图像检测与目标跟踪技术概述

图像检测与跟踪技术在机器视觉、特征匹配、目标检测、目标跟踪和模式识别等方面都有很重要的应用。它以图像处理技术为基础，将光学电子技术、计算机技术和测试技术等多种现代技术融为一体，构成综合系统。目前已广泛应用于多个领域。在军事上，可用于空中机动目标的跟踪，机载、弹载或星载的红外弱小目标检测，导弹末端制导景象匹配，无人侦察或作战平台等方面；在工业上，可用于工业产品瑕疵检测、零件尺寸测量等方面；在农业上，可用于农产品检测及长势监控等方面；在机器人领域，可用于环境信息感知如目标障碍物检测、车道线检测、交通标志识别等，机械臂视觉伺服控制等方面；在交通监控领域，可用于视频监控、驾驶员行为检测与识别、车牌识别、人脸识别等方面；在生物医学上，可用于超声成像、X光成像及内窥镜影像处理等方面。

通常视觉系统采集二维图像，即平面图像，图像由二维点阵组成。按照视觉处理系统中摄像机的数量和特点可分为单目摄像机、立体摄像机、深度摄像机及全景摄像机等，如图1.1.1所示。

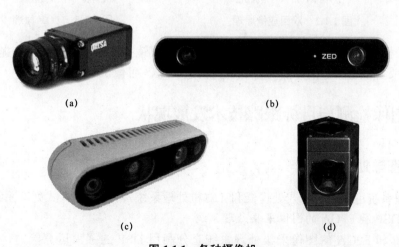

(a)　　　　　　　　　　　　　　　　(b)

(c)　　　　　　　　　　　　　　　　(d)

图 1.1.1　各种摄像机
（a）单目摄像机；（b）立体摄像机；（c）深度摄像机（d）全景摄像机

单目摄像机主要采用摄像机实时采集图像，对图像进行相应处理，获得图像中的相关信息。

立体摄像机的发展是机器视觉技术中一个重要研究方向，是最接近于人类方式的三维信息视觉感知技术。其基本原理是利用两个或多个摄像机在不同角度观察同一场景，通过获取立体图像对的视差，进而实现恢复空间环境的三维信息。立体视觉技术已广泛应用于自主视觉导航、运动目标监视跟踪、工业加工的三维信息获取等领域。

深度摄像机可同时获得二维图像和深度距离图像，如基于结构光编码的 RGB-D 相机、基于飞行时间法的 RGB-D 相机等。其中飞行时间法（Time Of Flight，TOF）3D 成像，是通过给目标连续发送光脉冲，然后用传感器接收从物体返回的光，通过探测光脉冲的飞行（往返）时间来得到目标物距离。与双目立体相机相比，TOF 相机具有完全不同的 3D 成像机理。如图 1.1.2 和图 1.1.3 所示，双目立体测量通过左右立体像对匹配后，再经过三角测量法来进行立体探测，而 TOF 相机是通过入、反射光探测来获取目标距离，系统结构简单，能够实时快速地计算深度信息，达到几十到 100 f/s，并且其深度计算不受物体表面灰度和特征的影响，可以非常准确地进行三维探测，深度计算精度不随距离改变而改变。但是 TOF 相机的有限探测距离一般只有几米，因此不适合做远距离探测。但由于其诸多的优点和便利性，目前已经广泛应用在一些对实时性要求较高的场合，如交互多媒体、汽车辅助驾驶以及人物跟踪计数等方面。

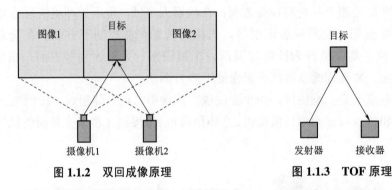

图 1.1.2　双回成像原理　　　　图 1.1.3　TOF 原理

全景摄像机可无盲点监测覆盖所处场景，通过鱼眼镜头，或反射镜面（如抛物线、双曲线镜面等），或多个朝向不同方向的普通镜头拼接而成，拥有 360° 全景视场。

1.2　图像检测与目标跟踪技术发展现状

1.2.1　图像处理系统

图像处理系统可分为嵌入式处理器和计算机处理系统，常用的嵌入式处理系统简述如下。

1. 基于 DSP 和 FPGA 的图像采集处理系统

基于 DSP 和 FPGA 的图像采集处理系统充分利用 DSP 的强大运算能力，主要完成图像算分处理；利用 FPGA 主要完成控制、图像采集处理和通信等功能。

2. Jetson GPU 处理模块

Jetson TX2 模块类似于一台模块化的 AI 超级计算机，如图 1.2.1 所示，采用 NVIDIA

Pascal™ 架构。其性能强大，且外形小巧，节能高效，非常适用于机器人、无人机、智能摄像机和便携医疗设备等智能边缘设备。它支持 Jetson TX1 模块的所有功能，同时可以铸就更大型、更复杂的深度神经网络。

Jetson AGX Xavier 可以在 30 W 以下的嵌入式模块上获得 GPU 工作站的卓越性能，如图 1.2.2 所示。此开发者套件搭载全新的 Xavier 处理器，专为自主机器设计，性能和能效分别比前代产品 NVIDIA Jetson TX2 高出 20 倍和 10 倍。该产品非常适合运行现代 AI 工作负载和构建应用程序，适用于制造、物流、零售、服务、农业、智能城市、医疗保健等领域。

图 1.2.1　Jetson TX2 模块

图 1.2.2　Jetson AGX Xavier

3. 华为 GPU 处理器

2019 年 4 月 10 日，华为正式推出基于昇腾 AI 芯片的 Atlas 人工智能计算平台，即针对 AI 全场景的解决方案。Atlas 人工智能计算平台包括 Atlas 200 AI 加速模块、Atlas 300 AI 加速卡、Atlas 200 DK AI 开发者套件、Atlas 500 智能小站、Atlas 800 AI 服务器等多款产品。这些产品可以应用于公共安全、运营商、金融、互联网、电力等行业。比如，Atlas 200 AI 加速模块可以用于摄像头、无人机等终端，半张信用卡大小就可以支持 16 路高清视频实时分析。

4. 晨曦小型机

基于 X86 的车载处理器比较典型的为晨曦科技的 GPU 嵌入式、宽温、抗振动系列产品，晨曦科技 Nuvo－7160GC 如图 1.2.3 所示。该设备配置 CPU I7－8700、内存 2×16G DDR4，GPU RTX2060、6 个网口、4 个串口、2 个 CAN 总线接口等。

图 1.2.3　晨曦科技 Nuvo－7160GC

1.2.2　图像目标检测技术

1. 可见光目标检测方法

可见光图像目标检测（以下简称目标检测）算法在生活各方面都有广泛的应用，比如视频监测、人脸识别、自动驾驶等，已成为近年来的热门话题。目标检测分为两个部分：分类和定位。分类是获取图像中目标所属的种类，定位是找到每个目标的像素坐标。可以通过方框圈出目标，从而用方框中心坐标以及四个顶点坐标表示物体，也可以用目标的极限点代替，由图像中目标的顶部、底部、左侧和右侧点表示[1]。目标检测算法主要由确定检测窗口、提取图像特征和分类器分类三个部分组成。从目标检测的发展历史来看，可以分为两大类：传统目标检测算法和基于深度学习的目标检测算法。

1）传统目标检测算法

针对目标模板图像提取的颜色、纹理、特征点等特征，对待处理图像获取检测窗口的相应特征，根据特征匹配的相似性，确定目标区域。

在检测窗口的获取方面，最常用的有滑动窗口法[2]、选择性搜索[3]以及边缘框法[4]。滑动窗口法利用不同大小的滑动窗口，在图像中从上到下、从左到右按不同的步长滑动，得到一系列的检测窗口。这种方法搜索效率低下，会产生大量冗余窗口，对窗口参数敏感。为了弥补滑动窗口法的缺点，Lampert 等人提出了 ESS（Efficient Subwindow Search）搜索算法[5]，直接检索最大可能含有目标的区域，忽略其他可能区域以提高效率。选择性搜索将图像分割成一系列的小区域，并根据区域之间的纹理、颜色等特征的相似性对区域进行组合得到检测窗口，大大提高了搜索效率。

在图像特征提取方面，1994 年 Ojala 等人提出的 LBP（Local Binary Pattern）[6]算子用于刻画图像的局部纹理，拥有旋转不变性，并且计算耗时少。然而对光照敏感，因此存在较多改进版本[7,8]。Haar-like 特征[9-11]可用于人脸检测、行人识别等。它由边沿、线性、中心和对角线特征组成，但只对一些简单的图形结构敏感，所以大多用于表达某些方向梯度变化明显的图像。HOG（Histogram of Oriented Gradients）特征[12]也可称为灰度直方图特征，由图像局部梯度方向直方图构成，在行人检测等传统领域有着广泛的应用[13,14]。结合 HOG 特征和其他特征，进行目标探测的算法层出不穷[15-17]。HOG 特征在一定程度上对光照不敏感，但计算复杂，无法处理遮挡等情况，并且对噪声敏感。目标的特征点对目标旋转、尺度及光照变化同样具有不变性，目前常用的特征点提取方法有 SIFT（Scale Invariant Feature Transform）、SURF（Speeded Up Robust Feature）、ORB（Oriented FAST and Rotated BRIEF）等算法，可有效提取目标与待处理图像的特征点，然后进行匹配获得对应的特征点实现目标检测。

支持向量机（Support Vector Machine，SVM）是最为常见的传统分类器之一，其基本原理就是寻找一个超平面，使数据在特征空间的距离最大[18]；可以用于二分类和多分类，也能适应线性和非线性情况[19,20]。DPM[21]正是采用 SVM 分类器，利用基于组件的方法完成识别，并取得了良好的检测精度。但是算法在大规模数据上收敛缓慢，且计算复杂。在集成学习方面，AdaBoost[22]作为一种 Boosting 方法，广泛应用于行人检测等领域。这种算法利用迭代，把弱分类器增强为强分类器，是一种典型的加性模型[23]。AdaBoost 主要用于减小模型偏差，可降低泛化错误率，然而对离群点处理不好。

传统的目标检测算法大多采用人为设计的特征，因此普遍存在着表述不完全的问题。而分类器大多难以用于大数据、超多类别、大模型的情况，因此能力有限。而检测窗口的生成效率低，冗余大，也难以满足实时的需求。

2）基于深度学习的目标检测算法

随着 2012 年 AlexNet[24]在 ImageNet 视觉识别挑战赛的分类比赛中，以 Top-5 error 远超第二名 9 个百分点的好成绩，将深度学习再一次带入公正视野，卷积神经网络 CNN 占据了图像分类任务的绝对统治地位。2014 年，Ross Girshick 提出候选区域和 CNN 一起代替传统算法中的滑动窗口和人为设计特征，并将其命名为 R-CNN。这一算法在目标检测方面是里程碑式的进展，引起了基于深度学习的目标检测研究浪潮。目前，基于深度学习的目标检测可以分为单阶段检测和两阶段检测[25]。

R–CNN[26]系列框架是两阶段目标检测的经典算法。R–CNN 中的检测框使用选择性搜索算法生成，检测框的特征利用 CNN 获得，最后分类使用 SVM。但 R–CNN 要求输入图像大小固定，并且每一个检测框都利用 CNN 进行特征提取使消耗时间巨大。因此 SPP Net[27]提出了空间金字塔池化（SPP），使算法允许随意大小地输入。次年 Ross Girshick 等人吸收SPP Net 的思想，在 R–CNN 中加入空间金字塔池化层，并将整张图像输入卷积神经网络，得到对应检测框的特征，命名为 Fast R–CNN[28]，训练和推理速度较 R–CNN 提高了 10 倍。然而 Fast R–CNN 还是存在性能瓶颈，选择性搜索效率低下，大大影响算法性能。因而同年，Ross Girshick 等人再次完善算法，提出了区域候选网络（Region Proposal Network，RPN）[29]代替选择性搜索生成检测框，使算法性能再次提高 10 倍。但是两阶段网络不能实现端到端的训练，而且与单阶段算法相比，时间消耗仍然巨大。

单阶段检测算法没有单独的 RPN 网络生成检测区域，而是通过设置预设框（Default Box）的形式，以整张图像作为输入，用回归计算得到检测结果。Redmon 等人于 2016 年提出的YOLO[30]网络，将整个输入信息划成 7×7 的网格，每一网格估计 2 个包围框，最后通过 NMS去除冗余窗口即可。算法直接进行回归计算，速度快，但是精度低于 Faster R–CNN。因此作者借鉴 Fast R–CNN 中锚框（Anchor Box）的思想，并对锚（Anchor）的大小进行聚类，大幅提高算法精度[31]。同样针对 YOLO 的缺点，Liu 等人提出了 SSD[32]网络。在图像各个位置设置多个尺度的预设框进行回归，既有 YOLO 的快速性，同时又具有 Fast R–CNN 的准确性。

深度学习将目标检测带入了一个全新的世界，然而不同网络结构的设计可能带来不同问题：① 对于特征提取网络，单纯增加网络深度或宽度容易造成过拟合现象。因此，需要设计有效的模型结构来提高图像的特征表达。② 对于推理网络，由于存在图像感受野的限制、多通道信息冗余等问题，一定程度上影响了检测效果。

2. 红外目标检测算法

与可见光相机不同，红外相机具有被动成像的特点，可以全天候工作，对无人平台的夜间自主运动具有重要意义。行人和车辆在道路交通场景中占大多数，并且由于其温度特性，在夜间更容易被红外 CCD 检测到。Han 等人[33]提出了一种利用子块级（Subblock Level）的比值差（Ratio Difference）联合局部对比度检测红外小目标，在复杂背景下具有很强的实用性。但是仅依靠红外相机很难获得目标的位置、大小和其他信息，并且不能完全保证检测精度[34]。因此根据应用场景的不同，红外相机与其他传感器（如可见光相机和激光雷达）融合是必要的[35]。一些学者使可见光图像和红外图像相融合，来获得更加鲁棒或者丰富的信息[36,37]，虽然它可以方便后续处理或帮助决策过程[38]，但无法直接解决目标检测的难题。Grassi 等人[39]研究了一种基于人体运动特征的激光雷达（Lidar）与红外摄像机融合的行人探测算法。王炳建等人[40]融合了红外和激光雷达信息以进行状态估计。尽管这些论文证明了多传感器检测的可行性和有效性，但很少有研究能够同时获得目标位置和大小。

图像的分割可用于许多领域，尤其是在红外信息[41]中，因为它可以为目标检测和跟踪提供丰富的信息[42]。有许多模糊算法适用于红外图像分割[43-45]。其中，模糊 C 均值（FCM）是常用的一种[46]。FCM 是无监督的学习算法，由于其在局部收敛和高维分类方面的良好性能，在图像分割方面具有优势。但是该方法基于欧氏距离，因此在目标与背景对比度较低的环境中性能并不理想。目标检测将影响后续的行为和控制，故而有必要进行准确的检测。结合 HOG 与 SVM 共同实现目标探测也十分常见[47]，在此基础上 Wang 等人提出了 MAP–HOGLBP–T 来识别行人[48]。但是这些方法由于提取的特征复杂，导致处理速度低。事实证明，CNN 对行人检测非常有用[49]，但是获得构架完整且数量巨大的红外图像数据集并不容易。为了优化分类过程，需要设计更简单有效的红外特征。

1.2.3　图像目标跟踪技术

图像目标跟踪是机器视觉研究领域的关键问题之一，在运动分析、图像压缩、监控、人机交互等领域发挥着重要作用。视觉跟踪中的主要挑战是目标的外观变化，包括目标自身的形状、姿态、尺度变化，以及环境中的光照变化、遮挡、复杂背景等[50]。为此，各种视觉跟踪算法也层出不穷。目前，目标跟踪算法大体上可以分为两类：短期跟踪器和长期跟踪器。

短期跟踪器在执行跟踪任务时都假设目标没有完全遮挡和消失，这类算法的研究工作目前都集中在提高跟踪的速度、精度和鲁棒性方面[51]。传统的短期跟踪器一般通过提取目标特征对目标进行跟踪，如颜色[52,53]、轮廓[54]、纹理[55]、光流[56]、特征向量[50]等，但是这些特征对环境比较敏感，所以有的算法通过融合多种特征来提升跟踪器性能[57,58]。一些跟踪算法将目标跟踪问题看作一个状态估计问题，引入预测算法求解目标状态关于观测的后验概率密度[62-63]，如卡尔曼滤波[59]和扩展卡尔曼滤波[60]、粒子滤波[61]等，其中粒子滤波算法（Particle Filter，PF）不需要线性、高斯性的假设，能够处理多模态问题，已被广泛用于解决视觉跟踪问题[64]。最近，一些利用目标局部区域上下文信息的新算法[65-68]取得了成功并引起了广泛关注。其中，基于时空上下文的目标跟踪算法（Spatio-Temporal Context，STC）是 Zhang 等[68]于 2013 年提出的一种简单有效的短期跟踪算法，该算法充分利用了目标局部的时空上下文信息来辅助跟踪目标，具有较快的速度和较好的鲁棒性。

短期跟踪器只能在短期图像序列内执行逐帧跟踪，一旦发生目标被严重遮挡或目标消失，跟踪器就无法继续正常工作。因此，以上这些算法都不能直接应用于长期目标跟踪问题。目前的长期目标跟踪器一般都具有一定的检测能力，这样，当目标经历了遮挡或消失而又重新出现时，就可以利用检测器再次检测到目标并且重新初始化跟踪器[69-72]。文献［69］中使用离线训练的检测器来评估跟踪轨迹的可靠性，运行过程中检测器保持不变，因此对目标自身外观变化的适应性较差。文献［70-73］将跟踪问题看作一个两分类问题，使用一个强分类器来区分目标及其周围背景，并且引入学习算法对分类器进行在线更新[74-75]，能够很好地解决跟踪过程中目标外观变化、短时间遮挡等问题。基于对以上观点的总结，Kalal 等人将短时跟踪算法、检测算法以及学习机制融合到统一的框架中，提出了一种新的长期目标跟踪算法 TLD（Tracking Learning Detection）[76-77]，该算法能有效地应用于目标被遮挡或消失的场合，对目标自身的变化具有很强的鲁棒性，但跟踪模块和检测模块对光照变化、复杂背景等比较敏感，在复杂环境中适应性较差。

参 考 文 献

［1］ZHOU X, ZHUO J, KRÄHENBÜHL P. Bottom-up Object Detection by Grouping Extreme and

Center Points [C]. Computer Vision and Pattern Recognition (CVPR), IEEE, 2019(1): 850－859.

[2] BLASCHKO M B, LAMPERT C H, FORSYTH D A, et al. Learning to Localize Objects with Structured Output Regression [C]. Springer Berlin Heidelberg, 2008, 2－15.

[3] UIJLINGS J R R, VAN-DE K E A, GEVERS T. Selective Search for Object Recognition [J]. International Journal of Computer Vision, 2013, 104(2): 154－171.

[4] ZITNICK C L, DOLLÁR P. Edge Boxes: Locating Object Proposals from Edges[C]. European Conference on Computer Vision, Springer, 2014: 391－405.

[5] LAMPERT C H, BLASCHKO M B, HOFMANN T. Beyond Sliding Windows: Object Localization by Efficient Subwindow Search [C]. Computer Vision and Pattern Recognition (CVPR), IEEE, 2008(1): 1－8.

[6] OJALA T, MATTI P, TOPI M. Multiresolution Gray-Scale and Rotation Invariant Texture Classification with Local Binary Patterns [C]. European Conference on Computer Vision, Springer, 2002(1842): 404－420.

[7] TAN X, TRIGGS B. Enhanced Local Texture Feature Sets for Face Recognition under Difficult Lighting Conditions [J]. IEEE Transactions on Image Processing, 2010, 19(6): 1635－1650.

[8] FATHI A, NAGHSH-NILCHI A R. Noise Tolerant Local Binary Pattern Operator for Efficient Texture Analysis [J]. Pattern Recognition Letters, 2012, 33(9): 1093－1100.

[9] PAPAGEORGIOU C P, OREN M, POGGIO T. A General Framework for Object Detection[C]. IEEE International Conference on Computer Vision, 1998(1): 555.

[10] VIOLA P A, JONES M J. Rapid Object Detection Using a Boosted Cascade of Simple Features [C]. Computer Vision and Pattern Recognition (CVPR), IEEE, 2001(1): 511.

[11] LIENHART R, MAYDT J. An Extended Set of Haar-like Features for Rapid Object Detection [C]. IEEE International Conference on Image Processing, 2002: 900－903.

[12] DALAL N, TRIGGS B. Histograms of Oriented Gradients for Human Detection [C]. Computer Vision and Pattern Recognition (CVPR), IEEE, 2005(1): 886－893.

[13] MEKONNEN A A, BRIAND C, LERASLE F, et al. Fast HOG Based Person Detection Devoted to a Mobile Robot with a Spherical Camera [C]. Intelligent Robots and Systems (IROS), IEEE, 2013: 631－637.

[14] HOANG V D, LE M H, JO K H. Hybrid Cascade Boosting Machine Using Variant Scale Blocks Based HOG Features for Pedestrian Detection [J]. Neurocomputing, 2014, 135: 357－366.

[15] SUN R, CHEN J, GAO J. Fast Pedestrian Detection Based on Saliency Detection and HOG-NMF Features [J]. Journal of Electronics and Information Technology, 2013, 35(8): 1921－1926.

[16] JIANG J, XIONG H. Fast Pedestrian Detection Based on HOG-PCA and Gentle AdaBoost [C]. Computer Science & Service System (CSSS), IEEE, 2012: 1819－1822.

[17] HU B, ZHAO C X, YUAN X, et al. Human Detection Using HOG-HSC Feature and PLS[J]. Computer Aided Drafting, Design and Manufacturing, 2012(3): 65－68.

［18］ PLATT J C. Advances in Kernel Methods: Support Vector Learning ［M］. Boston: MIT Press, 1999, 185－208.

［19］ EBRAHIMI M A, KHOSHTAGHAZA M H, MINAEI S, et al. Vision-based Pest Detection Based on SVM Classification Method ［J］. Computers and Electronics in Agriculture, 2017, 137: 52－58.

［20］ BILAL M. Algorithmic Optimization of Histogram Intersection Kernel SVM-based Pedestrian Detection Using Low Complexity Features ［J］. IET Computer Vision, 2017, 11(5): 350－357.

［21］ FELZENSZWALB P F, GIRSHICK R, MCALLESTER D, et al. Object Detection with Discriminatively Trained Part-based Models ［J］. IEEE Transactions on Software Engineering, 2010, 32(9): 1627－1645.

［22］ FREUND Y, SCHAPIRE R E. A Decision-theoretic Generalization of Online Learning and an Application to Boosting ［C］. Conference on Learning Theory, Springer-Verlag, 1995: 119－139.

［23］ 周志华. 机器学习 ［M］. 北京：清华大学出版社，2016.

［24］ KRIZHEVSKY A, SUTSKEVER I, HINTON G. ImageNet Classification with Deep Convolutional Neural Networks ［C］. Neural Information Processing Systems, Curran Associates, 2012: 1097－1105.

［25］ ZOU Z, SHI Z, GUO Y, et al. Object Detection in 20 Years: a Survey ［J/OL］. (2019－03－16) ［2020－05－04］. https://arxiv.org/pdf/1905.05055.pdf.

［26］ GIRSHICK R, DONAHUE J, DARRELL T, MALIK J. Rich Feature Hierarchies for Accurate Object Detection and Semantic Segmentation ［C］. Computer Vision and Pattern Recognition (CVPR), IEEE, 2014(1): 580－587.

［27］ HE K, ZHANG X, REN S, et al. Spatial Pyramid Pooling in Deep Convolutional Networks for Visual Recognition ［J］. IEEE Transactions on Pattern Analysis & Machine Intelligence, 2014, 37(9): 1904－1916.

［28］ GIRSHICK R. Fast R-CNN ［C］. IEEE International Conference on Computer Vision (ICCV), 2015(1): 1440－1448.

［29］ REN S, HE K, GIRSHICK R, et al. Faster R-CNN: Towards Real-time Object Detection with Region Proposal Networks ［J］. IEEE Transactions on Pattern Analysis & Machine Intelligence, 2015, 39(6): 1137－1149.

［30］ REDMON J, DIVVALA S, GIRSHICK R, FARHADI A. You Only Look Once: Unified, Real-time Object Detection ［C］. Computer Vision and Pattern Recognition (CVPR), IEEE, 2016(1): 779－788.

［31］ REDMON J, FARHADI A. YOLO9000: Better, Faster, Stronger ［C］. Computer Vision and Pattern Recognition (CVPR), IEEE, 2017(1): 6517－6525.

［32］ LIU W, ANGUELOV D, ERHAN D, et al. SSD: Single Shot Multibox Detector ［C］. European Conference on Computer Vision (ECCV), Springer, 2016: 21－37.

［33］ HAN J H, YU Y, LIANG K, et al. Infrared Small-target Detection under Complex

Background Based on Subblock Level Ratio Difference Joint Local Contrast Measure [J].
Optical Engineering, 2018: 57(10), 103105.

[34] LAMBERTI F, SANTOMO R, SANNA A, et al. Intensity Variation Function and Template Matching-based Pedestrian Tracking in Infrared Imagery with Occlusion Detection and Recovery [J]. Optical Engineering, 2015: 54(3), 033106.

[35] LI Y S, ZHANG Y J, HUANG X, et al. Learning Source-Invariant Deep Hashing Convolutional Neural Networks for Cross-Source Remote Sensing Image Retrieval [J]. IEEE Transactions on Geoscience and Remote Sensing, 2018: 56(11), 6521–6536.

[36] MA J Y, YU W, LIANG P W, et al. FusionGAN: A Generative Adversarial Network for Infrared and Visible Image Fusion [J]. Information Fusion, 2019: 48, 11–26.

[37] MA J Y, CHEN C, LI C, et al. Infrared and Visible Image Fusion via Gradient Transfer and Total Variation Minimization [J]. Information Fusion, 2019: 31, 100–109.

[38] MA J. MA Y, LI C. Infrared and Visible Image Fusion Methods and Applications: A Survey [J]. Information Fusion, 2019: 45, 153–178.

[39] GRASSI A R, FROLOV V, LEON F P, et al. Information Fusion to Detect and Classify Pedestrians Using Invariant Features [J]. Information Fusion, 2011: 12(4), 284–292.

[40] WANG B J, HAO J Y, YI X, et al. Infrared/Laser Multi-sensor Fusion and Tracking Based on the Multi-scale Model [J]. Infrared Physics & Technology, 2016: 75: 12–17.

[41] QI B. Robust Detection of Small Infrared Objects in Maritime Scenarios Using Local Minimum Patterns and Spatio-temporal Context [J]. Optical Engineering, 2012: 51(2), 027205.

[42] HE F, GUO Y, GAO C. An Improved Pulse Coupled Neural Network with Spectral Residual for Infrared Pedestrian Segmentation [J]. Infrared Physics & Technology, 2017:87, 22–30.

[43] XU C H, XIE J, CHEN G M, et al. An Infrared Thermal Image Processing Framework Based on Super Pixel Algorithm to Detect Cracks on Metal Surface [J]. Infrared Physics & Technology, 2014: 67, 266–272.

[44] HUANG Y L, YE Y T, QIAO N S, et al. Infrared Image Segmentation Based on Fast Fuzzy C-means Clustering [J]. High Power Laser and Particle Beams, 2011: 23(6), 1467–1470.

[45] WU J, LI J, LIU J, et al. Infrared Image Segmentation via Fast Fuzzy C-means with Spatial Information [C]. International Conference on Robotics and Biomimetics, IEEE, 2004: 742–745.

[46] CHEN L, CHEN C L P, LU M. A Multiple-Kernel Fuzzy C-means Algorithm for Image Segmentation [J]. IEEE Trans. Syst. Man Cybern B Cybern, 2011: 41(5), 1263–1274.

[47] JOHN V, MITA S, LIU Z. Detection of Pedestrians in Far-infrared Automotive Night Vision Using Region-growing and Clothing Distortion Compensation [J]. Infrared Physics & Technology, 2010: 53(6), 439–449.

[48] WANG G, LIU Q, WU Q. Far-infrared Pedestrian Detection for Advanced Driver Assistance Systems Using Scene Context [J]. Optical Engineering, 2016, 55(4): 043105.

[49] JOHN V, MITA S, ZHENG L, et al. Pedestrian Detection in Thermal Images Using Adaptive

Fuzzy C-means Clustering and Convolutional Neural Networks［C］. IAPR International Conference on Machine Vision Applications, IEEE, 2015: 246－249.

［50］LI J,WANG J. Adaptive Object Tracking Algorithm Based on Eigenbasis Space and Compressive Sampling［J］. IET Image Processing, 2012, 6(8): 1170－1180.

［51］COMANICIU D, RAMESH V, MEER P. Kernel-based Object Tracking［J］. IEEE Transactions on Pattern Analysis and Machine Intelligence, 2003, 25(5): 564－577.

［52］REN Y, CHUA C S, HO Y K. Color Based Tracking by Adaptive Modeling［C］. 7th International Conference on Control, Automation, Robotics and Vision, 2002(3): 1597－1602.

［53］CHENG Y. Mean Shift Mode Seeking and Clustering［J］. IEEE Transactions on Pattern Analysis and Machine Intelligence, 2009, 17(8): 790－799.

［54］YILMAZ A, LI X, SHAH M. Contour Based Object Tracking with Occlusion Handling in Video Acquired Using Mobile Cameras［J］. IEEE Transactions on Pattern Analysis and Machine Intelligence, 2004, 26(11): 1531－1536.

［55］PASCHOS G. Perceptually Uniform Color Spaces for Color Texture Analysis: an Empirical Evaluation［J］. IEEE Transactions on Image Processing, Jun 2001, 10(6): 932－937.

［56］HORN B, SCHUNCK B. Determining Optical Flow［J］. Artificial Intelligence, 1981，17：185－203.

［57］JING L, WANG J Z, WANG L P. On Vision Servo Tracking and Control Based on Multicue Adaptive Integration［C］. 2012 31st Chinese Control Conference (CCC), July 2012: 3681－3685.

［58］REZAEE H, AGHAGOLZADEH A. Vehicle Tracking by Fusing Multiple Cues in Structured Environment Susing Particle Filter［J］. IEEE Asia Pacific Conference on Circuits and Systems, Dec 2010: 1001－1004.

［59］SALMOND D. Target Tracking: Introduction and Kalman Tracking Filters［J］. Target Tracking: IEEE Algorithms and Applications Workshop, Oct 2001(2): 1－16.

［60］NORDSJO A E. A Constrained Extended Kalman Filter for Target Tracking［C］. Proceedings of the IEEE Radar Conference, April 2004: 123－127.

［61］PEREZ P, VERMAAK J, BLAKE A. Data Fusion for Visual Tracking with Particles［J］. Proceedings of the IEEE, 2004, 92(3): 495－513.

［62］SHI D, CHEN T, SHI L. An Event-triggered Approach to State Estimation with Multiple Point and Set-valued Measurements［J］. Automatica, 2014, 50(6): 1641－1648.

［63］SHI D, CHEN T, SHI L. On Set-valued Kalman Filtering and Its Application to Event-based State Estimation［J］. IEEE Transactions on Automatic Control, May 2015, 60(5): 1275－1290.

［64］BREITENSTEIN M, REICHLIN F, LEIBE B. Robust Tracking by Detection Using a Detector Confidence Particle Filter［C］. IEEE International Conference on Computer Vision, 2009: 1515－1522.

［65］GRABNER H, MATAS J, VAN-GOOL L, et al. Tracking the Invisible: Learning Where the

Object Might be [C]. IEEE Conference on Computer Vision and Pattern Recognition (CVPR), June 2010: 1285 – 1292.

[66] WEN L, CAI Z, LI S. Robust Online Learned Spatio-temporal Context Model for Visual Tracking [J]. IEEE Transactions on Image Processing, Feb 2014, 23(2): 785 – 796.

[67] DINH T B, MEDIONI G. Context Tracker: Exploring Supporters and Distracters in Unconstrained Environments [C]. IEEE Conference on Computer Vision and Pattern Recognition, 2011: 1177 – 1184.

[68] ZHANG K, ZHANG L, LIU Q. Fast Visual Tracking via Dense Spatio-temporal Context Learning [C]. 13th European Conference on Computer Vision, Sep 2014(8693): 127 – 141.

[69] WILLIAMS O, BLAKE A, CIPOLLA R. Sparse Bayesian Learning for Efficient Visual Tracking [J]. IEEE Transactions on Pattern Analysis and Machine Intelligence, 2005, 27(8): 1292 – 1304.

[70] LEISTNER C, GRABNER H, BISCHOF H. Semi-supervised Boosting Using Visual Similarity Learning [C]. IEEE Conference on Computer Vision and Pattern Recognition, June 2008: 1 – 8.

[71] BABENKO B, YANG M H, BELONGIE S. Visual Tracking with Online Multiple Instance Learning [C]. IEEE Conference on Computer Vision and Pattern Recognition, 2009: 983 – 990.

[72] ZEISL B, LEISTNER C, BISCHOF H. Online Semi-supervised Multiple Instance Boosting [C]. Conference on Computer Vision and Pattern Recognition (CVPR), IEEE, 2010: 1879.

[73] ZHANG K, SONG H. Real-time Visual Tracking via Online Weighted Multiple Instance Learning [J]. Pattern Recognition, 2013(46): 397 – 411.

[74] SAFFARI A, LEISTNER C, SANTNER J, et al. Online Random Forests [C]. IEEE 12th International Conference on Computer Vision Workshops (ICCV Workshops), 2014: 1393 – 1400.

[75] WANG A, WAN G, CHENG Z, LI S. An Incremental Extremely Random Forest Classifier for Online Learning and Tracking [C]. 16th IEEE International Conference on Image Processing, 2017, 1449 – 1452.

[76] KALAL Z, MIKOLAJCZYK K, MATAS J. Tracking-Learning-Detection [J]. IEEE Transactions on Pattern Analysis and Machine Intelligence, 2012, 34(7): 1409 – 1422.

[77] KALAL Z, MATAS J, MIKOLAJCZYK K. P-N Learning: Bootstrapping Binary Classifiers by Structural Constraints [C]. IEEE Conference on Computer Vision and Pattern Recognition, June 2010: 49 – 56.

第2章
图像检测与目标跟踪系统

图像检测与目标跟踪系统是采用摄像机采集目标图像，即通过镜头将目标的光线会聚到图像传感器上，把光信号先转换为电信号，经过模/数转换后生成数字信号，经过摄像机的接口将图像传输至图像处理系统，然后对图像中的目标特征进行提取，实现检测和跟踪。

2.1 系统基本组成

图 2.1.1 给出了图像检测与目标跟踪系统的基本组成。辅助光源用来对目标的特征区域进行照射以获得较为清晰的目标图像。摄像机实现对目标图像的获取；图像采集和处理设备用来将摄像机获取的图像采集进图像处理设备，一般包括嵌入式处理设备及软件和计算机处理设备及软件，主要实现图像检测与跟踪技术核心算法软件的运行。

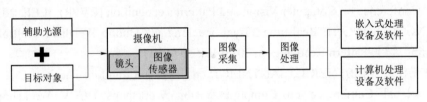

图 2.1.1　图像检测与跟踪系统基本组成

2.2 摄像机

摄像机作为图像检测与目标跟踪系统的核心部件，通过图像传感器来获取图像。在使用时需配备相应的光学镜头，将目标成像在图像传感器的光敏面上。加拿大 Dalsa 摄像机如图 2.2.1 所示。

2.2.1 图像传感器

图像传感器按芯片技术分为 CCD（Charge Coupled Device，电荷耦合器件）芯片和 CMOS（Complementary Metal-Oxide-Semiconductor，互补金属氧化物半导体）芯片，其作用都是通过光电效应将光信号转换成电信号（电压/电流），

图 2.2.1　加拿大 Dalsa 摄像机

进行存储以获得图像，主要差异在于将光信号转换为电信号的方式不同[1]。

1. 基本成像过程

图像传感器成像过程包括电荷产生、电荷转移和信号输出。CCD 芯片采用一个读出节点将电荷转换成电压，将阵列中的电荷依次转移到读出节点处，将电荷移到读出节点即电荷转移。CMOS 像元中产生的电荷信号在像元内被直接转化成电压信号，当选通开关开启时直接输出。光电转换和信号输出原理图如图 2.2.2 所示。

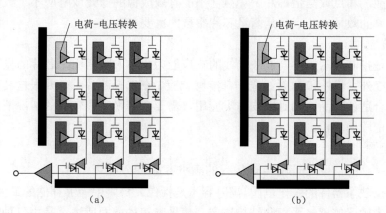

图 2.2.2　光电转换和信号输出
（a）CCD；（b）CMOS

2. 图像传感器的物理特性

1）分辨率和像元尺寸

分辨率是图像传感器的重要特性。在采集图像时，图像中的像素数对图像质量有很大的影响。在对同样大的视场（景物范围）成像时，像素数量越多，对细节的展示越明显。在相同的芯片尺寸下，像元尺寸越小，像素越多（分辨率越高），能获得更多的图像细节。但随之而来的是每个像元的感光面积也越小，芯片的灵敏度会随之下降。在保持像元尺寸的情况下，增大芯片面积，也可使像素数目增多，这种方法的问题是芯片成本也随之增加。因此，在选择芯片时，要权衡各种因素，在像元尺寸、芯片的分辨率和成本之间平衡。

2）速度

芯片的速度指芯片的设计最高速度，主要由芯片所能承受的最高时钟决定。面阵相机称为帧频，单位为 f/s（frame per second），即每秒钟最多采集的帧数。速度是相机的重要参数，在实际应用中很多时候需要对运动物体成像，相机的速度需要满足一定要求，才能清晰准确地对物体成像。

3）灵敏度

灵敏度是芯片的重要参数之一，它具有两种物理意义。一种指光器件的光电转换能力，与响应率的意义相同。即芯片的灵敏度指在一定光谱范围内，单位曝光量的输出信号电压（电流），单位为纳安/勒克斯（nA/lx）、伏/瓦（V/W）、伏/勒克斯（V/lx）、伏/流明（V/lm）。另一种是指器件所能传感的最低辐射功率（或照度），与探测率的意义相同，单位可用瓦（W）或勒克斯（lx）表示。

4）噪声、信噪比

芯片的噪声主要有以下几种噪声源：

当电荷注入器件时由电荷量的起伏引起的噪声；

电荷转移过程中，电荷量的变化引起的噪声（仅限 CCD）；

检测电荷时，对检测二极管进行复位时所产生的检测噪声等。

5）坏点数

由于受到制造工艺的限制，对于有几百万像素点的传感器而言，要求所有的像元都是好的几乎不太可能，坏点数是指芯片中坏点（不能有效成像的像元或响应不一致性大于参数允许范围的像元）的数量，坏点数是衡量芯片质量的重要参数。

6）光谱响应

光谱响应是指芯片对于不同波长光线的响应能力。与人眼相比，芯片的光谱响应范围要宽很多，对于红外、紫外和 X 射线光子都能够响应。在选择芯片时，要根据具体应用的需求选择光谱响应合适的产品，如对应安防类应用，需要在傍晚光线较弱的情况下成像时，就可以选用近红外谱段的相机。

7）动态范围

$$动态范围 = 光敏元的满阱容量 / 等效噪声信号$$

动态范围反映了器件的工作范围。满阱容量是指像元势阱中能够存储的最大信号电荷量，主要由芯片中光敏元的感光面积和结构决定。信号噪声如前面所述，是由多种噪声源共同决定的。通常动态范围的数值可以用输出端的信号峰值电压与均方根噪声电压之比表示，单位为 dB。高分辨率相机随着像素数增多，势阱可能存储的最大电荷量减少，导致动态范围变小。因此，在高分辨率条件下，提高动态范围是提高芯片性能的一项关键技术。

3. CMOS 与 CCD 的主要区别

CMOS 与 CCD 两种图像传感器在结构上的差别主要体现在：CMOS 图像传感器的光敏单元和存储单元是光电二极管，电荷读出结构是数字移位寄存器，通过控制一组多路开关顺序地把每个光敏单元上的电荷取出并送到公共视频输出线上；CCD 图像传感器的光敏单元和存储单元都是通过表面耗尽层来转移电荷的，而且各光敏单元的电荷是同时传到存储单元构成的移位寄存器的相应位上，然后再依次移位传送至输出线上。

表 2.2.1 采用简捷方式对 CCD 与 CMOS 两者之间的主要性能差异进行了对比，便于读者直观比较。

表 2.2.1　CCD 与 CMOS 图像传感器性能比较简易表

CCD 图像传感器	CMOS 图像传感器
单一感光器	感光器连接放大器
同样面积下，感光开口小，灵敏度高	同样面积下，感光开口大，灵敏度低
线路品质影响程度高，制作成本高	CMOS 整合集成度高，制作成本低
连接复杂度低，解析度高	连接复杂度高，解析度低（新技术除外）
单一放大，噪声低	非单一放大，噪声高
需外加电压，功耗高	直接放大，功耗低

摄像机在使用过程中还涉及诸多工作参数，通过这些参数可以确定在实际系统中选到合

适的摄像机。

2.2.2　摄像机的主要特性参数

1. 分辨率

分辨率是摄像机最为重要的性能参数之一，主要用于衡量相机对物像中明暗细节的分辨能力。这里指的摄像机分辨率主要是位于 CCD 和 CMOS 芯片上的像素数。

2. 速度

通常一个系统要根据被测物的运动速度、大小，视场的大小和测量精度计算出需要什么速度的摄像机。对于线扫描摄像机是指每秒钟能输出的线数（一维图像），单位为 line/s，对于面阵摄像机是指每秒钟能输出多少幅图像（二维图像），单位为 f/s。

3. 灵敏度

摄像机的灵敏度主要由所采用的芯片的灵敏度决定，也就是光器件的光电转换能力。

4. 像元深度

数字摄像机输出的数字信号，即像元灰度值，具有特殊的比特位数，称为像元深度。对于黑白相机，这个值的范围通常是 8～16 bit。像元深度定义了灰度由暗到亮的灰阶数。例如，对于 8 bit 的相机，0 代表全暗而 255 代表全亮。介于 0 和 255 之间的数字代表一定的亮度指标。10 bit 数据就有 1 024 个灰阶，而 12 bit 有 4 096 个灰阶。每一个应用我们都要仔细考虑是否需要非常细腻的灰度等级。从 8 bit 上升至 10 bit 或 12 bit 的确可以增强测量的精度，但是也同时降低了系统的速度，并且提高了系统集成的难度（线缆增加，尺寸变大），因此也要慎重选择。

5. 固定图像噪声 FPN（Fixed Pattern Noise）

固定图像噪声是指不随像素点的空间坐标改变的噪声，其中主要的是暗电流噪声。暗电流噪声是由于光电二极管转移栅的不一致性而产生的直流偏置，从而引入的噪声。由于固定图像噪声对每幅图像都是一样的，可通过非均匀性校正电路或采用软件方法进行校正。

6. 动态范围

摄像机的动态范围表明摄像机探测光信号的范围，动态范围可用两种方法来界定，一种是光学动态范围，指饱和时最大光强与等价于噪声输出的光强的比值，由芯片的特性决定。另一种是电子动态范围，它指饱和电压和噪声电压之间的比值。对于固定摄像机，其动态范围是一个定值，不随外界条件变化而变化。

7. 光学接口

光学接口是指摄像机与镜头之间的接口，常用的镜头接口有 C 口、CS 口和 F 口。表 2.2.2 提供了关于镜头安装接口及后截距的信息。其中，M42 镜头适配器源于高端摄像标准。另外，相机的 Z 轴均依据所提供的适配器进行了优化，一般情况下不要轻易拆卸镜头适配器。

表 2.2.2　光学接口

接口类型	后截距/mm	接口
C 口	17.526	螺口
CS 口	12.5	螺口
F 口	46.5	卡口

8. 光谱响应

光谱响应是指相机对于不同波长光线的响应能力。按响应光谱不同，可把相机分为可见光相机（响应波长为 400~1 000 nm，峰值在 500~600 nm）、红外相机（响应波长在 700 nm以上）、紫外相机（可以响应到 200~400 nm 的短波），须根据接收被测物发光波长的不同来选择不同的光谱响应的相机。

2.2.3 摄像机的分类

对于摄像机的分类目前还没有统一标准，常见分类有以下 5 种。

（1）按芯片技术分类，可分为 CCD 摄像机与 CMOS 摄像机。

前面对芯片部分已经介绍过，主要差异在于将光信号转换为电信号的方式。对于 CCD传感器，光照射到像元上，像元产生电荷，电荷通过少量的输出电极传输并转化为电流、缓冲信号输出。对于 CMOS 传感器，每个像元自己完成电荷到电压的转换，同时产生数字信号。

（2）按成像面类型分类，可分为面阵摄像机与线阵摄像机。

摄像机不仅可以根据传感器技术进行区分，还可以根据传感器架构进行区分。有两种主要的传感器架构：面扫描和线扫描。面扫描摄像机通常用于输出直接在监视器上显示的场合，场景包含在传感器分辨率内，运动物体用频闪照明，图像用一个事件触发采集（或条件的组合）。线扫描摄像机用于连续运动物体成像或需要连续的高分辨率成像的场合。线扫描摄像机的一个自然应用是静止画面中要对连续产品进行成像，如纺织、纸张、玻璃、钢板等。同时，线扫描摄像机同样适用于电子行业的非静止画面检测。

（3）按成像色彩划分，可分为彩色摄像机与黑白摄像机。

黑白摄像机直接将光强信号转化成图像灰度值，生成的是灰度图像；彩色摄像机能获得景物中红、绿、蓝三个分量的光信号，输出彩色图像。彩色摄像机能够提供比黑白摄像机更多的图像信息。彩色摄像机的实现方法主要有两种，即棱镜分光法（见图 2.2.3）和 Bayer 滤波法（见图 2.2.4）。棱镜分光彩色摄像机利用光学透镜将入射光线的 R、G、B 分量分离，在三片传感器上分别将三种颜色的光信号转换成电信号，最后对输出的数字信号进行合成，得到彩色图像。

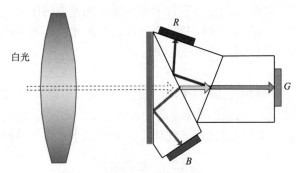

图 2.2.3 棱镜分光法

Bayer 滤波彩色摄像机是在传感器像元表面按照 Bayer 马赛克规律增加 RGB 三色滤光片，如图 2.2.4 所示，输出信号时，像素 R、G、B 分量是由其对应像元和其附近像元共同获得的。

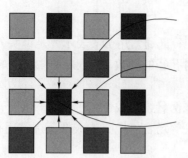

● *B*分量为该点像素值
  *G*分量=其周围4个绿色像元值的平均
  *R*分量=其周围4个红色像元值的平均
● *G*分量为该点像素值
  *B*分量=其上下2个蓝色像元值的平均
  *R*分量=其左右2个红色像元值的平均
● *R*分量为该点像素值
  *G*分量=其周围4个绿色像元值的平均
  *B*分量=其周围4个蓝色像元值的平均

图 2.2.4　Bayer 滤波法

（4）按光谱响应划分，可分为可见光摄像机与红外光摄像机。

可见光摄像机光谱响应范围为 400～1 000 nm，峰值在 500～600 nm，红外光摄像机光谱响应波长在 700 nm 以上。在夜视监控系统中，通常采用红外光摄像机。红外摄像技术分为被动式和主动式。被动红外摄像技术利用的是"任何物质在绝对零度（−273.15 ℃）以上都有红外线辐射，物体的温度越高，辐射出的红外线越多"原理。利用此原理制成的摄像机最典型的就是红外热像仪，但是，这种特殊的红外摄像机造价昂贵，因此仅限于军事或特殊场合使用。而主动红外摄像技术，是采用红外灯辐射"照明"（主要是红外光线），应用普通低照度黑白摄像机、彩色转黑白摄像机或红外低照度彩色摄像机，感受周围景物和环境反射回来的红外光实现夜视监控。主动红外摄像技术成熟、稳定，成为夜视监控的主流。

（5）按传感器尺寸大小划分，可分为 1 in、2/3 in、1/2 in、1/3 in、1/4 in 摄像机（1 in=2.54 cm）。

常用的摄像机靶面尺寸有 1 in、2/3 in、1/2 in、1/3 in、1/4 in 等之分。在选用摄像机时，特别是对视场角度有比较严格要求的时候，靶面的大小与镜头的配合情况将直接影响视场角的大小和图像的清晰度。不同尺寸摄像机所对应的靶面大小及对角线长度如表 2.2.3 所示。

表 2.2.3　不同尺寸摄像机所对应的靶面大小及对角线长度

芯片尺寸/in	靶面宽×高/（mm×mm）	对角线长度/mm
1	12.7×9.6	16
2/3	8.8×6.6	11
1/2	6.4×4.8	8
1/3	4.8×3.6	6
1/4	3.2×2.4	4

2.2.4　镜头

1. 光学镜头的主要参数

1）焦距

焦距（*f*）：从概念上讲，无限远目标的轴上共轭点是镜头的（像方）焦点，而此焦点到（像方）主面的距离称为焦距。焦距描述了镜头的基本成像规律：在不同物距上，目标的成像位置和成像大小由焦距决定。

2）光圈/相对孔径

光圈和相对孔径是两个相关概念，相对孔径（通常用 D/f 表示）是镜头入瞳直径 D 与焦距 f 的比值；而光圈（通常用 F 表示）是相对孔径的倒数。

3）视场/视场角

视场和视场角是相似概念，它们都是用来衡量镜头成像范围的。

在远距离成像中，例如望远镜、航拍镜头等场合，镜头的成像范围常用视场角来衡量，用成像最大范围构成的张角表示。

在近距离成像中，常用实际物面的幅面表示成像范围，也称为镜头的视场。

4）工作距离

镜头与目标之间的距离称作镜头的工作距离。需要注意的是，一个实际镜头并不是对任何物距下的目标都能做到清晰成像（即使调焦也做不到），所以它允许的工作距离是一个有限范围。

5）像面尺寸

一个镜头能清晰成像的范围是有限的，像面尺寸指它能支持的最大清晰成像范围（通常用其直径表示）。超过这个范围则成像模糊，对比度降低。所以在给镜头选配 CCD 时，可以遵循"大的兼容小的"原则进行，就是镜头的像面尺寸大于（或等于）CCD 尺寸。

6）像质（MTF、畸变）

像质就是指镜头的成像质量，用于评价一个镜头的成像优劣。传函（调制传递函数的简称，用 MTF 表示）和畸变就是用于评价像质的两个重要参数。

MTF：是成像过程中的对比度衰减因子。实际镜头成像，得到的像与实物相比，成像出现"模糊化"，对比度下降，通常用 MTF 来衡量成像优劣。

畸变：理想成像中，物像应该是完全相似的，就是成像没有带来局部变形，但是实际成像中，往往有所变形即畸变。畸变的产生源于镜头的光学结构、成像特性。畸变可以看作是像面上不同局部的放大率不一致引起的，是一种放大率像差。

7）工作波长与透过率

镜头是成像器件，其工作对象是电磁波。一个实际的镜头在设计制造出来以后，都只能对一定波长范围内的电磁波进行成像工作，这个波长范围通常称为镜头的工作波长。例如常见镜头工作在可见光波段（360～780 nm），除此之外还有紫外或红外镜头。

镜头的透过率是与工作波长相关的一项指标，用于衡量镜头对光线的透过能力。为了使更多的光线到达像面，镜头中使用的透镜一般都是镀膜的，因此镀膜工艺、材料总的厚度和材料对光的吸收特性共同决定了镜头总的透过率。

8）景深

景深是指在不做任何调节的情况下，在物方空间内，可接受的能清晰呈现的空间范围。超出景深范围的目标，成像模糊，已不能接受。

9）接口

镜头需要与摄像机进行配合使用，它们两者之间的连接方式通常称为接口。

为提高各生产厂家镜头之间的通用性和规范性，业内形成了数种常见的固定接口，例如 C 口、CS 口、F 口等。

2. 镜头主要参数计算方法

根据小孔成像原理，可获得简化后的摄像机成像模型，如图 2.2.5 所示。

$$f = Lh / H$$

式中，f 为镜头焦距，L 为镜头到物体的工作距离，H 为拍摄物体高度，h 为摄像机靶面高度。

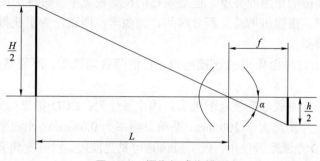

图 2.2.5　摄像机成像模型

同时可获得水平视场角 $\alpha = 2\arctan[h/(2f)]$ 和竖直视场角 $\beta = 2\arctan[W/(2f)]$，其中 W 为摄像机靶面宽度。

3. 镜头的选择

镜头的质量直接影响到视觉系统的整体性能，合理地选择和安装镜头是视觉系统设计的重要环节。

镜头的选择过程是将镜头各项参数逐步明确化的过程。作为成像器件，镜头通常与光源、摄像机一起构成一个完整的图像采集系统，因此镜头的选择受到整个系统要求的制约。一般可以按以下几个方面来进行分析考虑。

1）波长变焦与否

镜头的工作波长是否需要变焦是比较容易事先确定下来的，成像过程中需要改变放大倍率的应用，应采用变焦镜头，否则采用定焦镜头即可。

关于镜头的工作波长，常见的是可见光波段，也有其他波段的应用。是否需要采取滤光措施、是单色光还是多色光、能否有效避开杂散光的影响，需综合衡量后再确定镜头的工作波长。

2）特殊要求优先考虑

结合实际的应用特点，可能会有特殊的要求，应该先予明确下来。例如是否有测量功能，是否需要使用远心镜头，成像的景深是否很大等。景深往往不被重视，但是它是任何成像系统都必须考虑的。

3）工作距离、焦距

工作距离和焦距往往需要结合起来考虑。一般地，可以采用这个思路：先明确系统的分辨率，结合 CCD 像素尺寸就能知道放大倍率，再结合空间结构约束就能知道大概的物像距离，进一步估算镜头的焦距。所以镜头的焦距是和镜头的工作距离、系统分辨率（即 CCD 像素尺寸）相关的。

4）像面大小和像质

所选镜头的像面大小要与摄像机感光面大小兼容，遵循"大的兼容小的"原则——摄像机感光面不能超出镜头标示的像面尺寸，否则边缘视场的像质不保。即在选择镜头时，镜头尺寸要大于等于相机芯片尺寸。

像质的要求主要关注 MTF 和畸变两项。在测量应用中，尤其应该重视畸变。

5）光圈和接口

镜头的光圈主要影响像面的亮度。但是现在的机器视觉中，最终的图像亮度是由很多因素共同决定的：光圈、摄像机增益、积分时间、光源等。所以，为了获得必要的图像亮度，有比较多的环境供调整。

镜头的接口是指它与摄像机的连接接口，它们两者需匹配，不能直接匹配的就需考虑转接。

例如，要给硬币检测成像系统选配镜头，约束条件为：CCD 摄像机为 2/3 in，像素尺寸为 4.65 μm，C 口；工作距离大于 200 mm，系统分辨率为 0.05 mm；光源采用白色 LED 光源。

（1）与白色 LED 光源配合使用，镜头应该是可见光波段。没有变焦要求，选择定焦镜头即可。

（2）用于工业检测，其中带有测量功能，所以所选镜头的畸变要求小。

（3）工作距离和焦距：

$$焦距\,f=Lh/H=200\times4.65/(0.05\times1\,000)=18.6（mm）$$

若物距要求大于 200 mm，则选择的镜头要求焦距应该大于 18.6 mm。

（4）选择镜头的像面应该不小于 CCD 尺寸，即至少为 2/3 in。

（5）选择镜头的接口要求是 C 口，能配合摄像机使用。光圈暂无要求。

从以上几个方面的分析计算可以初步得出这个镜头的"轮廓"：焦距大于 18.6 mm，定焦，可见光波段，C 口，至少能配合 2/3 in CCD 使用，而且成像畸变要小。按照这些要求，可以进一步挑选，如果多款镜头都能符合这些要求，可以择优选用。

以 1/3 in CCD 为例，配合焦距不同的镜头，则采集场景的视场角不同，如图 2.2.6 所示。

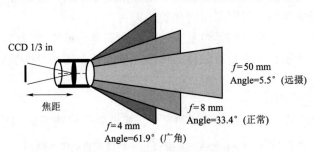

图 2.2.6　不同焦距镜头视场角

假设镜头焦距为 f，摄像机靶面的高和宽分别为 h 和 W，则水平视场角 $\alpha=2\arctan[h/(2f)]$。例如采用 1/3 in CCD，则靶面的高和宽分别为 4.8 mm 和 3.6 mm，若镜头焦距为 4 mm，则水平视场角 $\alpha=2\arctan(4.8/(2\times4))=61.9°$。

2.3　图像采集处理系统

图像采集处理设备通常分为嵌入式处理设备和计算机处理设备两种，图像采集处理设备主要将相继输出的图像信号采集到图像处理和存储设备中，有些采集卡增加了相应的图像处理算法可同时实现图像处理应用，另外有些相机不需要使用采集卡，直接通过计算机自带的设备可实现图像的采集与处理。

2.3.1　图像采集处理设备接口

图像采集处理设备的前端是摄像机接口，目前摄像机接口大多是数字接口[1]。数字接口包括 LVDS、Camera Link Base/Medium/Full、IEEE 1394、USB 和 GigE 等，数字接口主要发展如图 2.3.1 所示。

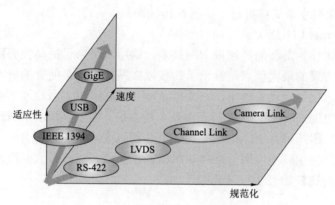

图 2.3.1　数字接口发展趋势

1. Camera Link

Camera Link 是从 Channel Link 技术发展而来的，在 Channel Link 基础上增加了一些传输控制信号，并定义了一些相关传输标准。任何具有"Camera Link"标志的产品都可以方便地连接。Camera Link 标准由美国自动化工业学会 AIA 制定、修改、发布，Camera Link 接口标准解决了高速传输问题。

Camera Link 接口有三种配置——Base、Medium、Full，主要是解决数据传输量的问题，这为不同速度的摄像机提供了合适的配置和连接方式。Base 占用 3 个端口（1 个 Channel Link 芯片包含 3 个端口）、1 个 Channel Link 芯片。一个 Base 使用一个连接接口。如果使用 2 个一样的 Base 接口，就成为双 Base 接口。Medium 为 1 个 Base 和 1 个 Channel Link 基本单元，Full 为 1 个 Base 和 2 个 Channel Link 基本单元。三种端口配置的使用情况如表 2.3.1 所示。

表 2.3.1　Camera Link 接口三种端口配置的使用情况

配置	支持的端口	芯片数目	接口数目	有效数据带宽（75 MHz）
Base	A，B，C	1	1	75 M×8×3=1.8 Gb/s
Medium	A，B，C，D，E，F	2	2	75 M×8×6=3.6 Gb/s
Full	A，B，C，D，E，F，G，H	3	2	75 M×8×8=4.8 Gb/s

2. USB

USB 接口是 4 根"针"，其中 2 根为电源线、2 根为信号线。USB 是串行接口，可热拔插，连接方便。用 USB 连接的外围设备数目最多达 127 个，共 6 层，所谓 6 层是指从主装置开始可以经由 5 层的集线器进行菊花连接，用不着担心要连接的装置数目受限制；两个外设之间最长通信距离可达 5 m。USB 接口支持同步和异步数据的传输，USB2.0 数据的传输速率达 120～480 Mb/s。

3. IEEE 1394

IEEE 1394 接口分为 4 芯和 6 芯，4 芯中有两对数据线，6 芯的除数据线外还包括一组电源线，用以对外设进行供电。IEEE 1394 接口不需要控制器，可以实现对等传输，IEEE 1394a 最大传输距离为 4.5 m，IEEE 1394b 传输距离为 10 m，在降数据率情况下可延伸到 100 m（100 Mb/s），采用中继设备支持可进一步提高传输距离。

4. Gigabit Ethernet（GigE）

千兆以太网技术作为最新的高速以太网技术，给用户带来了提高核心网络效率的有效解决方案，这种解决方案的最大优点是继承了传统以太网技术价格便宜的特点。

千兆以太网技术仍然是以太技术，它采用了与 10 Mb/s 以太网相同的帧格式、帧结构、网络协议、全/半双工通信方式、流控模式以及布线系统。由于该技术不改变传统以太网的桌面应用、操作系统，因此可与 10 Mb/s 或 100 Mb/s 的以太网很好地配合工作。升级到千兆以太网时不必改变网络应用程序、网管部件和网络操作系统，能够最大限度地节约成本。

几种接口技术的比较如表 2.3.2 所示。

表 2.3.2　几种数据接口对比

接口技术	GigE	IEEE 1394	Camera Link	USB
连接方式	点对点或 LSN Link	点对点－共享总线	主/从－共享总线	点对点－（MDR 26 pin）
带宽	<1 000 Mb/s 连续模式	<400 Mb/s 连续模式	<12 Mb/s USB1 <480 Mb/s USB2 突发模式	<2 380 Mb/s（Base） <7 140 Mb/s（Full）连续模式
距离 －max w/switch －max w/fiber	<100 m（无转换） 不受限制 不受限制	<4.5 m 72 m 200 m	<5 m 30 m	<10 m
可连接设备数量	不受限制	63	127	1
PC 接口	GigE NIC	PCI Card	PCI Card	PCI Frame Grabber

2.3.2　嵌入式图像采集处理

（一）嵌入式图像采集处理设备

1. 专用视频处理部件

随着图像处理技术越来越广泛地应用，各大芯片公司相继开发出了专用的视频压缩芯片，用硬件的方法实现压缩算法。使用这些芯片开发产品难度低，时间短，成本低，但是其灵活性弱，不能灵活地修改图像压缩算法。

如 Mobileye 的 EyeQ3，负责交通信号识别、行人检测、碰撞报警、光线探测和车道线识别。英伟达的 K1，负责驾驶员状态检测，360°全景。英特尔（Altera）的 Cyclone V（FPGA），负责目标识别融合、地图融合、自动泊车、预刹车、激光雷达传感器数据处理。

2. NVIDIA Jetson 系列处理器

NVIDIA Jetson 是 NVIDIA 为新一代自主机器设计的嵌入式 AI 平台，具有 Jetson Nano、Jetson TX2、Jetson Xavier NX、Jetson AGX Xavier、Jetson Orin NX 和 Jetson AGX Orin 系列[2]。Jetson TX2 和 Jetson AGX Xavier 开发板如图 2.3.2 所示。

（a）　　　　　　　　　　　　　　　　　　（b）

图 2.3.2　Jetson 开发版

（a）Jetson TX2 开发版；（b）Jetson AGX Xavier 开发版

Jetson TX2 是一台模块化的 AI 超级计算机，采用 NVIDIA Pascal™ 架构。其性能强大，外形小巧，节能高效。Jetson AGX Xavier 可以在 30 W 以下的嵌入式模块上获得 GPU 工作站的卓越性能，其性能和能效远高于 NVIDIA Jetson TX2。可用于机器人、无人机、智能摄像机和便携医疗设备等智能边缘设备。Jetson TX2 和 Jetson AGX Xavier 开发板参数见表 2.3.3。

表 2.3.3　Jetson TX2 和 Jetson AGX Xavier 开发板参数

参数	Jetson TX2	Jetson AGX Xavier
GPU	NVIDIA Pascal™，256 CUDA cores	512 – core Volta GPU with Tensor Cores
CPU	HMP Dual Denver 2/2 MB L2 + Quad ARM® A57/2 MB L2	8 – core ARM v8.2 64 – bit CPU，8MB L2 + 4MB L3
Memory	8 GB 128 bit LPDDR4 59.7 GB/s	16GB 256 – bit LPDDR4 × 137GB/s
Display	2x DSI，2x DP 1.2/HDMI 2.0/eDP 1.4	HDMI 2.0，eDP1.2a，DP1.4
CSI	Up to 6 Cameras（2 Lane）CSI2 D – PHY 1.2（2.5 Gb/s/Lane）	（16 ×）CSI – 2 Lanes
PCIE	Gen 2 | 1x4 + 1x1 OR 2x1 + 1x2	× 8 PCIe Gen4/ × 8 SLVS – EC
Data Storage	32 GB eMMC，SDIO，SATA	32 GB eMMC 5.1

续表

参数	Jetson TX2	Jetson AGX Xavier
Other	CAN，UART，SPI，I²C，I²S，GPIOS	UART + SPI + CAN + I²C + I²S + DMIC + GPIOS
USB	USB 3.0 + USB 2.0	2 × USB3.0
Connectivity	1 Gigabit Ethernet，802.11ac WLAN，Bluetooth	Gigabit Ethernet
Mechanical	50 mm × 87 mm	105 mm × 105 mm

3. 基于双核的图像采集与处理方案[3-6]

在图像采集系统中，为实现采集到的图像的连续性，需要有良好的逻辑时序配合。FPGA 属于可编程逻辑器件，能在硬件上保证图像数据的采集时序，得到连续的图像信息。另外，通过 FPGA 可实现数据的简单预处理，利用硬件电路可以实现更高速的图像数据处理，从而减轻处理器的运算压力。因此，采用 FPGA 和 DSP 双处理器方案也成为比较常用的方案。

1）基于 DSP 和 FPGA 的图像采集系统

基于 DSP 和 FPGA 的图像采集系统，能够充分发挥 DSP 和 FPGA 的优势，利用 FPGA 的硬件逻辑可以实现高速的图像采集功能和简单的数字滤波功能。而 DSP 具有强大的数字信号处理能力，DSP 从 FPGA 中读取采集到的图像信息，运用自身强大的信号处理能力，根据预定的算法功能进行图像处理，充分发挥 DSP 和 FPGA 的自身优势，提高整个采集系统的性能。

2）基于 Jetson TX2 和 FPGA 的图像采集与处理平台

基于 Jetson TX2 和 FPGA 的图像采集与处理平台，由 FPGA 和 NVIDIA 的 GPU TX2 构成。FPGA 作为前端控制器控制摄像机采集图像数据，GPU 模块用于对图像数据进行处理。该平台在视觉伺服、基于深度学习的智能识别等领域应用广泛。

目前基于双核的数字图像采集系统应用广泛，无论在军用还是民用领域，都已经得到广泛的应用，例如在导弹武器瞄准自动化，智能交通以及工业生产和质量检测等方面都得到广泛应用。该平台也被应用于嵌入式实时三维图像建模等对实时图像要求较高的领域。

（二）图像采集处理软件

嵌入式图像采集处理软件主要有以下几种类型，如图 2.3.3 所示。

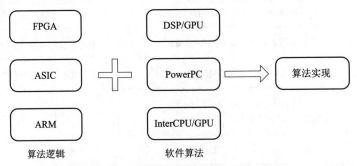

图 2.3.3 嵌入式图像采集处理算法类型

2.3.3　计算机图像采集处理

计算机图像采集处理设备一般采用图像采集卡、GPU 显卡与计算机处理的模式。有些摄像机不需要使用采集设备，如 USB 摄像机使用 USB 卡或嵌入在主机主板上的 USB 功能，IEEE 1394 摄像机使用 IEEE 1394 卡，GigE 摄像机使用以太网卡，直接将图像采集进入计算机，然后进行处理，即通过计算机图像处理软件平台实现图像算法的处理。

计算机软件开发环境通常采用 VC+OpenCV 或 QT+OpenCV 的方案，需要对采集卡或摄像机进行配置，然后调用相应的开发包实现计算机对图像的采集。

2.4　辅助系统

2.4.1　光源及照明系统

光源一般分为天然光源和人造光源，天然光源是自然界中存在的辐射源，如太阳、恒星等；人造光源是人为将各种形式的能量（热能、电能、化学能）转化成光辐射能的器件。按照发光机理，人工光源分类如表 2.4.1 所示。

表 2.4.1　人工光源分类表

人工光源	热辐射光源	白炽灯、卤钨灯
		黑体辐射器
	气体放电光源	汞灯
		荧光灯
		钠灯
		氙灯
		金属卤化物灯
	固体发光光源	场致发光二极管
		发光二极管
		空心阴极灯
	激光器	气体激光器
		固体激光器
		燃料激光器
		半导体激光器

常用的光源主要是发光二极管，如图 2.4.1 所示。

图 **2.4.1**　常用的发光二极管辅助光源

2.4.2　云台

云台是安装和固定各种传感器的支撑设备，分为固定云台和电动云台两种。其中电动云台可根据需要由伺服电动机驱动进行水平向和俯仰向转动。电动云台如图 2.4.2 所示，其中图 2.4.2（a）为海康威视两自由度云台，图 2.4.2（b）为单自由度云台，图 2.4.2（c）为搭载多传感器的两自由度云台。

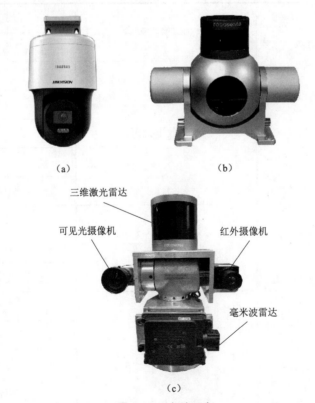

（a）　　　　　　　　　　　　　　　（b）

图 **2.4.2**　电动云台

（a）海康威视两自由度云台；（b）单自由度云台；（c）搭载多传感器的两自由度云台

当前人工智能技术飞速发展，图像检测与目标跟踪技术在军民两方面的应用越来越广泛，图像传感器是视觉信息获取的核心部件，而我国与国外发达国家在图像传感器、处理器和软件系统等方面还有很大差距。时代总是把历史责任赋予青年，面对我国存在的短板，我们要走上台阶，让每一步都走得脚踏实地，都要在前一步的阶梯上正向积累，在学好理论知识的同时还要继续磨炼实践技能。

参 考 文 献

［1］马精格. CCD 与 CMOS 图像传感器的现状及发展趋势［J］. 电子技术与软件工程，2017（13）：103.

［2］Nvidia，适用于边缘计算的 Jetson 嵌入式系统开发者套件和模组［EB/OL］. https://www.nvidia.cn/autonomous-machines/embedded-systems/.

［3］高春甫，杨前进，冯礼萍，等. 基于 FPGA＋DSP 的 CCD 实时图像采集处理系统［J］. 山西大学学报（自然科学版），2007：30（1）：36－39.

［4］周贤波，冯龙龄. 基于 DSP 和 FPGA 图像采集技术的研究［J］. 光学技术，2006，32：141－143.

［5］林祥金. 基于 DSP 和 FPGA 的 CCD 图像采集系统设计与实现［J］. 机电工程技术，2007：36（12）：68－71.

［6］HWANG J K, LIN K H，LI J D, et al. Fast FPGA Prototyping of a Multipath Fading Channel Emulator via High-level Design［C］. International Symposium on Communications and Information Technologies，ISCIT, 2007, 168－171.

第3章
图像预处理技术

3.1 图像阈值化

3.1.1 图像读取

1. 图像存储方式

计算机中图像存储的方式可理解为二维矩阵形式，其大小即分辨率，每个值为像元深度，如果是 8 位摄像机，则每个值的取值范围为 0~255。其描述如图 3.1.1 所示。

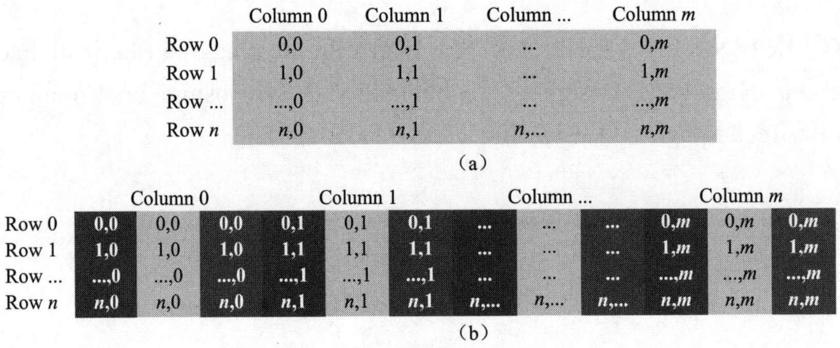

	Column 0	Column 1	Column ...	Column m
Row 0	0,0	0,1	...	0,m
Row 1	1,0	1,1	...	1,m
Row ...	...,0	...,1	...	...,m
Row n	n,0	n,1	n,...	n,m

(a)

	Column 0			Column 1			Column ...			Column m		
Row 0	0,0	0,0	0,0	0,1	0,1	0,1	...	...	...	0,m	0,m	0,m
Row 1	1,0	1,0	1,0	1,1	1,1	1,1	...	...	...	1,m	1,m	1,m
Row ...	...,0	...,0	...,0	...,1	...,1	...,1	...	...	...	...,m	...,m	...,m
Row n	n,0	n,0	n,0	n,1	n,1	n,1	n,...	n,...	n,...	n,m	n,m	n,m

(b)

图 3.1.1 图像描述（附彩插）

(a) 灰度图像；(b) 彩色图像

灰度图像为单通道图像，每个位置只有一个值，而彩色图像为三通道图像，每个位置有三个分量，分别为 B、G、R。

OpenCV 中采用 cv::Mat 类型描述图像，对于图像加载和显示由下属函数实现。

Mat src = imread ("F://program//Image//1.jpg"); //加载图像

imshow ("img",src); //显示图像

imwrite ("F://img.jpg",src); //保存图像

1）读取灰度图像值

int gray_value = grayimg.at<uchar>(i,j);

其中 grayimg 为单通道图像，i 和 j 分别为行变量和列变量。

2）读取彩色图像值

int color_value = colorimg.at<Vec3b>(i,j)[k];

其中 colorimg 为三通道图像，i 和 j 分别为行变量和列变量。

2. 图像读取

采用摄像机将光信号转换为电信号并输出为图像信息，通过摄像机厂商的驱动程序（头文件和库文件）将图像信息采集进内存区域，可采用下述方式将内存区的 pData 数据赋值到 Mat 类型数据。

OpenCV 描述方式：cv::Mat img;

img.create(row,col,CV_8UC3); //创建为三通道图像数据

uchar *pData = NULL;

pData = (uchar *)malloc(size);

img.data = (uchar *)pData; //读取内存区域数据

free(pData); //注意释放内存区域,否则会造成内存泄露

pData = NULL;

VC+OpenCV 环境
配置、图像采集

3.1.2　图像灰度化

1. 求取灰度图

对于灰度图像，每个像素用一个字节数据来表示，而在彩色图像中，每个像素需用三个字节数据来表述，分解成红（R）、绿（G）、蓝（B）三个单色图像。

为加快计算机的处理速度，需将彩色图像转换为灰度图像。要表示成灰度图，需要把亮度值进行量化。通常划分为 0～255 共 256 个级别，0 表示全黑，255 表示全白。大量的实验数据表明，当采用 0.3 份红色、0.59 份绿色、0.11 份蓝色混合后可以得到比较符合人类视觉的灰度值，即如式（3.1.1）所示：

$$V_{gray} = 0.3R + 0.59G + 0.11B \tag{3.1.1}$$

经过灰度化以后，图像数据中一个字节代表一个像素。对彩色图像进行灰度化的结果如图 3.1.2 和图 3.1.3 所示。

图像灰度化、
灰度直方图

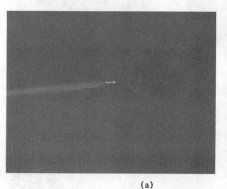
(a)

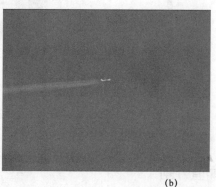
(b)

图 3.1.2　空中机动目标图像灰度化
（a）原彩色图；（b）灰度图

（a）　　　　　　　　　　　　　（b）

图 3.1.3　彩色道路图像灰度化结果

（a）原彩色图；（b）灰度图

2. 灰度直方图

图像的灰度直方图包含了丰富的图像信息，用来表达一帧图像灰度级分布情况。直方图的横坐标是灰度，用 r 表示。对数字图像，纵坐标是灰度值为 r 的像素个数或出现这个灰度值的概率 $P_r(r)$。图像的灰度直方图是一个一维的离散函数：

$$P(s_k) = n_k / n \quad (k = 0,1,2,\cdots,255) \tag{3.1.2}$$

式中，s_k 为第 k 级灰度值，n_k 为灰度值 s_k 的像素个数，n 为图像像素总数。

对灰度图像提取灰度直方图的结果如图 3.1.4 所示。

直方图给出了一个简单可见的指示，用来判断一幅图像是否合理地利用了全部被允许的灰度级范围。可以通过直方图来选择阈值对图像进行阈值分割。

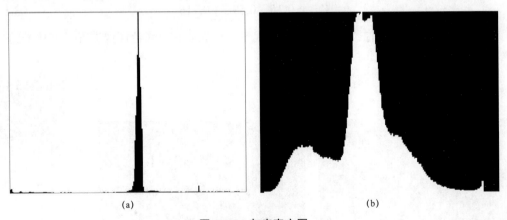

（a）　　　　　　　　　　　　　（b）

图 3.1.4　灰度直方图

（a）空中机动目标图像灰度直方图；（b）道路图像灰度直方图

3.1.3　图像阈值分割

阈值分割法是一种简单有效的图像分割方法，其基本思想是用一个或多个阈值将图像的灰度级分为几部分，灰度值在同一类的像素属于同一目标。阈值分割的结果在很大程度上依赖于阈值的选择。阈值分割的步骤是：首先确定合

图像阈值分割

适的阈值，然后将图像像素的灰度值跟阈值进行比较，最后确定每个像素所属的类。

1. 直方图阈值法

直方图阈值法是基于一个直方图有两个波峰，然后就可以通过一个阈值 T 把前景从背景里提取出来。假设有一幅图像 $f(x,y)$，目标和背景由于具有不同的灰度级而形成两个波峰，这样我们就可以设定一个阈值 T 把目标从背景中提取出来。定义图像 $f(x,y)$ 的阈值 T 为：

$$f_T(x,y) = \begin{cases} 255, & f(x,y) \geqslant T \\ 0, & f(x,y) < T \end{cases} \tag{3.1.3}$$

像素值 255 代表目标，其他的像素 0 代表背景。如果 T 仅与 $f(x,y)$ 有关，则阈值就称为全局的。如果 T 与 $f(x,y)$ 和相邻像素的特性有关，那么 T 被称为局部的。另外，如果 T 和空间坐标 (x, y) 有关，则阈值被称为动态的。如果图像包含两个以上的区域，可以利用几个不同的阈值来进行分割。

2. 最大类间方差法

最大类间方差法（Otsu）又称大津法，是日本学者大津展之在 1979 年提出的一种全局阈值选取法，是在最小二乘法原理的基础上推导出来的。

按图像的灰度特性，将图像分成背景和目标两部分。背景和目标之间的类间方差越大，说明构成图像的两部分的差别越大，当部分目标错分为背景或部分背景错分为目标时都会导致两部分差别变小。因此，使类间方差最大的分割意味着错分概率最小。

两类数据的类间方差公式为：

$$g = (\overline{x_1} - \overline{x})^2 \cdot \frac{n_1}{n} + (\overline{x_2} - \overline{x})^2 \cdot \frac{n_2}{n}$$

式中，$\overline{x}$ 为 n 个数据平均值，$\overline{x_1}$ 为第一组 n_1 个数据平均值，$\overline{x_2}$ 为第二组 n_2 个数据平均值。

对于图像 $I(x, y)$，图像的大小为 $M \times N$，前景（即目标）和背景的分割阈值记作 T，属于前景的像素点数占整幅图像的比例记为 ω_0，其平均灰度为 μ_0；背景像素点数占整幅图像的比例为 ω_1，其平均灰度为 μ_1。图像的总平均灰度记为 μ，类间方差记为 g。图像中像素的灰度值小于阈值 T 的像素个数记作 N_0，像素灰度大于阈值 T 的像素个数记作 N_1。则有：

$$\omega_0 = \frac{N_0}{M \times N} \qquad \omega_1 = \frac{N_1}{M \times N} \qquad N_0 + N_1 = M \times N \qquad \omega_0 + \omega_1 = 1$$

$$\mu = \omega_0 \mu_0 + \omega_1 \mu_1 \qquad g = \omega_0 (\mu_0 - \mu)^2 + \omega_1 (\mu_1 - \mu)^2$$

化简可得

$$g = \omega_0 \omega_1 (\mu_0 - \mu_1)^2$$

采用遍历的方法得到使类间方差最大的阈值 T，即为所求。

利用 Otsu 法进行阈值分割的结果如图 3.1.5 所示，自适应阈值为 138。

由上述实验可知：由于 Otsu 算法得到的是全局最优解，所以当飞机和喷气灰度值相当的时候，用这种方法不能把两者分割出来。

3. 梯度灰度平均值法

梯度灰度平均值法是一种快速的全局阈值法，效果与 Otsu 差不多，但速度快好多倍。基本思想是计算整幅图像的梯度灰度的平均值，以此平均值作为阈值。

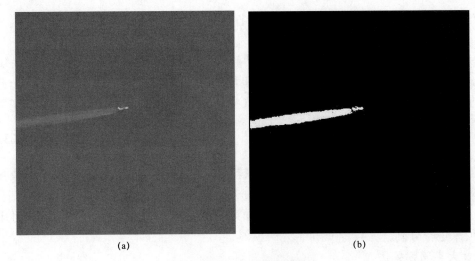

（a）   （b）

图 3.1.5　Otsu 分割结果图

（a）原图；（b）Otsu 分割图

首先计算图像的梯度值：

$$f_i'(i,j) = \frac{\partial f(i,j)}{\partial i} = f(i+1,j) - f(i-1,j)$$

$$f_j'(i,j) = \frac{\partial f(i,j)}{\partial j} = f(i,j+1) - f(i,j-1)$$

$$\text{grad}\,(i,j) = \max\,(|f_i'|, |f_j'|)$$

然后计算梯度值和灰度值之乘积：

$$u\,(i,j) = \text{grad}\,(i,j) \times f(i,j)$$

则阈值即为梯度值和灰度值乘积之和与所有梯度值之和的比值：

$$KT = \text{sum}\,(\text{grad}\,(i,j) \times f(i,j)) / \text{sum}\,(\text{grad}(i,j))$$

3.2　图像增强

3.2.1　直方图修正法

图像增强

直方图修正法是以概率论为基础通过修改直方图来增强图像的一种方法。灰度直方图反映了数字图像中每一灰度级与其出现频率间的关系，它能描述该图像的概貌。直方图修正法主要包括直方图均衡化和直方图规定化两类。

1. 直方图均衡化

将原图像通过某种变换，得到一幅具有均匀分布灰度直方图的新图像。

设 $f(i,j)$ 和 $g(i,j)$ 分别表示像素坐标 (i,j) 归一化后的原图像灰度和经直方图修正后的图像灰度，$f(i,j) \in [0,255]$、$g(i,j) \in [0,255]$，即代表像素坐标灰度级从 0 到 255。对于任一个 $f(i,j)$ 值，都可产生出一个 $g(i,j)$ 的值，且

$$g\,(i,j) = G\,(f(i,j)) \tag{3.2.1}$$

式中，变换函数 $G(\bullet)$ 满足下列条件：$G(\bullet)$ 在 $0 \leqslant f(i,j) \leqslant 255$ 内为单调递增函数，并保证灰度级从黑到白的次序不变，且有 $0 \leqslant g(i,j) \leqslant 255$，即确保映射函数变换后的像素灰度在允许的范围内。

根据概率理论，当 $f(i,j)$ 和 $g(i,j)$ 的概率密度分别为 $P_f(f)$ 和 $P_g(g)$ 时，随机变量 $g(i,j)$ 的分布函数 $F_g(g)$ 为：

$$F_g(g) = \int_{-\infty}^{g} P_g(g)\,\mathrm{d}g = \int_{-\infty}^{f} P_f(f)\,\mathrm{d}f \tag{3.2.2}$$

利用密度函数是分布函数导数的关系，在等式两边对 g 求导，得

$$P_g(g) = \frac{\mathrm{d}}{\mathrm{d}g}\left[\int_{-\infty}^{f} P_f(f)\,\mathrm{d}f\right] = P_f(f)\frac{\mathrm{d}f}{\mathrm{d}g} = P_f(f)\frac{\mathrm{d}}{\mathrm{d}g}[G^{-1}(g)] \tag{3.2.3}$$

式中，$G^{-1}(g)$ 表示对式（3.2.1）的逆运算。

由此可见，输出图像的概率密度函数可以通过变换函数 $G(\bullet)$ 控制原图像灰度级的概率密度函数得到，从而改善原图像的灰度层次，这就是直方图修正技术的数学基础。

令 $f(i,j)$ 和 $g(i,j)$ 的离散函数分别为 r_k 和 S_k，则式（3.2.1）的离散化表示式为：

$$S_k = T(r_k) = \left\lfloor 255\sum_{l=1}^{k}\frac{n_l}{n} \right\rfloor \tag{3.2.4}$$

式中，$T(\bullet)$ 为变换函数；r_k 为原图像的灰度级；S_k 代表 r_k 经直方图均衡化后的灰度级，$k = 1,2,\cdots,L$，L 为当前统计灰度级，$L \in [0,255]$；n 为图像中像素总数，n_l 为第 l 个灰度级出现的次数；$\lfloor \bullet \rfloor$ 为向下取整，即取小于运算结果的最大整数。

在实际运算中，可以根据式（3.2.4）计算图像中欲均衡区域各个灰度级像素点所对应的均衡化后的映射值，并用映射值替代该灰度级像素点均衡化前的像素值，从而获得一幅全新的灰度均衡化图像，进而使图像获得明显的增强。

图 3.2.1 示出了直方图均衡化前后的图像效果，其中图 3.2.1（a）为直方图均衡化前图像，图 3.2.1（b）为直方图均衡化后图像。图 3.2.2 示出了直方图均衡化前后的图像直方图。

（a）　　　　　　　　　　　　　　　　（b）

图 3.2.1　直方图均衡化前后的图像效果

（a）直方图均衡化前图像；（b）直方图均衡化后图像

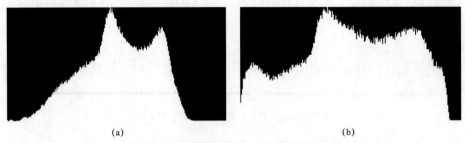

（a）   （b）

图 3.2.2　直方图均衡化前后的直方图图像

（a）直方图均衡化前的图像直方图；（b）直方图均衡化后的图像直方图

2. 直方图规定化

直方图均衡化能够自动增强整个图像的对比度，但它的具体增强效果不容易控制，处理的结果总是得到全局均匀化的直方图。实际上有时需要变换直方图，使之成为某个特定的形状，从而有选择地增强某个灰度值范围内的对比度。这时可以采用比较灵活的直方图规定化。一般来说正确地选择规定化的函数可以获得比直方图均衡化更好的效果[1]。

所谓直方图规定化，就是通过一个灰度映像函数，将原灰度直方图改造成所希望的直方图。所以，直方图修正的关键就是灰度映像函数。

直方图规定方法主要有 3 个步骤（这里设 M 和 N 分别为原始图和规定图中的灰度级数，且只考虑 $N \leqslant M$ 的情况）：

（1）如同均衡化方法，对原始图的直方图进行灰度均衡化。

（2）规定需要的直方图，并计算能使规定的直方图均衡化的变换。

（3）将步骤（1）得到的变换反转过来，即将原始直方图对应映射到规定的直方图。

假设 $P_f(f)$ 和 $P_{\hat{z}}(\hat{z})$ 分别表示已归一化的原始图像灰度分布概率密度函数和希望得到的图像灰度分布概率密度函数，且希望得到的图像可能进行的直方图均衡化变换函数为

$$\hat{z} = Z(P_z(\hat{z})) = \int_{-\infty}^{z} P_z(z)\,\mathrm{d}z \tag{3.2.5}$$

式中，$P_z(\hat{z})$ 为要达到的直方图规定化修正图 $z(i, j)$ 的灰度分布概率密度。

首先，对原始图像按式（3.2.1）作直方图均衡化处理得到图像灰度分布概率密度 $P_g(g)$；其次令 $P_{\hat{z}}(\hat{z}) = P_g(g)$，求取直方图均衡化变换函数 $Z(P_z(\hat{z}))$；最后以 g 代替 $\hat{z}$，代入式（3.2.5）的逆变换公式

$$z = Z^{-1}(g) \tag{3.2.6}$$

由此，求得直方图规定化修正图灰度图像 $z(i, j)$。

图 3.2.3 示出了经直方图规定化后的图像效果，其中图 3.2.3（a）就是将图 3.2.1（a）按高斯分布函数进行直方图规定化后的效果。图 3.2.3（b）为图 3.2.3（a）对应的图像直方图。

3.2.2　图像锐化法

对图像的识别过程中，经常需要突出边缘和轮廓信息，尤其是因镜头运动而产生模糊的图像。图像锐化就在于增强图像的边缘或轮廓。图像锐化常用的有梯度锐化法和 Laplace 增强算子法两种。

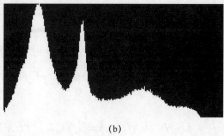

(a)　　　　　　　　　　　　　　　(b)

图 3.2.3　直方图规定化后的图像效果

1. 梯度锐化法

将图像 $f(i,j)$ 在 (i,j) 点的灰度梯度定义为：

$$\mathrm{grad}\,(i,j)=\begin{bmatrix}f_i'\\f_j'\end{bmatrix}=\begin{bmatrix}\dfrac{\partial f(i,j)}{\partial i}\\[2mm]\dfrac{\partial f(i,j)}{\partial j}\end{bmatrix} \tag{3.2.7}$$

对于离散的图像而言，一阶偏导数采用一阶差分近似表示为：

$$f_i'=f(i+1,j)-f(i,j)$$
$$f_j'=f(i,j+1)-f(i,j)$$

为简化运算，经常采用梯度算子法，即：

$$\mathrm{grad}\,(i,j)=\max\,(\,|\,f_i'\,|,|\,f_j'\,|\,)$$

或

$$\mathrm{grad}\,(i,j)=|\,f_i'\,|+|\,f_j'\,|$$

如图 3.2.4 所示，图 3.2.4（b）是对图 3.2.4（a）采用梯度锐化法进行处理的效果。

(a)　　　　　　　　　　　　　　　(b)

图 3.2.4　梯度锐化法处理

（a）原图；（b）采用梯度锐化法处理后的效果

此外，计算梯度的算子还有 Roberts、Prewitt 和 Sobel 等。

2. Laplace 增强算子法

Laplace 算子是线性二阶微分算子，即：

$$\nabla^2 f(i,j) = \frac{\partial^2 f(i,j)}{\partial i^2} + \frac{\partial^2 f(i,j)}{\partial j^2} \tag{3.2.8}$$

对离散的数字图像而言，二阶偏导数可用二阶差分近似，此时 Laplace 算子表示式为：

$$\nabla^2 f(i,j) = f(i+1,j) + f(i-1,j) + f(i,j+1) + f(i,j-1) - 4f(i,j)$$

Laplace 增强算子为：

$$g(i,j) = f(i,j) - \nabla^2 f(i,j) = 5f(i,j) - f(i+1,j) - f(i-1,j) - f(i,j+1) - f(i,j-1)$$

式中，$g(i,j)$ 为经 Laplace 增强算子锐化后的图像梯度。

如图 3.2.5 所示，图 3.2.5（b）是对原图 3.2.5（a）采用 Laplace 增强算子锐化法处理后的效果，从图中可以看出，经过 Laplace 增强算子锐化后的图像对比度明显比原图增强，原图中模糊不清的画面明显获得改善。

（a）   （b）

图 3.2.5　Laplace 增强算子法处理

（a）原图；（b）Laplace 增强算子法处理后的效果

3.3　图像边缘检测

图像边缘检测

图像最基本的特征是边缘，边缘是图像一个属性区域和另一个属性区域的交接处，是区域属性发生突变的地方，也是图像信息最集中的地方。因此，图像的边缘提取在计算机视觉系统的初级处理中具有关键作用。

边缘提取首先检出图像局部特性的不连续性，然后再将这些不连续的边缘像素连成完备的边界。边缘的特性是沿边缘走向的像素变化平缓，而垂直于边缘方向的像素变化剧烈。在诸多的边缘检测算法中，其中微分算子边缘检测法是非常有用的工具。本节将较为详细地对几种图像边缘提取算子的原理进行阐述，如 Roberts、Sobel、Laplace、Canny 算子，并通过实验对它们进行对比分析。

1. Roberts 边缘检测算子

Roberts 算子是一阶导数算子，采用的是对角方向相邻的两个像素之差。定义 Roberts 梯度为 G_R，且有

$$G_R = \left| f(i,j) - f(i+1,j+1) \right| + \left| f(i+1,j) - f(i,j+1) \right| \tag{3.3.1}$$

用卷积模板来表示，上式变成：

$$G_R = |G_x| + |G_y| \tag{3.3.2}$$

由于 G_x 和 G_y 需要各用一个模板，所以需要两个模板组合起来才能构成一个梯度算子，它是一个 2×2 的模板，如图 3.3.1 所示。

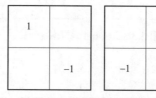

图 3.3.1　Roberts 算子模板

Roberts 算子边缘检测方法：用选定的算子模板对待检图像进行运算，计算图像的梯度幅度值，选取合适的阈值 T_h，逐点判断图像梯度幅度值，凡是满足 $g(x,y) > T_h$ 的点均取值为 1，其余不满足 $g(x,y) > T_h$ 的点均取值为 0。由此得到待检图像的边缘图像。

该方法由于采用偶数模板，所求的 (x,y) 点处梯度幅度值其实是图中交叉点处的值，从而导致在图像 (x,y) 点所求的梯度幅度值偏移了半个像素，且对噪声敏感。

用 Roberts 算子提取边缘的结果如图 3.3.2 所示。其中阈值选为 12。

图 3.3.2　Roberts 边缘检测

2. Sobel 边缘检测算子

Sobel 边缘检测算子的原理是在 3×3 的邻域内做灰度加权和差分运算，利用像素点上下左右相邻点的灰度加权算法，依据在边缘点处达到极值这一现象进行边缘检测。

$$f_x(x,y) = f(x+1,y-1) + 2f(x+1,y) + f(x+1,y+1) -$$
$$f(x-1,y-1) - 2f(x-1,y) - f(x-1,y+1) \tag{3.3.3}$$

$$f_y(x,y) = f(x-1,y+1) + 2f(x,y+1) + f(x+1,y+1) -$$
$$f(x-1,y-1) - 2f(x,y-1) - f(x+1,y-1) \tag{3.3.4}$$

$$g(x,y) = |f_x| + |f_y| \tag{3.3.5}$$

Sobel 算子的模板如图 3.3.3 所示。

−1	0	1
−2	0	2
−1	0	1

1	2	1
0	0	0
−1	−2	1

图 3.3.3　Sobel 算子模板

采用 Sobel 算子进行边缘检测的结果如图 3.3.4 所示。

（a）　　　　　　　　　　　（b）　　　　　　　　　　　（c）

图 3.3.4　Sobel 边缘检测

（a）原始图像；（b）Sobel 对 x 方向；（c）Sobel 对 y 方向

从实验结果可以看出，Sobel 算子检测到的边缘相比于 Roberts 算子的检测结果要连续一些，并且对于图像的细节检测能力更好。

Sobel 边缘检测器不但产生较好的检测效果，由于引入了局部平均，对噪声的影响也比较小。当使用较大邻域时，抗噪声特性会更好，但会增加计算量，得到的边缘较粗，边缘定位精度不够高。在精度要求不是很高时，Sobel 算子是一种较为常用的边缘检测方法。

3. Laplace 边缘检测算子

Laplace 算子是不依赖于边缘方向的二阶导数算子。

二维函数的 Laplace 算子定义为：

$$\nabla^2 f(x,y) = \frac{\partial^2 f}{\partial x^2} + \frac{\partial^2 f}{\partial y^2} \tag{3.3.6}$$

对于数字图像，其方程为：

$$S(i,j) = f(i-1,j) + f(i+1,j) + f(i,j+1) + f(i,j-1) - 4f(i,j) \tag{3.3.7}$$

算子模板如图 3.3.5 所示。

0	−1	0
−1	4	−1
0	−1	0

图 3.3.5　Laplace 算子模板

利用 Laplace 算子检测的结果如图 3.3.6 所示。

图 3.3.6　Laplace 边缘检测

Laplace 变换作为二阶微分算子对噪声特别敏感，并且会产生双边沿，不能检测边缘方向，故 Laplace 算子在图像边缘检测中只能起到第二位的作用。由图 3.3.6 可以看出，Laplace 算子的噪声明显比 Sobel 算子的噪声大，但其边缘比 Sobel 要细很多。

4. Canny 边缘检测算子

Canny 算子包含以下步骤：

（1）用高斯滤波器去除图像中的噪声。

（2）用高斯算子的一阶微分得到每个像素梯度的值 $\nabla f(x, y)$ 和方向 θ（其中 $f(x, y)$ 为滤波后的图像）：

$$\nabla f(x, y) = \left[\left(\frac{\partial f(x, y)}{\partial x} \right)^2 + \left(\frac{\partial f(x, y)}{\partial y} \right)^2 \right]^{1/2} \tag{3.3.8}$$

$$\theta = \arctan\left[\frac{\partial f(x, y)}{\partial y} \bigg/ \frac{\partial f(x, y)}{\partial x} \right] \tag{3.3.9}$$

（3）对梯度进行"非极大抑制"。在步骤（2）中确定的边缘点会导致梯度幅度图像中出现脊，但可以用算法追踪所有脊的顶部，并将所有不在脊的顶部的像素设为 0，以便在输出中给出一条细线。

（4）双阈值化和边缘连接。使用两个阈值 T_1 和 T_2，$T_1 < T_2$，数值大于 T_2 的脊像素称为强边缘像素，介于 T_1 和 T_2 间的脊像素称为弱边缘像素。边缘阵列孔用高阈值得到时，含有较少

的假边缘，同时也损失了一些有用的边缘信息。边缘阵列的阈值较低时，保留了较多信息。因此，以边缘阵列 T_2 为基础，用边缘阵列 T_1 进行补充连接，得到边缘图像。

用 Canny 算子进行边缘检测的结果如图 3.3.7 所示。

图 3.3.7　Canny 算子边缘检测

Canny 算子在边缘检测方面获得了良好的效果，成为评价其他边缘检测方法的标准。Canny 算子边缘检测方法利用高斯函数的一阶微分，能在噪声抑制和边缘检测之间取得良好的平衡。

5．实验结果分析

通过上述实验，对于基于梯度的边缘检测算子，其模板都比较简单，操作方便，但是得到的边缘较粗，算子对噪声敏感。Roberts 算子是 2×2 算子，对具有陡峭的低噪声图像响应最好。Sobel 算子是 3×3 算子，对灰度渐变和噪声较多的图像处理较好，与采用 2×2 模板的算子相比，采用 3×3 模板的算子的边缘检测效果较好，并且抗噪声能力更强。Laplace 算子对噪声比较敏感，并且产生了双像素宽度的边缘。Canny 算子得到的检测结果优于 Roberts、Sobel 算子的检测结果，得到的边缘细节更丰富。实际应用中，采用基于梯度的算子和 Laplace 算子检测图像边缘前，通常都需要先对图像进行滤波平滑处理。

3.4　图像滤波

任何一幅未经处理的原始图像，都存在着一定程度上的噪声干扰。噪声恶化图像质量，使图像模糊，甚至淹没需要检测的特征，给图像的分析带来困难，因此需要对图像进行滤波处理。

图像滤波

3.4.1　线性滤波

输出图像 $f_o(x,y) = T[f_i(x,y)]$，T 是线性算子，即输出图像上每个像素点的值都是由输入图像各像素点值加权求和的结果。如均值滤波器（模板内像素灰度值的平均值）、高斯滤波器（高斯加权平均值）等。

1．均值滤波器

均值滤波器是取含有噪声的原始图像 $f(x,y)$ 的每个像素点的一个邻域 S，计算 S 中所有像素灰度值的平均值，作为滤波后图像 $g(x,y)$ 的灰度值，其数学表达式为：

$$g(x,y) = \frac{1}{M} \sum_{(x,y) \in S} f(x,y) \tag{3.4.1}$$

式中，M 为邻域 S 中的像素点数，S 邻域可取四邻域、八邻域等。

该算法对去除麻点噪声比较有效，但它不能区分有效信号和噪声信号，噪声和图像细节同时被削弱。为了改善邻域平均法中图像细节模糊问题，提出了一些改进方法，如选择平均法和加权平均法。选择平均法只对灰度值相同或接近的像素进行平均，加权平均法则按照灰度值的特殊程度来确定对应像素的权值，模板中的权值并不相同，其数学表达式为：

$$g(m,n) = \sum_{i=-M}^{M} \sum_{j=-N}^{N} w(i,j) f(m-i, n-j) \tag{3.4.2}$$

式中，$w(i,j)$ 表示对应像素需要进行加权的值，可以根据需要进行修正，为了使处理后的图像的平均灰度值不变，模板中各系数之和应为 1。

以 3×3 的模板为例，则均值滤波器为：

1/9	1/9	1/9
1/9	1/9	1/9
1/9	1/9	1/9

2. 高斯滤波器

对于高斯滤波，其设计模板中各加权值满足高斯函数特性。针对图像的高斯滤波器属于二维高斯分布，即：

$$G(x,y) = \frac{1}{\sqrt{2\pi}\sigma} e^{-\frac{(x-\mu)^2}{2\sigma^2}}$$

记为 $N(\mu, \sigma^2)$，其中 μ、σ^2 为分布的参数，分别为高斯分布的期望和方差。σ 决定了高斯函数的宽度，当 $\mu = 0$，$\sigma^2 = 1$ 时，高斯分布为标准正态分布。在计算每个像素时，把当前中心点看作坐标原点，可以使得均值 $\mu = 0$，于是高斯函数可简化为：

$$G(x,y) = \frac{1}{\sqrt{2\pi}\sigma} e^{-\frac{x^2+y^2}{2\sigma^2}}$$

1）高斯函数原理

高斯平滑滤波器对去除服从正态分布的噪声是很有效果的。因此对图像来说，常用二维零均值离散高斯函数作平滑滤波器，其函数表达式为：

$$g(i,j) = e^{-\frac{i^2+j^2}{2\sigma^2}}$$

2）高斯函数性质

（1）二维高斯函数具有旋转对称性，即滤波器在各个方向上的平滑程度是相同的。

高斯滤波器的宽度（决定着平滑程度）是由参数 σ 表征的，σ 越大，高斯滤波器的频带就越宽，平滑程度就越好。

（2）高斯函数具有可分离性。通过二维高斯函数的卷积可以分两步来进行，首先将图像与一维高斯函数进行卷积，然后将卷积的结果与方向垂直的相同一维高斯函数进行卷积。

3）离散高斯平滑滤波器的设计

由高斯函数的可分离性得到，二维高斯滤波器能用 2 个一维高斯滤波器逐次卷积来实现，一个沿水平方向，一个沿垂直方向。

设计高斯滤波器可直接从离散的高斯分布中计算模板值。

$$g(i,j) = ce^{\frac{i^2+j^2}{2\sigma^2}}, \quad c = \frac{1}{\sum\limits_{i=0}^{n-1}\sum\limits_{j=0}^{n-1}g(i,j)}$$

其中，c 是规范化系数，选择适当的 σ^2 值，就可以在 $n \times n$ 窗口上评价该值，以便获取核或模板。

$$h(i,j) = \frac{1}{\sum\limits_{i=0}^{n-1}\sum\limits_{j=0}^{n-1}g(i,j)}(f(i,j) \times g(i,j))$$

选择窗口大小 n 和 σ，计算出模板的右下角元素，再根据高斯模板的中心左右上下对称性对应地复制给其他三个区域，即可得出整个模板的元素，最后再对全部的模板元素求和、取倒数即求得规范化系数。

当 $\sigma=1$，$n=3$ 时，高斯模板为：

1/16	2/16	1/16
2/16	4/16	2/16
1/16	2/16	1/16

3.4.2 非线性滤波

算子中包含了取绝对值、置零等非线性运算，如最大值滤波器、最小值滤波器、中值滤波器等，形态学滤波是通过最大值、最小值滤波器实现的。

1. 中值滤波

中值滤波是一种能在去除噪声的同时又能保护目标边界使其变得不模糊的滤波方法，中值滤波为非线性处理技术。以一维滤波为例，中值滤波器选取一个含有奇数个像素的移动窗口，在图像上从左到右，从上到下逐行移动，用窗口内灰度的中值取代窗口中心像素的灰度值，作为中值滤波器的输出，其数学表达式为：

$$f(x,y) = \text{median}\{S_{f(x,y)}\} \tag{3.4.3}$$

式中，$S_{f(x,y)}$ 为当前点 (x,y) 的邻域。

中值滤波会削弱三角信号的顶部峰值信号，但不会影响阶跃信号和斜坡信号，对图像边缘有保护作用。虽然中值滤波可以抑制随机点状噪声，但同时也抑制持续期小于窗口的 1/2 的脉冲信号，因而可能破坏图像的某些细节，且随着窗口的扩大，有效信号的损失也将明显增大，所以在实际应用中，窗口大小的选择要适宜。对添加了椒盐噪声和高斯噪声的图像进行均值和中值滤波，实验结果如图 3.4.1 和图 3.4.2 所示。

(a)　　　　　　　　　　　　(b)　　　　　　　　　　　　(c)

图 3.4.1　添加椒盐噪声的 Lena 图像滤波结果

（a）添加椒盐噪声的图像；（b）均值滤波后的图像；（c）中值滤波后的图像

(a)　　　　　　　　　　　　(b)　　　　　　　　　　　　(c)

图 3.4.2　添加高斯噪声的 Lena 图像滤波结果

（a）添加高斯噪声的图像；（b）均值滤波后的图像；（c）中值滤波后的图像

由上述实验结果可以得出，对于椒盐噪声来说，中值滤波是一种较好的选择，对于高斯噪声来说，均值滤波的效果比中值滤波好，均值滤波往往不只是把干扰去除，还常把图像的边缘模糊，视觉上失真，如果目的只是把干扰去除，而不是刻意让图像模糊，中值滤波是比较好的选择。

2. 形态学滤波

形态学一般是生物学中研究动物和植物结构的一个分支，其基本思想是用具有一定形态的结构元素去度量和提取图像中的对应形状以达到对图像分析和识别的目的。形态学基本运算包括膨胀和腐蚀，运算操作中包含集合反射和平移的含义。

集合 B 的反射 $\hat{B}$，定义为 $\hat{B}=\{w\,|\,w=-b,b\in B\}$，即关于原集合原点对称。

集合 A 平移到点 $z=(z_1,z_2)$，表示为 $(A)z$，定义为 $(A)z=\{c\,|\,c=a+z,\ a\in A\}$。

1）膨胀

A 和 B 是两个集合，A 被 B 膨胀定义为：$A\oplus B=\{z\,|\,(\hat{B})_z\cap A\subseteq A\}$。

含义：B 的反射进行平移后与 A 的交集是 A 的子集，所有 B 平移到的点

图像形态学滤波

都是膨胀的结果。其中 B 的反射是相对于自身原点的映像，然后对 B 的反射进行平移，注意原点需在 A 内进行平移，并保证 B 的反射的平移与 A 的交集不为空。

膨胀过程示例如图 3.4.3 所示。

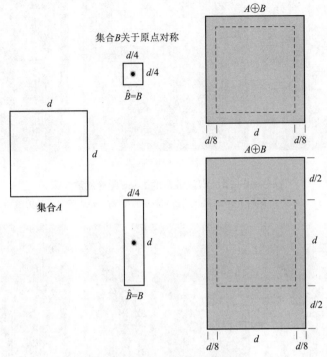

图 3.4.3　膨胀过程示例（附彩插）

从示例可看出，膨胀过程使图像变大。

2）腐蚀

A 和 B 是两个集合，A 被 B 腐蚀定义为：$A \ominus B = \{z \mid (B)_z \subseteq A\}$。

含义：将结构元素 B 相对于集合 A 进行平移，只要平移后结构元素都包含在集合中，那么这些平移点都是腐蚀的结果。

腐蚀过程示例如图 3.4.4 所示。

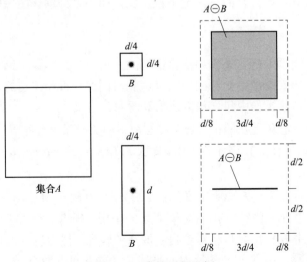

图 3.4.4　腐蚀过程示例

从示例可看出，腐蚀过程使图像变小。

腐蚀膨胀过程示例如图 3.4.5 所示，其中图 3.4.5（a）为包含边长为 1、3、5、7、9 和 15 像素正方形的二值图像，图 3.4.5（b）为采用 13×13 像素大小的结构元素腐蚀原图像的结果，图 3.4.5（c）为采用 13×13 像素大小的结构元素膨胀图 3.4.5（b），恢复原图 15×15 的正方形。

图 3.4.5　腐蚀膨胀示例

（a）原图；（b）腐蚀结果；（c）膨胀结果

3）开操作

使用结构元素 B 对集合 A 进行开操作，定义为 $A \circ B = (A \ominus B) \oplus B$。

含义：先用 B 对 A 腐蚀，然后用 B 对腐蚀结果进行膨胀。

开操作的几何解释：$A \circ B$ 的边界通过 B 中的点完成，即 B 在 A 的边界内转动时，B 中的点所能到达的 A 的边界的最远点。其示意图如图 3.4.6 所示。

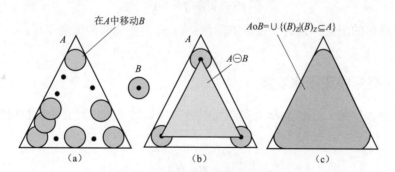

图 3.4.6　开操作几何解释示意图

（a）原图；（b）先腐蚀；（c）后膨胀

4）闭操作

使用结构元素 B 对集合 A 进行闭操作，定义为 $A \cdot B = (A \oplus B) \ominus B$。

含义：先用 B 对 A 膨胀，然后用 B 对膨胀结果进行腐蚀。

闭操作的几何解释：$A \cdot B$ 的边界通过 B 中的点完成，即 B 在 A 的边界外部转动，B 中的点所能到达 A 的边界的最远点。其示意图如图 3.4.7 所示。

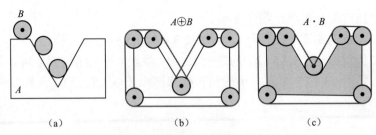

图 3.4.7　闭操作几何解释示意图

（a）原图；（b）先膨胀；（c）后腐蚀

5）总结

腐蚀：其作用是消除物体边界点，可以把小于结构元素的物体（毛刺、小凸起）去除，选取不同大小的结构元素，就可以在原图像中去掉不同大小的物体。如果两个物体之间有细小的连通，那么当结构元素足够大时，通过腐蚀运算可以将两个物体分开。

开操作：使图像的轮廓变得光滑，断开狭窄的间断和消除细的突出物，可去除孤立小点、毛刺和小桥。

闭操作：使图像的轮廓变得光滑，能消除狭窄的间断和长细的鸿沟，消除小的孔洞，并填补轮廓线中的裂痕。

3.5　图像校正

图像校正

空间几何变换的目的在于改变物体图像形状和位置，以便使用变化后的表达方式来获取其中的几何信息。几何变换，实际上就是将一个线性空间中的 n 维坐标矢量映射到另一个 n 维坐标矢量的方法。几何变换后的图像中每一个像素取值直接等于变换前图像上对应位置的像素取值，即

$$I'(x',y') = I(x,y) \tag{3.5.1}$$

式中，I 为变换前的图像；I' 为变换后的图像；(x,y) 为变化前的像素坐标；(x',y') 为变换后的像素坐标。

3.5.1　正交变换和刚体变换

以旋转为例，以某 (x,y) 坐标为起点逆时针方向旋转 θ 角，则旋转前和旋转后的坐标变换为

$$\begin{bmatrix} x' \\ y' \\ 1 \end{bmatrix} = \begin{bmatrix} \boldsymbol{R} & 0 \\ \boldsymbol{0}^{\mathrm{T}} & 1 \end{bmatrix} \begin{bmatrix} x \\ y \\ 1 \end{bmatrix} \tag{3.5.2}$$

式中，$\boldsymbol{R} = \begin{bmatrix} \cos\theta & -\sin\theta \\ \sin\theta & \cos\theta \end{bmatrix}$ 为 2×2 正交矩阵，因此满足 $\boldsymbol{RR}^{\mathrm{T}} = \boldsymbol{I}$，$\boldsymbol{R}$ 中的行向量和列向量之间两两正交。

任意一个 n 维正交矩阵 $\boldsymbol{R}$ 保证了 n 维线性空间正交变换前后的矢量长度、矢量之间的夹角以及原点位置不变。这样的变换即正交变换。

以式（3.5.2）为例，取 $\theta = -30°$ 时，对图 3.5.1（a）进行正交变换，结果如图 3.5.1（b）所示。

(a) (b)

图 3.5.1　正交变换示意图
（a）原图；（b）旋转 $-30°$ 图

实际上，采用移动的摄像机实现多点采集景物图像，相邻图像之间不仅姿态可能发生旋转，位置也可能发生偏移，此时要想将两幅图像恢复到同一几何关系上来，仅通过正交变换显然是不够的。所以需要在正交变换的基础上，引入平移，组成正交加平移的变换，即

$$\begin{bmatrix} x' \\ y' \\ 1 \end{bmatrix} = \begin{bmatrix} r_{11} & r_{12} & t_1 \\ r_{21} & r_{22} & t_2 \\ 0 & 0 & 1 \end{bmatrix} \begin{bmatrix} x \\ y \\ 1 \end{bmatrix} = \begin{bmatrix} \boldsymbol{R} & \boldsymbol{t} \\ \boldsymbol{0}^{\mathrm{T}} & 1 \end{bmatrix} \begin{bmatrix} x \\ y \\ 1 \end{bmatrix} \tag{3.5.3}$$

式中，$\boldsymbol{R} = \begin{bmatrix} r_{11} & r_{12} \\ r_{21} & r_{22} \end{bmatrix}$ 为任意正交矩阵；$\boldsymbol{t} = [t_1 \quad t_2]^{\mathrm{T}}$ 为平移向量。

按照式（3.5.3）进行的变换称为刚体变换，经过刚体变换后的矢量长度、矢量之间的夹角不变。此时，3×3 的可逆矩阵 $\boldsymbol{T} = \begin{bmatrix} \boldsymbol{R} & \boldsymbol{t} \\ \boldsymbol{0}^{\mathrm{T}} & 1 \end{bmatrix}$ 称为刚体变换矩阵，$\boldsymbol{T}^{-1}$ 称为逆刚体变换矩阵。

3.5.2　仿射变换

如果放宽式（3.5.3）中 $\boldsymbol{R}$ 的正交性条件，仅仅满足 $\boldsymbol{R}\boldsymbol{R}^{\mathrm{T}} = k\boldsymbol{I}$，其中 k 为任意比例系数，则称此时的变换为相似变换。相似变换前后矢量之间的夹角不发生变化，但是矢量的长度会发生变化。

相似变换的实际例子是采用不同焦距的摄像机对同一景物采集时所发生的缩放效果。

进一步将式（3.5.2）中的正交矩阵 $\boldsymbol{R}$ 替换为任意可逆矩阵 $\boldsymbol{A} = \begin{bmatrix} a_{11} & a_{12} \\ a_{21} & a_{22} \end{bmatrix}$，则

$$\begin{bmatrix} x' \\ y' \\ 1 \end{bmatrix} = \begin{bmatrix} a_{11} & a_{12} & t_1 \\ a_{21} & a_{22} & t_2 \\ 0 & 0 & 1 \end{bmatrix} \begin{bmatrix} x \\ y \\ 1 \end{bmatrix} = \begin{bmatrix} \boldsymbol{A} & \boldsymbol{t} \\ \boldsymbol{0}^{\mathrm{T}} & 1 \end{bmatrix} \begin{bmatrix} x \\ y \\ 1 \end{bmatrix} \tag{3.5.4}$$

式（3.5.4）中所表达的变换称为仿射变换。从式中可以看出，$\mathbf{R}^n$ 空间的放射变换矩阵的自由度为 $(n+1)n$。二维仿射变换的自由度为 6，即变换前后图像上的 3 组对应点能够确定一个仿射变换。

仿射变换具有直线性和平行性，即仿射变换前共线的三点在变换后仍然共线；仿射变换前的两条平行线在变换后依然平行。图 3.5.2 所示为一个仿射变换实例，可以看出图中平行的直线在变换后依然平行。

 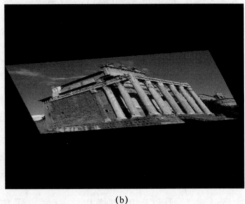

(a)　　　　　　　　　　　　　　　　(b)

图 3.5.2　仿射变换示意图

（a）原图；（b）仿射变换后图

在图像处理中，利用仿射变换的性质可以直接排除对应直线上点的误判。

3.5.3　透视变换

同样的景物在两个不同位置和角度摄像机上形成的图像之间呈现的一种透视关系，所以在图像处理之前必须求取两幅图像的透视变换模型。透视变换是仿射变换的推广。将两幅图像进行透视变换恢复到一个透视关系上的具体步骤如下。

第一步，建立两幅图像的透视变换方程

$$\omega\begin{bmatrix}x'\\y'\\1\end{bmatrix}=\begin{bmatrix}t_{11}&t_{12}&t_{13}\\t_{21}&t_{22}&t_{23}\\t_{31}&t_{32}&t_{33}\end{bmatrix}\begin{bmatrix}x\\y\\1\end{bmatrix}=\mathbf{T}\begin{bmatrix}x\\y\\1\end{bmatrix}\tag{3.5.5}$$

式中，可逆矩阵 $\mathbf{T}$ 为 3×3 透视变换矩阵；$\mathbf{T}^{-1}$ 为逆透视变换矩阵；$\omega=t_{31}x+t_{32}y+t_{33}$ 为"非零比例因子"，保证两边齐次坐标的规范化。

矩阵 $\mathbf{T}$ 中的元素 $\begin{bmatrix}t_{11}&t_{12}\\t_{21}&t_{22}\end{bmatrix}$ 称为旋转参数，$\begin{bmatrix}t_{13}\\t_{23}\end{bmatrix}$ 称为平移参数，$[t_{31}\ \ t_{32}]$ 称为透视失真参数，t_{33} 为整个图像的比例因子，通常规定为 1；如果没有规定，则同一个透视变换的透视变换矩阵不是唯一的，这是由其次坐标的非唯一性决定的。具体地讲，设 k 为任意非零常数，如果将 $k\mathbf{T}$ 作为透视矩阵，都能够找到常数 $\dfrac{s}{k}$，使得式（3.5.5）左右的齐次坐标都保持规范化，而且表达的透视变换和 $\mathbf{T}$ 是同一个。因此，$\mathbf{R}^n$ 空间的透视变换矩阵的自由度为 $(n+1)^2-1$。

　　第二步，从两幅图像获取公共特征点，并通过透视变换方程将后一幅图像的特征点逐一与前一幅图像对应的特征点进行重合配对。二维透视变换的自由度为 8，即变换前后图像上的 4 组对应点能够确定一个透视变换矩阵的所有参数。

　　第三步，将透视变换扩展至整幅图像，对一幅图像，从左上角像素开始直至右下角的像素为止，除了公共特征点以外的所有像素点逐一按照式（3.5.5）进行透视变换，转换成变换后的像素坐标图像。

　　经过上述步骤的运算，可以得到经过同一透视变换后的两幅图像，通过对两幅图像的比较就会找到相邻两幅图或者由两个摄像机采集的同一目标景物的两幅图像中所具有的公共部分。

　　图 3.5.3 示出了透视变换前后的图像。其中，图 3.5.3（a）为未经透视变换的图像；图 3.5.3（b）为经过透视变换后的图像。从图中还可以发现，经过透视变换的图像更接近于实际的图像，可以校正摄像机由于拍摄角度带来的图像不规则问题。

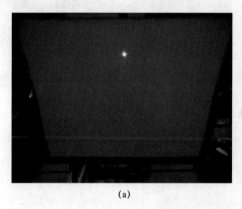 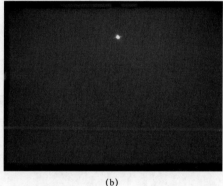

(a)　　　　　　　　　　　　　　　(b)

图 3.5.3　透视变换前后的图像

（a）透视变换前的图像；（b）透视变换后的图像

　　和仿射变换不同，透视变换不再保证平行性，即变化前的平行线变换后不再平行，但是直线性仍然被保留，即变换前的直线在变换后仍然是直线。透视变换是一种最常用的线性变换[1]。

3.6　摄像机标定

3.6.1　单目摄像机标定

　　单目摄像机可分为可见光摄像机和红外光摄像机，标定方法基本相同，但是根据成像方式不同，标定板有所不同，可见光摄像机标定板为普通平面棋盘格，红外光摄像机属于热成像，其标定板为特殊设计的镂空棋盘格，并且间隔贴上发热片，如图 3.6.1 所示。

　　1. 摄像机数学模型

　　摄像机数学模型示意图如图 3.6.2 所示[2]。

单目摄像机标定

(a)

(b)

图 3.6.1　摄像机标定板

（a）可见光摄像机标定板；（b）红外光摄像机标定板

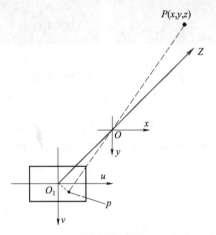

图 3.6.2　摄像机数学模型示意图

摄像机用于将三维空间中任一坐标点转换成存储在计算机中的像素值，其表达式为：

$$\begin{bmatrix} u \\ v \\ 1 \end{bmatrix} = \frac{1}{s} \begin{bmatrix} 1/d_x & 0 & u_0 \\ 0 & 1/d_y & v_0 \\ 0 & 0 & 1 \end{bmatrix} \begin{bmatrix} f_x & 0 & 0 & 0 \\ 0 & f_y & 0 & 0 \\ 0 & 0 & 1 & 0 \end{bmatrix} \begin{bmatrix} \boldsymbol{R} & \boldsymbol{t} \\ \boldsymbol{0}^{\mathrm{T}} & 1 \end{bmatrix} \begin{bmatrix} x_w \\ y_w \\ z_w \\ 1 \end{bmatrix} \tag{3.6.1}$$

式中，s 为常数因子；d_x、d_y 分别为每个像素在横轴 x 和纵轴 y 上的物理尺寸。

其数学模型包括三次矩阵乘法，分别对应摄像机成像过程中的三个变换：

（1）从世界坐标系到摄像机坐标系的旋转和平移变换。

（2）从摄像机坐标系到图像坐标系的透视变换。

（3）从图像坐标系到计算机存储图像像素坐标系的成像变换。

2. 摄像机标定方法

摄像机标定的原理即建立摄像机图像像素位置与场景点位置之间的关系，其途径是根据摄像机模型，由已知特征点的图像坐标求解摄像机的内外参数。

通常摄像机标定方法采用张正友标定方法，其原理即通过对标定板（棋盘格）在不同方向多次（三次以上）完整拍照，不需要知道标定板的运动方式，直接获得相机的内参数。

根据摄像机数学模型，空间三维坐标点 $X_w=[x,y,z,1]^T$，二维相机平面像素坐标点 $m=[u,v,1]^T$，标定板到图像平面的单应性关系为：

$$sm = K[R,t] X_w, \quad K = \begin{bmatrix} \alpha & \gamma & \mu_0 \\ 0 & \beta & v_0 \\ 0 & 0 & 1 \end{bmatrix}$$

其中内参矩阵中 $\alpha=f/d_x$，$\beta=f/d_y$；因为像素不是规则的正方形，γ 代表像素点在 x、y 方向上尺度的偏差。

将世界坐标系移到棋盘标定平面上，令棋盘格平面为 $z=0$ 的平面，可得：

$$s\begin{bmatrix} u \\ v \\ 1 \end{bmatrix} = K\, [r_1\ r_2\ r_3\ t] \begin{bmatrix} x \\ y \\ 0 \\ 1 \end{bmatrix} = K\, [r_1\ r_2\ t] \begin{bmatrix} x \\ y \\ 1 \end{bmatrix}$$

即

$$s\tilde{m} = H\tilde{M}, \quad H = [h_1\ h_2\ h_3] = \lambda K\, [r_1\ r_2\ t]$$

在计算机视觉中单应性矩阵被定义为一个平面到另一个平面的投影映射。则单应性矩阵 H 为一个齐次矩阵，共有 8 个未知参数，需要 4 个对应点即可推算出世界平面到图像平面的单应性矩阵 H，与透视变换类似。

对上式求解可得：

$$\begin{cases} \lambda = \dfrac{1}{s} \\[2mm] r_1 = \dfrac{1}{\lambda} K^{-1} h_1 \\[2mm] r_2 = \dfrac{1}{\lambda} K^{-1} h_2 \end{cases}$$

由于旋转矩阵是正交矩阵，则 r_1 和 r_2 正交，可得两个约束条件：

$$r_1^T r_2 = 0 \quad \longrightarrow \quad h_1^T K^{-T} K^{-1} h_2 = 0$$

$$\|r_1\| = \|r_2\| = 1 \quad \longrightarrow \quad h_1^T K^{-T} K^{-1} h_1 = h_2^T K^{-T} K^{-1} h_2$$

其中内参矩阵 K 包含 5 个参数 α、β、γ、u_0、v_0，如果完全解出 5 个未知量，则需要 3 个单应性矩阵。而 3 个单应性矩阵在 2 个约束下可以产生 6 个方程，因此可解出全部 5 个内参。

$$\text{令 } \boldsymbol{B} = \boldsymbol{K}^{-\mathrm{T}} \boldsymbol{K}^{-1} = \begin{bmatrix} B_{11} & B_{12} & B_{13} \\ B_{21} & B_{22} & B_{23} \\ B_{31} & B_{32} & B_{33} \end{bmatrix}, \quad \boldsymbol{b} = [B_{11}, B_{12}, B_{22}, B_{13}, B_{23}, B_{33}]$$

可得 $\boldsymbol{h}_i^{\mathrm{T}} \boldsymbol{B} \boldsymbol{h}_j = \boldsymbol{V}_{ij}^{\mathrm{T}} \boldsymbol{b}$，即

$$\boldsymbol{h}_i^{\mathrm{T}} \boldsymbol{B} \boldsymbol{h}_j = [h_{i1}, \ h_{i2}, \ h_{i3}]^{\mathrm{T}} \boldsymbol{B} [h_{j1}, \ h_{j2}, \ h_{j3}]$$

设 $\boldsymbol{V}_{ij} = [h_{i1}h_{j1}, h_{i1}h_{j2} + h_{i2}h_{j1}, h_{i2}h_{j2}, h_{i3}h_{j1} + h_{i1}h_{j3}, h_{i3}h_{j2} + h_{i2}h_{j3}, +h_{i3}h_{j3}]^{\mathrm{T}}$，由约束条件可得：

$$\begin{bmatrix} \boldsymbol{V}_{12} \\ (\boldsymbol{V}_{11} - \boldsymbol{V}_{22})^{\mathrm{T}} \end{bmatrix} \boldsymbol{b} = 0$$

由于摄像机有 5 个未知内参数，所以当采集的棋盘格图像数目大于等于 3 时，就可以线性唯一求解出 $\boldsymbol{K}$。即从理论上分析只需要采集三幅标定棋盘格图像即可获得所有内参数，但是由此解算出的内参数精度会有所影响，所以通常会在不同方位采集多幅图像进行标定。

因此可得内参数：

$$\begin{cases} v_0 = (B_{12}B_{13} - B_{11}B_{23}) / (B_{11}B_{12} - B_{12}^{\ 2}) \\ \lambda = B_{33} - [B_{13}^2 + v_0(B_{12}B_{13} - B_{11}B_{23})] / B_{11} \\ \alpha = \sqrt{\lambda / B_{11}} \\ \beta = \sqrt{\lambda B_{11} / (B_{11}B_{12} - B_{12}^2)} \\ \gamma = -B_{12}\alpha^2\beta / \lambda \\ u_0 = v_0\gamma / \beta - B_{13}\alpha^2 / \lambda \end{cases}$$

外参数：

$$\boldsymbol{r}_1 = \lambda \boldsymbol{K}^{-1} \boldsymbol{h}_1$$

$$\boldsymbol{r}_2 = \lambda \boldsymbol{K}^{-1} \boldsymbol{h}_2$$

$$\boldsymbol{t} = \lambda \boldsymbol{K}^{-1} \boldsymbol{h}_3$$

3. 畸变参数估计

图像畸变是由镜头引起的，主要包含径向畸变、切向畸变。畸变示意图如图 3.6.3 所示。

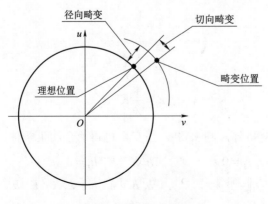

图 3.6.3 畸变示意图

径向畸变：产生的原因是光线在远离透镜中心的地方比靠近中心的地方更加弯曲，径向畸变主要包含桶形畸变和枕形畸变两种。

切向畸变：产生的原因是透镜不完全平行于图像平面。

令 (u, v) 为理想无畸变的像素坐标，(u', v') 为对应畸变后的像素坐标。(x, y) 为理想无畸变的图像坐标，(x', y') 为对应畸变后的图像坐标。

实际情况中，可以用主点周围泰勒级数展开的前几项进行描述。只考虑了径向畸变的前三项时：

$$x' = x + x[k_1(x^2 + y^2) + k_2(x^2 + y^2)^2 + k_3(x^2 + y^2)^3]$$
$$y' = y + y[k_1(x^2 + y^2) + k_2(x^2 + y^2)^2 + k_3(x^2 + y^2)^3]$$

其中，k_1、k_2 和 k_3 为径向畸变系数。径向畸变的中心与主点 (u_0, v_0) 相同，因此针对主点周围的泰勒级数为：

$$u' = u + (u - u_0)[k_1(x^2 + y^2) + k_2(x^2 + y^2)^2 + k_3(x^2 + y^2)^3]$$
$$v' = v + (v - v_0)[k_1(x^2 + y^2) + k_2(x^2 + y^2)^2 + k_3(x^2 + y^2)^3]$$

转为矩阵形式为：

$$\begin{bmatrix} (u-u_0)(x^2+y^2) & (u-u_0)(x^2+y^2)^2 & (u-u_0)(x^2+y^2)^3 \\ (v-v_0)(x^2+y^2) & (v-v_0)(x^2+y^2)^2 & (u-u_0)(x^2+y^2)^3 \end{bmatrix} \begin{bmatrix} k_1 \\ k_2 \\ k_3 \end{bmatrix} = \begin{bmatrix} u'-u \\ v'-v \end{bmatrix}$$

给定每张含有 m 个点的 n 张图像，可以联立所有 $2mn$ 个方程或写为矩阵形式：$Dk = d$，其中 $k = [k_1 \quad k_2 \quad k_3]^T$，求得 k_1、k_2 和 k_3。

4. 摄像机标定实现方式

1）Matlab 标定法

（1）通过摄像机采集棋盘格数据，如图 3.6.4 所示。

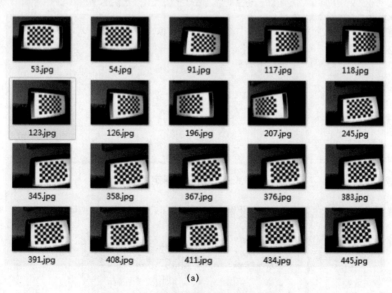

(a)

图 3.6.4　棋盘格及采集的图像序列

（a）可见光摄像机标定板采集图像

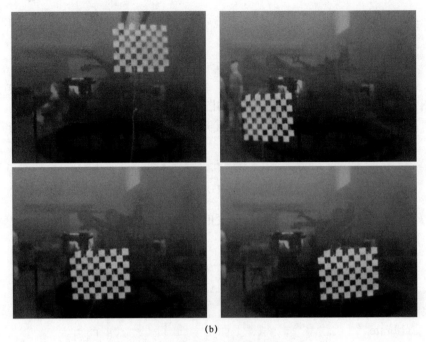

(b)

图 3.6.4 棋盘格及采集的图像序列（续）

（b）红外光摄像机标定板采集图像

（2）标定流程。

直接在 Matlab 的 Command Window 窗口中输入"cameraCalibrator"即可调用标定应用，如图 3.6.5 所示。

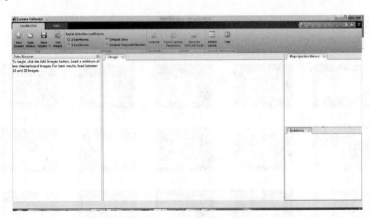

图 3.6.5 Matlab 标定界面

首先添加采集的棋盘格图像，并设置棋盘格大小，如图 3.6.6 所示。

图 3.6.6 棋盘格大小设置界面

径向畸变：

$$x_{\text{RadialCorrected}} = x[1 + k_1(x^2 + y^2) + k_2(x^2 + y^2)^2 + k_3(x^2 + y^2)^3]$$

$$y_{\text{RadialCorrected}} = y[1 + k_1(x^2 + y^2) + k_2(x^2 + y^2)^2 + k_3(x^2 + y^2)^3]$$

切向畸变：

$$x_{\text{TangentialCorrected}} = x + [2p_1xy + p_2(x^2 + y^2 + 2x^2)]$$

$$y_{\text{TangentialCorrected}} = y + [p_1(x^2 + y^2 + 2y^2) + 2p_2xy]$$

畸变系数为：

$$\text{Distortion}_{\text{coefficients}} = (k_1 \quad k_2 \quad p_1 \quad p_2 \quad k_3)$$

设置畸变参数界面如图 3.6.7 所示。

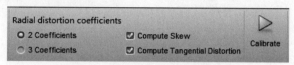

图 3.6.7　畸变参数设置界面

单击“Calibrate”图标后等待一段时间即可完成标定。标定完成后保存参数，如图 3.6.8 所示。

1x1 cameraParameters

Property	Value	Min	Max
RadialDistortion	[-0.3203,0.1177]	-0.32...	0.1177
TangentialDistor...	[-0.0055,0.0014]	-0.00...	0.0014
WorldPoints	54x2 double	0	144
WorldUnits	'mm'		
EstimateSkew	1		
NumRadialDisto...	2	2	2
EstimateTangent...	1		
TranslationVecto...	20x3 double	-169....	304.0...
ReprojectionErr...	54x2x20 double	-0.59...	0.6367
NumPatterns	20	20	20
IntrinsicMatrix	[445.0538,0,0;0.1921,447.3691,0;327.1490,...	0	447.3...
MeanReprojecti...	0.1811	0.1811	0.1811
RotationMatrices	3x3x20 double	-0.30...	0.9999

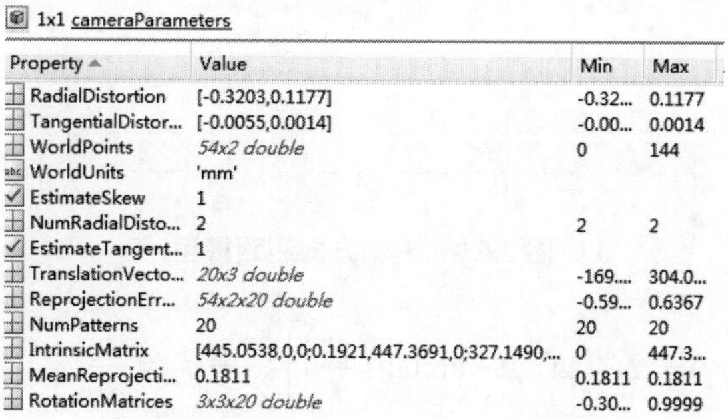

图 3.6.8　标定结果

其中“RadialDistortion”对应 k_1 和 k_2，k_3 已经设置为 0。“TangentialDistortion”对应 p_1、p_2。“IntrinsicMatrix”对应内参，注意其与 OpenCV 表达方式是转置关系。标定的内参数为：

445.053 8	0	0
0.192 1	447.369 1	0
327.149 0	244.273 5	1

2）OpenCV 标定法

（1）读取 N 幅标定图片，N 可以自行设置。

（2）调用 findChessboardCorners() 函数寻找棋盘角点；如果寻找到所有的角点，则函数返回 1，表示成功，并得到角点在图像坐标系下的像素坐标，否则返回 0，表示角点寻找不成功。

（3）如果寻找角点成功，则调用 findCornerSubPix() 函数进一步得到角点亚像素级坐标值，并且保存所得到的亚像素级坐标值。

（4）将角点亚像素级坐标值以及角点在世界坐标系下的物理坐标值代入 calibrateCamera() 函数中，得到摄像机内外参数值。

5. 单目测距方法

1）Y 轴方向测距模型

Y 轴方向测距模型如图 3.6.9 所示，XIY 为世界坐标系，xO_1y 为图像坐标系，uO_0v 为像素坐标系。

摄像机的安装高度为 H，俯视角为 α，仰视角 $\beta = \gamma_0 + \gamma_1$。

道路平面上的一点 $Q(X,Y)$，在 Y 轴方向上的投影为 $P(0,Y)$，在图像坐标系上的投影点坐标为 $p(x,y)$，在像素坐标系上的坐标为 (u,v)，摄像机的焦距为 f。

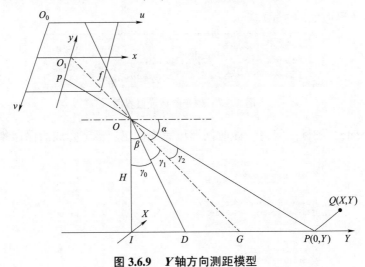

图 3.6.9 Y 轴方向测距模型

则 $Y = H \times \tan(\beta + \gamma_2) = H \times \tan\left(\beta + \arctan\left(\dfrac{y}{f}\right)\right)$，由 $f_y = \dfrac{f}{d_y}$，$y = (v - v_0)d_y$ 可得：

$$Y = H \times \tan\left(\beta + \arctan\left(\frac{v - v_0}{f_y}\right)\right)$$

2）X 轴方向测距模型

X 轴方向测距模型如图 3.6.10 所示，位于道路平面上的一点 $Q(X, Y)$，投影到 Y 轴上的坐标为 $P(0, Y)$，投影到图像坐标系上的坐标为 $q(x, y)$，对应像素坐标系上的坐标为 (u, v)。

由 $\dfrac{Op}{pq} = \dfrac{OP}{PQ}$ 可得：

$$X = PQ = \frac{pq}{Op} \times OP = \frac{(u - u_0)d_x}{\sqrt{f^2 + (v - v_0)^2 d_y^2}} \times \frac{H}{\cos\left(\beta + \arctan\left(\dfrac{v - v_0}{f_y}\right)\right)}$$

$$\approx \frac{(u - u_0) \times H}{\sqrt{f_x^2 + (v - v_0)^2}\, \cos\left(\beta + \arctan\left(\dfrac{v - v_0}{f_y}\right)\right)}$$

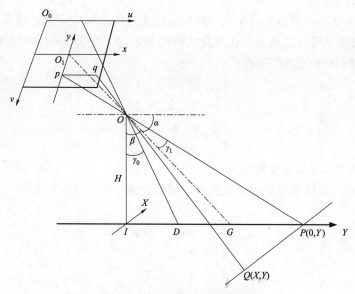

图 3.6.10　**X轴方向测距模型**

3.6.2　双目摄像机标定

1. 双目摄像机成像模型

双目摄像机成像模型如图 3.6.11 所示[3]，场景点 $P(X,Y,Z)$ 在左、右图像平面中的投影点分别为 $P_\mathrm{l}(x_\mathrm{l},y_\mathrm{l})$、$P_\mathrm{r}(x_\mathrm{r},y_\mathrm{r})$，两摄像机图像在同一平面则 $y_\mathrm{l}=y_\mathrm{r}$，假设世界坐标系原点与左透镜中心 C_l 重合，比较相似三角形 $PP_\mathrm{l}P_\mathrm{r}$ 和 $PC_\mathrm{l}C_\mathrm{r}$ 可得：

$$\frac{\left|P_\mathrm{l}O_\mathrm{l}\right|+T+\left|P_\mathrm{r}O_\mathrm{r}\right|}{Z+f}=\frac{T}{Z}, \quad \text{即} \quad \frac{T-(x_\mathrm{l}-x_\mathrm{r})}{Z+f}=\frac{T}{Z}$$

双目摄像机标定、立体匹配、红外摄像机标定

可得：

$$Z=\frac{Tf}{x_\mathrm{l}-x_\mathrm{r}}$$

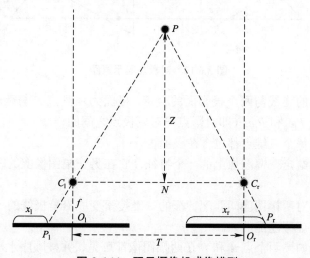

图 3.6.11　**双目摄像机成像模型**

其中视差：$d = x_1 - x_r$。利用目标点在左右两幅视图上成像的横向坐标直接存在的差异（即视差）与目标点到成像平面的距离 Z 存在着反比例的关系，即 $Z = bf/d$（b 为两个摄像机的基线）。比较相似三角形 PC_1N 和 $C_1P_1O_1$ 可得：

$$\begin{cases} X = \dfrac{T}{d}\left(\dfrac{w}{2} - x_1\right) \\[2mm] Y = \dfrac{T}{d}\left(\dfrac{h}{2} - y_1\right) \end{cases}$$

式中，w 为图像宽度，h 为图像高度。

左图像的任意一点只要能在右图像中找到对应的匹配点，即可确定该点的三维坐标，即：

$$\begin{cases} X = \dfrac{T}{d}\left(\dfrac{w}{2} - x_1\right) \\[2mm] Y = \dfrac{T}{d}\left(\dfrac{h}{2} - y_1\right) \\[2mm] Z = \dfrac{Tf}{x_1 - x_r} \end{cases}$$

2. 对极几何

双目摄像机对极几何示意图如图 3.6.12 所示。

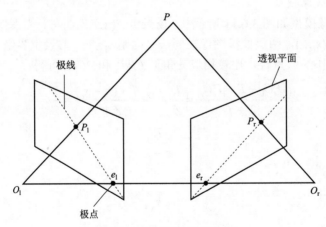

图 3.6.12　对极几何示意图

极点为投影中心的连线与两个投影面的交点，极面为观测点 P 与两个投影中心 O_1 和 O_r 确定的面，极线为线 P_1e_1 和 P_re_r（即投影点与对应极点之间的连线）。

摄像机视图内的每个三维点都包含在极面内。

（1）极线约束：给定一幅图像上的一个特征，它在另一幅图像上的匹配视图一定在对应的极线上。

（2）对极约束：对两幅图像间匹配特征的二维搜索变成沿着极线的一维搜索，可节省大量计算，并排除许多虚假匹配的点。

（3）次序保留：如果两个点 A 和 B 在两幅图像都可见，并按顺序水平出现，那么在另一幅图像上也是顺序水平出现。

3. 立体标定

立体标定即确定两个摄像机之间的旋转矩阵 R 和平移向量 T。具体实现为拍摄不同角度的多个棋盘图像，确定角点在左右图的像素坐标及三维世界坐标，采用 stereoCalibrate() 函数求出两台摄像机之间的旋转、平移参数以及本征矩阵和基础矩阵。

4. 立体校正

根据立体标定结果，可以校正两幅立体图像，使得极线沿着图像行对准，并且穿过两幅图像的扫描线也是相同的，可使得立体匹配更可靠。

立体校正前后图像如图 3.6.13 所示。

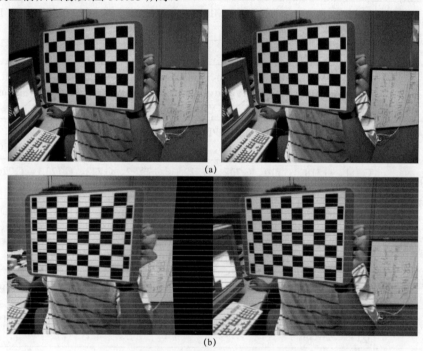

(a)

(b)

图 3.6.13　立体校正前后图像

（a）立体校正前图像；（b）立体校正后图像

5. 立体匹配

匹配两个不同摄像机视图的 3D 点。可以通过两个不同摄像机视图中的匹配点之间的三角测量视差值来求取深度值，如图 3.6.14 所示。

图 3.6.14　视差图

3.7 视频压缩编解码与传输

3.7.1 多媒体压缩格式

多媒体包括视频、音频、图像等，其压缩格式如表 3.7.1 所示[4]。

表 3.7.1 多媒体压缩格式

视频压缩	ISO/IEC	MJPEG、Motion JPEG 2000、MPEG－1、MPEG－2（Part 2）、MPEG－4（Part 2/ASP、Part 10/AVC）、HEVC
	ITU－T	H.120、H.261、H.262、H.263、H.264、H.265（HEVC）
	其他	AMV、AVS、Bink、CineForm、Cinepak、Dirac、DV、Indeo、Microsoft Video 1、OMS Video、Pixlet、RealVideo、RTVideo、SheerVideo、Smacker、Sorenson Video、Theora、VC－1、VP3、VP6、VP7、VP8、VP9、WMV
音频压缩	ISO/IEC MPEG	MPEG－1 Layer III（MP3）、MPEG－1 Layer II、MPEG－1 Layer I、AAC、HE－AAC、MPEG－4 ALS、MPEG－4 SLS、MPEG－4 DST、MPEG－4 HVXC、MPEG－4 CELP
	ITU－T	G.711、G.718、G.719、G.722、G.722.1、G.722.2、G.723、G.723.1、G.726、G.728、G.729、G.729.1
	其他	AC－3、AMR、AMR－WB、AMR－WB+、Apple Lossless、ATRAC、DRA、DTS、FLAC、GSM－HR、GSM－FR、GSM－EFR、iLBC、Monkey's Audio、μ－law、MT9、Musepack、Nellymoser、OptimFROG、OSQ、RealAudio、RTAudio、SD2、SHN、SILK、Siren、Speex、TAK、True Audio、TwinVQ、Vorbis、WavPack、WMA
图像压缩	ISO/IEC/ITU－T	JPEG、JPEG 2000、JPEG XR、lossless JPEG、JBIG、JBIG2、PNG、WBMP
	其他	APNG、BMP、DjVu、EXR、GIF、ICER、ILBM、MNG、PCX、PGF、TGA、TIFF、QTVR、WebP
媒体容器	通用	3GP、ASF、AVI、Bink、BXF、DMF、DPX、EVO、FLV、GXF、M2TS、Matroska、MPEG－PS、MPEG－TS、MP4、MXF、Ogg、QuickTime、RealMedia、RIFF、Smacker、VOB、WebM
	只用于音频	AIFF、AU、WAV

常用的图像存储格式如表 3.7.2 所示。

表 3.7.2 常用的图像存储格式

文件扩展名	固有名称	描述
.bmp	Windows 位图	通常被 Microsoft Windows 程序以及其本身使用的格式。可以使用无损的数据压缩，但是一些程序只能使用未经压缩的文件
.iff，.ilbm	互换档案格式（Interchange file format/Interleave bitmap）	在 Amiga 机上很受欢迎。ILBM 是 IFF 的图表类型格式，可以包含更多的图片
.tiff，.tif	标签图像文件格式	大量用于传统图像印刷，可进行有损或无损压缩，但是很多程序只支持可选项目的一部分功能

续表

文件扩展名	固有名称	描述
.png	便携式网络图片	无损压缩位图格式。起初被设计用于代替在互联网上的 GIF 格式文件。与 GIF 的专利权没有联系
.gif	图形交换格式	在网络上被广泛使用，但有时也会因为专利权的原因而不使用该图形格式。支持动画图像，支持 256 色，对真彩图片进行有损压缩。使用多帧可以提高颜色准确度
.jpeg .jpg	联合图像专家组	在网络上广泛使用于存储相片。使用有损压缩，质量可以根据压缩的设置而不同
.mng	Multiple-image Network Graphics	使用类似于 PNG 和 JPEG 数据流的动画格式，起初被设计成 GIF 的替代格式。与 GIF 的专利权没有联系
.xpm	X Pixmap	在 UNIX 平台的 X Windows System 下广泛使用的格式，一种不使用压缩的 ASCII 格式
.psd	Photoshop 文件	Photoshop 文件的标准格式。有很多诸如图层的额外功能。只被很少其他的软件支持
.psp	Paint Shop Pro 文件	Paint Shop Pro 文件的标准格式，类似于 Photoshop 的.psd，被很少软件支持
.ufo	PhotoImpact 文件	PhotoImpact 文件的标准格式，类似于 Photoshop 的.psd。Corel 出品的相关影像、图像编辑软件皆可支持
.xcf	eXperimental Computing Facility	具有很多诸如图层的额外特性，主要使用于 GIMP，但是也可以被 ImageMagick 读取
.pcx	PCX 文件（ZSoft Paint）	一种较早出现的位图图形文件格式，用长度游程算法（RLE，Run-Length Encode）压缩，支持 1 位、8 位和 24 位颜色
.ppm	Portable Pixmap Format	很简单的图形格式，使用于交换位图

3.7.2　图像压缩方法

　　传统的信号采集、编解码过程如图 3.7.1 所示。编码端先对信号进行采样，再对所有采样值进行变换，并将其中重要系数的幅度和位置进行编码，最后将编码值进行存储或传输；信号的解码过程仅仅是编码的逆过程，接收的信号经解压缩、反变换后得到恢复信号[5]。

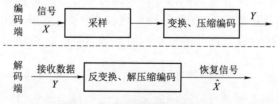

图 3.7.1　传统编解码理论框图

常用的压缩编码方法有以下几种。

1. 基于小波变换的图像压缩方法

小波图像压缩的特点是压缩比高，压缩速度快，能量损失低，能保持图像的基本特征，且信号传递过程抗干扰性强，可实现累进传输[6]。

二维小波变换是一种塔式结构，首先一维小波变换将一维原始信号分别经过低通滤波和高通滤波以及二元下抽样得到信号的低频部分 L 和高频部分 H。而根据 Mallat 算法，二维小波变换可以用一系列的一维小波变换得到。对一幅 m 行 n 列的图像，二维小波变换的过程是先对图像的每一行做一维小波变换，得到 L 和 H 两个对半部分；然后对得到的 LH 图像（仍是 m 行 n 列）的每一列做一维小波变换。这样经过一级小波变换后的图像就可以分为 LL、HL、LH、HH 四个部分，如图 3.7.2 所示，就是一级二维小波变换的塔式结构。

而二级、三级以至更高级的二维小波变换则是对上一级小波变换后图像的左上角部分（LL 部分）再进行一级二维小波变换，是一个递归过程。三级二维小波变换的塔式结构如图 3.7.3 所示。

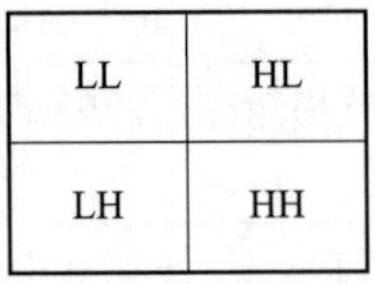

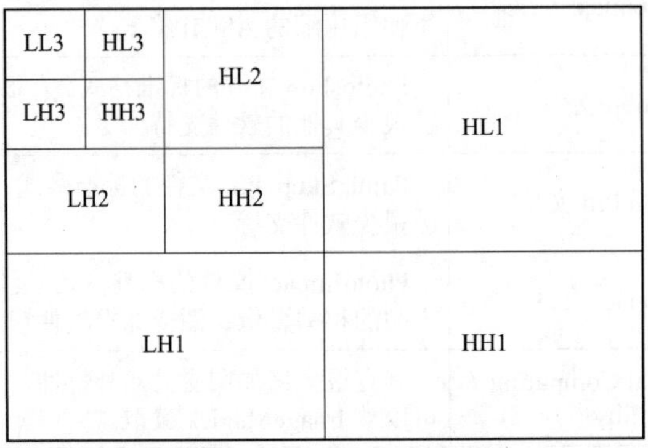

图 3.7.2　一级二维小波变换

图 3.7.3　三级二维小波变换

一个图像经过小波分解后，可以得到一系列不同分辨率的子图像，不同分辨率的子图像对应的频率也不同。高分辨率（即高频）子图像上大部分点的数值都接近于 0，分辨率越高，这种现象越明显。要注意的是，在 N 级二维小波分解中，分解级别越高的子图像，频率越低。例如图 3.7.3 的三级塔式结构中，子图像 HL2、LH2、HH2 的频率要比子图像 HL1、LH1、HH1 的频率低，相应地分辨率也较低。根据不同分辨率下小波变换系数的这种层次模型，可以得到以下三种简单的图像压缩方案。

1）舍高频，取低频

一幅图像最主要的表现部分是低频部分，因此可以在小波重构时，只保留小波分解得到的低频部分，而高频部分系数作置"0"处理。这种方法得到的图像能量损失大，图像模糊，很少采用。另外，也可以对高频部分的局部区域系数置"0"，这样重构的图像就会有局部模糊、其余清晰的效果。

2）阈值法

对图像进行多级小波分解后，保留低频系数不变，然后选取一个全局阈值来处理各级高频系数；或者不同级别的高频系数用不同的阈值处理。绝对值低于阈值的高频系数置"0"，否则保留。用保留的非零小波系数进行重构。

3）截取法

将小波分解得到的全部系数按照绝对值大小排序，只保留最大的 $x\%$ 的系数，剩余的系数置"0"。不过这种方法的压缩比并不一定高。因为对于保留的系数，其位置信息也要和系数值一起保存下来，才能重构图像。并且，和原图像的像素值相比，小波系数的变化范围更大，因而也需要更多的空间来保存。

2. JPEG 2000

JPEG 2000 是基于小波变换的图像压缩标准，由 Joint Photographic Experts Group 组织创建和维护。JPEG 2000 通常被认为是未来取代 JPEG（基于离散余弦变换）的下一代图像压缩标准。JPEG 2000 文件的副档名通常为.jp2，MIME 类型是 image/jp2。

JPEG 2000 的核心部分即图像编解码系统，其编码器和解码器的框图如图 3.7.4 所示。

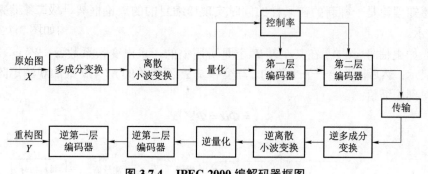

图 3.7.4　JPEG 2000 编解码器框图

JPEG 2000 图像编码系统基于 David Taubman 提出的 EBCOT（Embedded Block Coding with Optimized Truncation）算法，使用小波变换，采用两层编码策略，对压缩位流分层组织，不仅可获得较好的压缩效率，而且压缩码流具有较大的灵活性。在编码时，首先对源图像进行离散小波变换，根据变换后的小波系数特点进行量化。将量化后的小波系数划分成小的数据单元——码块，对每个码块进行独立的嵌入式编码。将得到的所有码块的嵌入式位流，按照率失真最优原则分层组织，形成不同质量的层。对每一层，按照一定的码流格式打包，输出压缩码流。

解码过程相对比较简单。根据压缩码流中存储的参数，对应于编码器的各部分，进行逆向操作，输出重构的图像数据。需要指出的是，JPEG 2000 根据所采用的小波变换和量化，进行相应的有损和无损编码。在进行压缩之前，需要把源图像数据划分成瓦片（tile）矩形单元。将每个瓦片看成是小的源图像，进行编解码。把图像划分成瓦片，对每个瓦片进行操作，可减少压缩图像所需的存储量，并且有利于抽取感兴趣的图像区域。

这种传统的编解码方法存在两个缺陷：

（1）由于信号的采样速率不得低于信号带宽的 2 倍，这使得硬件系统面临着很大的采样速率的压力。

（2）在压缩编码过程中，大量变换计算得到的小系数被丢弃，造成了数据计算和内存资源的浪费。

3. 压缩感知方法

压缩感知理论的信号编解码框架和传统的框架大不一样，如图 3.7.5 所示。CS 理论对信

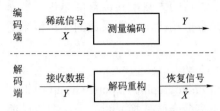

图 3.7.5 基于压缩感知理论的编解码框图

号的采样、压缩编码发生在同一个步骤，利用信号的稀疏性，以远低于奈奎斯特（Nyquist）采样率的速率对信号进行非自适应的测量编码。测量值并非信号本身，而是从高维到低维的投影值，从数学角度看，每个测量值是传统理论下的每个样本信号的组合函数，即一个测量值已经包含了所有样本信号的少量信息。解码过程不是编码的简单逆过程，而是在盲源分离中的求逆思想下，利用信号稀疏分解中已有的重构方法在概率意义上实现信号的精确重构或者一定误差下的近似重构，解码所需测量值的数目远小于传统理论下的样本数。

压缩感知理论是一种新的在采样的同时实现压缩目的的理论框架[7]，其压缩采样过程如图 3.7.6 所示。

首先，如果信号 $x \in \mathbf{R}^N$ 在某个基 $\boldsymbol{\Psi}$ 上是可压缩的，求出变换系数 $\boldsymbol{\alpha} = \boldsymbol{\Psi}^{\mathrm{T}} x$，$\boldsymbol{\alpha}$ 是 $\boldsymbol{\Psi}$ 的等价稀疏表示；然后，设计一个平稳的、与变换基 $\boldsymbol{\Psi}$ 不相关的 $M \times N$ 维的观测矩阵 $\boldsymbol{\Phi}$，对 $\boldsymbol{\alpha}$ 进行观测得到压缩值：

$$y = \boldsymbol{\Phi}\boldsymbol{\alpha} = \boldsymbol{\Phi}\boldsymbol{\Psi}^{\mathrm{T}} x \tag{3.7.1}$$

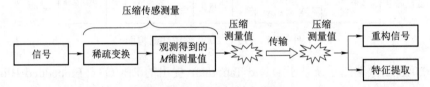

图 3.7.6 压缩感知理论框架

其中，$\boldsymbol{\Phi}$ 为 $M \times N$ 维的随机测量矩阵，并且

$$M = O\left(K \lg\left(\frac{N}{K}\right) \right) \tag{3.7.2}$$

该过程也可以表示为信号 x 通过矩阵 A 进行非自适应观测：$y = Ax$（其中 $A = \boldsymbol{\Phi}\boldsymbol{\Psi}^{\mathrm{T}}$）；得到压缩测量值后，根据压缩感知原理对其进行恢复，即利用 ℓ_1 范数意义下的优化问题求解 x 的精确或近似逼近 $\hat{x}$：

$$\min \left\| \boldsymbol{\Psi}^{\mathrm{T}} x \right\|_{\ell_0} \quad \text{s.t.} \quad y = Ax = \boldsymbol{\Phi}\boldsymbol{\Psi}^{\mathrm{T}} x \tag{3.7.3}$$

求得的向量 $\hat{x}$ 在 $\boldsymbol{\Psi}$ 基上的表示最稀疏。也可以对该压缩的测量值进行特征提取和匹配，实现相关的目标检测和跟踪算法研究。

3.7.3 视频传输原理

图像远程传输通常需要进行压缩，常用的有 H.264、H.265 压缩标准等，H.264/AVC 是由国际组织 ITU－T 和 ISO/IEC 组成的 JVT 制成的视频编码标准，它被广泛应用于多媒体应用领域[8]。

1. H.264 的分层结构

H.264 对网络具有一定的适应性，主要是因为采用了分层结构，它将视频压缩系统分为了网络提取层（Network Abstraction Layer，NAL）和视频编码层（Video Coding Layer，VCL），进而实现压缩与传输之间的分离[9]。

VCL 主要完成视频的高效编解码，而 NAL 为网络提供灵活的接口。这样就使得编码后的视频流可以较为容易地移植到其他网络结构之中，这样不仅可以兼容现在已有的网络，而且对下一代网络也具有一定的适应性。H.264/AVC 的分层结构示意图如图 3.7.7 所示。

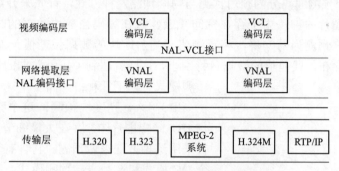

图 3.7.7 H.264/AVC 的分层结构示意图

VCL 主要完成视频的高效编解码，而 NAL 为网络提供灵活的接口，使得网络对于 VCL 中的数据相对不可见。VCL 的输出为表示原视频序列经过压缩后的比特流，这些比特流在传输或者存储之前被映射到 NALU（NAL Unit）中。在 VCL 内部，主要包含以下几个模块，如图 3.7.8 所示。

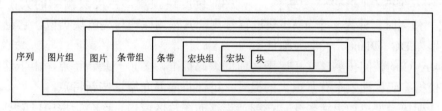

图 3.7.8 VCL 内部模块图

宏块是压缩处理的最小单元，不同的宏块有机地结合组成了宏块组，不同的宏块组又被组成一个个条带，条带与条带之间相互独立。这些独立的条带又组成了条带组，条带组是为了应对不同网络对数据包尺寸的要求。一幅图片中的所有条带就构成了一帧图像。在编码时，综合考虑编码压缩效率与错误蔓延现象，又将图片构成了图片组。图片组之间相同的信息又被游离出来放在序列中被高效地处理。

NAL 是将 VCL 的输出码流打包成便于网络传输的处理单元，它定义了数据具体的封装方法与格式，它的内部结构如图 3.7.9 所示。

包头信息包含了重要性标志位、禁止位与类型标志位。其中禁止位用于指示当前的 NALU 数据是否出现错误，重要性标志位用于表示当前 NALU 是否被其他帧作为参考。类型标志位用于指示图像的数据属于哪种类型。NAL 主要负责数

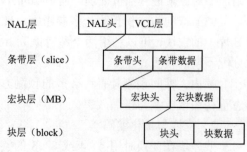

图 3.7.9 NAL 内部结构

据的封装与网络的匹配。这样，高编码压缩效率和网络友好性的任务分别由 VCL 和 NAL 来完成。

2. H.264 的关键技术

1）预测编码

预测编码是在编码当前数据块的时候，通过一些已经编码过的数据块来预测当前数据块的一种编码方式。预测编码分为帧内预测与帧间预测两种方式，首先来介绍帧内预测。帧内预测是指在一帧图片内部，由于存在空间冗余，故在编码当前块数据的时候，就可以通过参考已编码宏块来预测当前宏块，将预测值与当前宏块的数据做差值，差值记为残差[10]。由于空间冗余的存在，残差值的数据量特别小，这样就达到了压缩数据的作用。常见的帧内预测模式有以下几种：

（1）4×4 亮度块预测。这个亮度宏块的大小为 4 MB，一幅图片中，存在大量细节信息的区域，很适合采用这种方法来做预测。它含有 9 种模式，包含一个 DC 模式和 8 种方向预测模式，其中方向预测模式如图 3.7.10 所示。

（2）16×16 亮度块预测。这种预测方式显然比 4×4 预测模式的宏块大了很多倍，所以这种预测方式适用于图片背景内容平坦、变化小的区域。它含有 4 种模式，分别为 DC、Plane、水平与垂直。

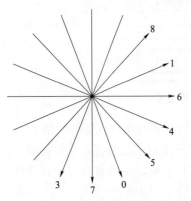

图 3.7.10　帧内预测的方向预测模式示意图

（3）色度块预测。色度块预测的大小只有一种 8×8 模式，预测时，分为 4 个 4MB 块进行预测。其预测原理与亮度块类似。它也含有 4 种模式，分别为 DC、Plane、水平与垂直。

H.264/AVC 的帧间预测模式相比于之前的编码标准，多了一些新特点，由于这些新特点的存在，使得编码压缩效率有了很大的提升。下面将简要介绍这些新特点。

（1）匹配块类型更加灵活多变。在细节丰富的图片区域内，一个宏块中可能具有不同方向的局部运动，为了更加准确地预测，H.264/AVC 支持多种块匹配类型。即宏块的大小可以是 16×16 的方形块，或者 16×8、8×16 的矩形块。这样便可以获得更加准确的运动矢量信息，以便于运动补偿。

（2）更加精细的像素精度。在做运动估计时，如果运动矢量的终点恰好落在整数像素点上，便可以直接对该位置的图像进行预测。否则，运动矢量的终点不在像素的整数点上时，则需要对像素进行插值处理。而 H.264/AVC 支持 1/2 与 1/4 的像素精度，使得像素更加精细。

（3）双向与加权预测，多参考帧。H.264/AVC 可以允许以多幅图片作为参考进行预测，B 片中的宏块，可以利用两个参考队列 list0 与 list1 进行预测。预测时，可以为不同的像素块分配不同的权重。

帧内、帧间预测具有这么多的预测方式，在模式选择上，以率失真模型来判定，综合考虑重构图像质量与压缩效率。

2）变换与量化编码

残差块在变换时用 4×4 或 8×8 的整数变换进行处理，这种变换类似于离散余弦变换，但只在整数域进行计算，因此具有计算简单，不具有截断误差等优点。并且更小尺寸的 4×4

整数变换能够有效降低因振铃效应导致的视频质量失真，不需要乘法运算，能够有效降低计算复杂度。

变换后的残差系数再进行量化处理。H.264/AVC 使用了 52 个不同的量化步长，量化步长决定了量化的编码压缩效率和图像质量，较大的量化步长会使得压缩效率提高，与此同时，图像质量也会降低。反之亦然，并且由于量化是一个不可逆过程，由量化所产生的误差属于系统误差，这是不可避免的。

3）熵编码

熵编码的原理是根据信源的统计特性，使用新的码字符号来表示输入的数据符号，从而达到压缩的目的。常见的熵编码方式有算术编码和变长编码。

H.264/AVC 中有 3 种熵编码方法，即指数哥伦布编码、上下文自适应可变长编码 CAVLC、进制算术编码 CABAC。利用相邻已编码符号所提供的相关性，为所要编码的符号选择合适的上下文模型，可以大大降低符号间的冗余度。CABAC 视频流统计特性，克服了变长编码中的缺点。CABAC 效率高，CAVLC 复杂度低，实现简单。

3. H.264/AVC 的编解码框架

1）编码器

H.264 是基于预测编码与变换编码的混合编码方案，编码期间包括两个方向的数据流处理途径。从左向右的箭头所示方向为编码过程，编码时，首先把当前帧 F_n 一个个以 16×16 宏块进行编码。宏块有帧内和帧间两种预测模式，帧内模式使用当前帧内已编码的宏块进行预测，帧间模式采用以往一个或者多个帧作为参考进行运动预测。接下来，对预测值和原始像素值做差得到残差数据，接着对残差进行变换、量化、重排序和熵编码，这就完成了一个宏块的编码过程。熵编码输出的码流数据和解码宏块所需的一些信息，例如帧内帧间预测模式、运动矢量信息、量化步长的大小等一些列信息，组成了编码后的码流，这些码流再加上一些头信息，经过 NAL，便可以进行传输或者存储了。编码过程如图 3.7.11 所示。

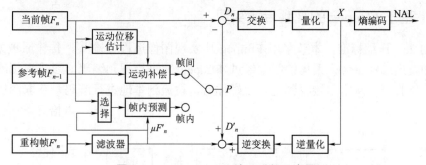

图 3.7.11　H.264/AVC 编码过程示意图

2）解码器

从右向左的箭头方向为重构过程。在重构过程分支中，对量化后宏块的系数进行反量化与反变换操作，得到残差数据，由于量化是不可逆过程，故此时的残差与编码过程的残差具有一定误差。再将此时的残差加上预测块的系数得到的结构进行环路滤波操作，以减少方块效应，这样就完成了重构宏块的过程，当一帧内所有的宏块都被重构时，就得到了重构图像。解码过程如图 3.7.12 示。

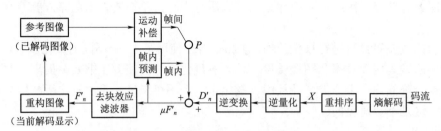

图 3.7.12　H.264/AVC 解码过程示意图

当接收端接收到码流数据后，首先识别出 NAL，从 NAL 中剥离出宏块对应的码流，再经过熵解码和重排序，得到宏块系数。将这些系数再分别经过逆量化过程、逆变换过程，生成残差信息。这一系列的操作和编码器中重构码流生成残差的过程是完全一致的。接着使用码流解码出的预测宏块信息，与残差信息进行求和运算，对输出的结果再进行环路滤波处理，滤波能有效去除"方块效应"，去除块效应后可得到对应的解码宏块。当一帧的所有宏块被解码以后，就得到了一帧完整的图像。同编码器一样，当前重构图像也将用于未来的解码参考帧图像。

H.264/AVC 标准具有很好的压缩效率和一定的网络适应性，在这种编码结构框架下，编码器中的各个模块，都具有严格的编码流程顺序，编码后的码流码率恒定、单一，在编码器输出码流后，很难再对码流做一定的处理，这样的编码器尽管利用 NAL 的封装可以在不同的网路传输，但在面对异构网络时不能很好地发挥作用，尤其在网络带宽频繁变化、用户设备多样的情形下。故 H.264 在它的扩展版本 SVC 中改变了以往单纯的以面向存储追求高效压缩的编码结构，实现了经一次编码就可以适应不同的网络带宽以及多样的用户设备。在传输时，可全部传输或者提取码流的子流进行传输。这样的编码思想对变化的网络带宽具备了一定的适应性[11]。

3.7.4　基于 Ffmpeg 的视频传输实现

基于 H.264 压缩标准，本节采用 Ffmpeg 库实现图像远程传输[12]，传输原理如图 3.7.13 所示。视频发送端将摄像机采集的图像经过 Ffmpeg 库进行视频编码，形成视频流媒体推流到网络中，接收端从网络中接收到视频流媒体后，拉流到本地进行解码，获取图像后进行显示和处理。

图 3.7.13　视频传输原理

视频推流原理及流程如图 3.7.14 所示，视频拉流原理及流程如图 3.7.15 所示。

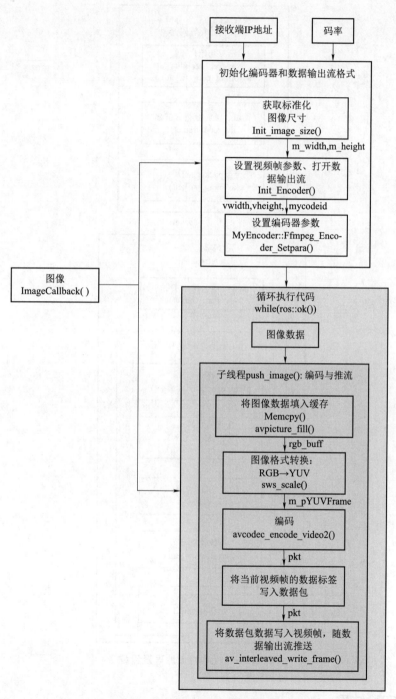

图 3.7.14　视频推流原理及流程

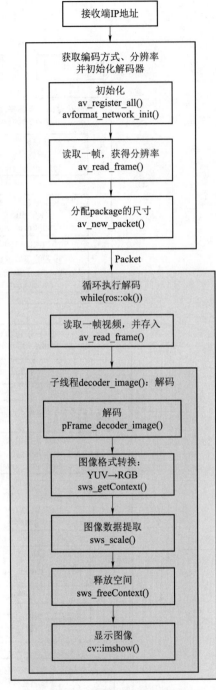

图 3.7.15　视频拉流原理及流程

3.7.5　实验结果

本节通过 4G 无线网络对视频传输进行了实验，发送端通过摄像机实时采集图像并进行推流，在接收端拉流并解码获得图像显示。如图 3.7.16～图 3.7.18 所示。

图 3.7.16　发送端图像

图 3.7.17　接收端图像

图 3.7.18　传输延时演示

从发送端采集图像到接收端接收图像并显示，传输延时约为 0.25 s。

参 考 文 献

[1] 张秀彬，应俊豪. 视感智能检测 [M]. 北京：科学出版社，2009.

[2] 于刘志. 基于三维激光雷达和单目摄像机的障碍物及斜坡地形检测 [D]. 北京：北京理工大学，2018.

[3] 宋晓宁. 基于双目视觉的三维重建 [D]. 北京：北京理工大学，2017.

[4] DAVID T, MICHAEL M. JPEG2000: Image Compression Fundamentals, Standards and Practice [M]. Berlin：Springer Press，2001.

[5] 喻玲娟，谢晓春. 压缩感知理论简介 [J]. 电视技术，2008，32（12）：16–18.

[6] 苏冬. 基于整数小波的图像压缩编码方法 [D]. 重庆：重庆大学，2004.

［7］ 李静. 基于图像的动态测试技术研究［D］. 北京：北京理工大学，2011.

［8］ 杨金. H.264 可伸缩视频编码码率控制算法研究及其应用［D］. 成都：电子科技大学，2011.

［9］ 王慧，常建平. 改进的 H.264 快速帧内预测模式选择算法［J］. 计算机工程，2008，34（19）：228-229，241.

［10］ DAEWON S, CHANG W C. Scalable H.264/AVC Video Transmission over MIMI Wireless Systems with Adaptive Channel Selection Based on Partial Channel Information［J］. IEEE Transactions on Circuits & Systems for Video Technology, 2007, 17(9): 1218-1226.

［11］ 赵敏丞. 无线网络中视频跨层传输关键技术研究［D］. 北京：北京邮电大学，2015.

［12］ 岳瑞. 基于 Ffmpeg 的音视频转码系统的设计与实现［D］. 西安：西安电子科技大学，2021.

第4章
图像目标检测技术

目标检测可分为静态目标检测和动态目标检测，静态目标检测主要指采集单帧目标图像进行处理，如工业现场的目标几何尺寸测量、瑕疵检测等，需要提高单帧图像的处理速度；动态目标检测则是指连续帧目标图像处理，主要提取运动目标特征进行检测。

常用的目标特征及表示方式：

（1）颜色特征：通过 RGB、HSV 等空间描述，提取颜色直方图。

（2）纹理特征：通过 LBP、灰度共生矩阵描述。

（3）轮廓：边缘检测、模板等。

（4）角点：图像中局部曲率突变的点，在角点处沿各个方向都存在较大的灰度值变化。

（5）特征点：特征点提取方法有 SIFT、SURF、ORB 等。

4.1 基于运动信息的目标检测

基于运动信息的目标检测方法主要有时间差分法和背景减除法。

运动信息目标检测

4.1.1 时间差分法

通过比较相邻 2 或 3 帧图像差异实现场景变化检测，对动态环境有较强适应性，但检测精度不高，难获得目标精确描述。时间差分法示意图如图 4.1.1 所示。

当前帧 I_t 当前帧前一帧 I_{t-1} 运动目标 $D_t(x,y)$

图 4.1.1　时间差分法示意图

两帧图像差分通过下式实现：

$$D_t(x,y) = \begin{cases} 1, & |I_t(x,y) - I_{t-1}(x,y)| > T \\ 0, & \text{其他} \end{cases}$$

该方法的优点是鲁棒性好，运算量小，易于软件实现；缺点是对噪声有一定的敏感性，运动实体内部容易产生空洞现象，阈值 T 缺乏自适应性，当光照变化时，检测算法难以适应环境变化。

对称差分法流程如图 4.1.2 所示[1]，对称差分法测试结果如图 4.1.3 所示。

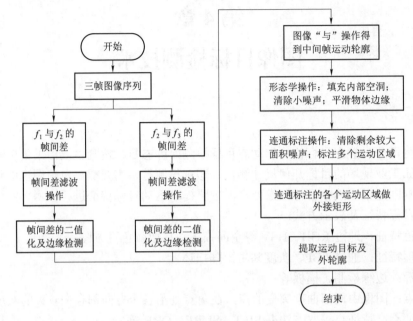

图 4.1.2　对称差分法流程图

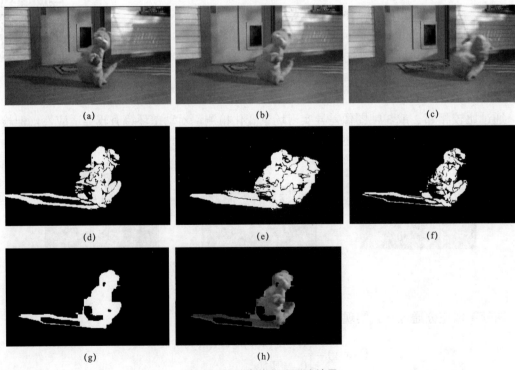

图 4.1.3　对称差分法测试结果

（a）第一帧；（b）第二帧；（c）第三帧；（d）$|f_1-f_2|$；（e）$|f_3-f_2|$；（f）二值化结果；

（g）形态学处理结果；（h）目标提取结果

4.1.2　背景减除法

适用于摄像机静止情形，其关键是背景建模，其性能和监控场景复杂情况与系统要求有关，其典型算法有中值、自适应模型、高斯模型、多模态均值等。

1. 均值背景模型

均值背景模型示意图如图 4.1.4 所示。通常将前 K 帧图像累加取均值作为背景模型，然后执行背景减除方法。可通过下式实现：

$$B_t(x,y) = \frac{1}{K} \sum_{j=t-K}^{t-1} I_j(x,y)$$

$$D_t(x,y) = \begin{cases} 1, & |I_t(x,y) - B_t(x,y)| > T \\ 0, & \text{其他} \end{cases}$$

其中参数 $T=60$，$K=3$。

I_{t-2} $\qquad$ I_{t-1} $\qquad$ 当前帧 I_t

图 4.1.4　均值背景模型

该方法通常适用于在前 K 帧图像中，某像素点在超过一半的时间里呈现背景像素值的场景。

2. 自适应背景模型

自适应背景模型示意图如图 4.1.5 所示。通常将前 K 帧图像累加取均值作为背景模型，然后执行背景减除方法。可通过下式实现：

$$B_1(x,y) = I_1(x,y)$$

$$B_t(x,y) = \alpha I_t(x,y) + (1-\alpha)B_{t-1}(x,y)$$

$$D_t(x,y) = \begin{cases} 1, & |I_t(x,y) - B_t(x,y)| > T \\ 0, & \text{其他} \end{cases}$$

式中，α 为自适应参数，其取值直接影响背景的更新质量，默认 $\alpha = 0.03$，$T=60$。

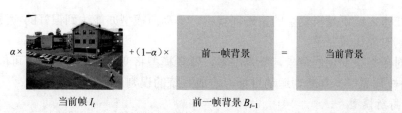

$\alpha \times$ $\qquad$ $+ (1-\alpha) \times$ $\qquad$ 前一帧背景 $\qquad$ $=$ $\qquad$ 当前背景

当前帧 I_t $\qquad$ 前一帧背景 B_{t-1}

图 4.1.5　自适应背景模型

3. 单高斯模型

高斯分布与背景建模的关系是图像中每一个像素点的颜色值为一个随机过程，并假设该点的像素值出现的概率服从高斯分布，如图 4.1.6 所示。令 $I(x, y, t)$ 表示像素点 (x, y, t) 在 t 时刻的像素值，则有：

$$P(I(x,y,t)) = G(x,\mu_t,\delta_t) = \frac{1}{\delta\sqrt{2\pi}}\exp\left(-\frac{(x-\mu_t)^2}{2\delta_t^2}\right)$$

式中，μ_t 和 δ_t 分别为 t 时刻像素高斯分布的期望和标准差。

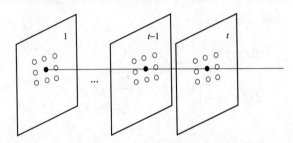

图 4.1.6　连续帧图像同一位置像素值呈单高斯模型分布

假设每个像素的灰度值在时间域上满足高斯分布：

$$D(x,y) = \begin{cases} 1, & |I_t(x,y) - \mu_t(x,y)| > \lambda\delta_t(x,y) \\ 0, & \text{其他} \end{cases} \qquad (\lambda = 4.5)$$

算法流程：

（1）用第一帧图像初始化背景模型，其中 std_init 通常设置为 20。

$$u_0(x,y) = I(x,y,0)$$

$$\delta_0(x,y) = \text{std\_init}$$

$$\delta_0^2(x,y) = \text{std\_init} \times \text{std\_init}$$

（2）检测前景与背景像素。

背景像素检测公式：$|I(x,y,t) - u_{t-1}(x,y)| < \lambda\delta_{t-1}$

前景像素检测公式：$|I(x,y,t) - u_{t-1}(x,y)| \geq \lambda\delta_{t-1}$

（3）模型更新。

$$\mu_t = \alpha\mu_{t-1} + (1-\alpha)I_t$$
$$\delta_t^2 = \alpha\delta_{t-1}^2 + (1-\alpha)(I_t - \mu_t)^2$$

优点：在室内或不是很复杂的室外环境中，单高斯模型亦能达到很好的检测效果，处理速度快，分割对象比较完整。

缺点：对于复杂变化的背景，噪声增多，背景模型将变得不太稳定，有可能将外界干扰（典型的如树枝摇晃等）判断为运动目标，造成系统的误判。

4. 混合高斯模型

针对复杂背景（特别是有微小重复运动的场合，如摇动的树叶、灌木丛、旋转的风扇、海面波涛、雨雪天气、光线反射等），可采用多个单高斯函数来描述场景背景，并且利用在线估计来更新模型，可靠地处理了光照缓慢变化、背景混乱运动（树叶晃动）等影响。

设用来描述每个像素点背景的高斯分布共有 K 个，如图 4.1.7 所示。由下式表达：

$$P(X_i) = \sum_{i=1}^{K} w_{i,t} G_i(X_t, \mu_{i,t}, \delta_{i,t})$$

$$G_i(X_t, \mu_{i,t}, \delta_{i,t}) = \frac{1}{\delta\sqrt{2\pi}} e^{-\frac{(x-\mu_{i,t})^2}{2\delta_{i,t}^2}}$$

式中，$w_{i,t}$ 为 t 时刻第 i 个高斯分布的权值。

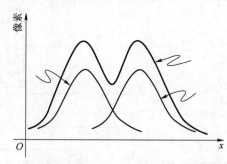

图 4.1.7　连续帧图像同一位置像素值呈多个高斯模型分布

1）模型初始化

取第一帧图像中的像素值对高斯分布的均值进行初始化，对第一个高斯分布的权值赋予较大值 0.5，其他高斯分布赋较小权值 $0.5/(K-1)$，所有高斯函数的方差取较大初始值 30。

2）模型匹配与参数更新

K 个分布按 $w_{i,t}/\delta_{i,t}$ 排序，将新像素与模型中的高斯分布依序匹配，匹配条件为：$|I_t - \mu_{i,t-1}| \leqslant D_1\delta_{i,t-1}$，$D_1$ 为自定义参数。若该高斯分布匹配，其参数按下式更新：

$$w_{i,t} = (1-\alpha)w_{i,t-1} + \alpha$$
$$\mu_{i,t} = (1-\rho)\mu_{i,t-1} + \rho I_t$$
$$\delta_{i,t}^2 = (1-\rho)\delta_{i,t-1}^2 + \rho(I_t - \mu_{i,t})^2$$

式中，$0 \leqslant \alpha \leqslant 1$ 是自定义的学习率，$\rho \approx \dfrac{\alpha}{w_{i,t}}$ 是参数学习率。不匹配的分布仅权值按 $w_{i,t} = (1-\alpha)w_{i,t-1}$ 衰减。

若无分布和 I_t 匹配，则最小权值分布被替换成均值为 I_t，标准差为 δ_0，权值为 $w_{K,t} = (1-\alpha)w_{K,t-1} + \alpha$ 的高斯分布。其余分布仅权值按 $w_{i,t} = (1-\alpha)w_{i,t-1}$ 更新。

3）生成背景分布

分别按优先级 $w_{i,t}/\delta_{i,t}$ 从大到小排列，T 为背景权值部分和阈值，如果前 N_B 个分布的权值和大于 T，则这些分布是背景分布，其他为前景分布。

4）检测前景

若所有背景分布与 I_t 都满足下式，则判定为前景点，否则为背景点（D_2 为自定义参数）。

$$|I_t - \mu_{i,t}| > D_2\delta_{i,t}, \ i = 1,2,\cdots,N_B$$

混合高斯模型流程图如图 4.1.8 所示。

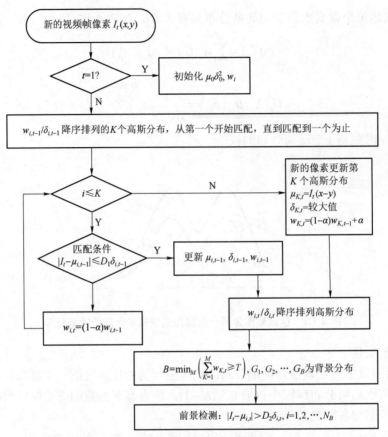

图 4.1.8　混合高斯模型流程图

4.2　基于特征匹配的目标检测方法

根据图像中目标的明显特征来检测目标，即在两幅或多幅运动图像中寻找同一目标的特征。

特征匹配目标检测

4.2.1　特征提取方法

1. 颜色特征

1）RGB 颜色空间（三维立方体）

任意色光 F 都可以用 R、G、B 三色不同分量的相加混合而成。当三基色分量都为 0（最弱）时混合为黑色光，当三基色分量都为 k（最强）时混合为白色光。RGB 颜色空间模型如图 4.2.1 所示。

2）HSV 颜色空间（圆锥空间模型）

HSV 颜色空间中每一种颜色都是由色调（Hue，简称 H）、饱和度（Saturation，简称 S）和色明度（Value，简称 V）表示。色调 H 由绕 V 轴的旋转角给定。红色对应于角度 0°，绿色对应于角度 120°，蓝色对应于角度 240°。饱和度 S 取值从 0 到 1，所以圆锥顶面的半径为 1。HSV 颜色空间模型如图 4.2.2 所示。

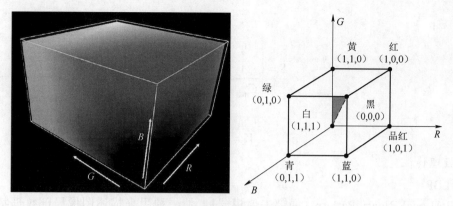

图 4.2.1　RGB 颜色空间模型

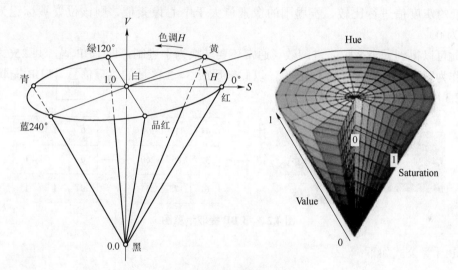

图 4.2.2　HSV 颜色空间模型

RGB 颜色空间转换到 HSV 颜色空间算法如下述式子所示：

$$R' = R/255, \ G' = G/255, \ B' = B/255$$

$$C_{\max} = \max(R', G', B')$$

$$C_{\min} = \min(R', G', B')$$

$$\Delta = C_{\max} - C_{\min}$$

H 计算：

$$H = \begin{cases} 0°, & \Delta = 0 \\ 60° \times \left(\dfrac{G' - B'}{\Delta} + 0 \right), & C_{\max} = R' \\ 60° \times \left(\dfrac{B' - R'}{\Delta} + 2 \right), & C_{\max} = G' \\ 60° \times \left(\dfrac{R' - G'}{\Delta} + 4 \right), & C_{\max} = B' \end{cases}$$

S 计算：

$$S=\begin{cases}0, & C_{\max}=0\\ \dfrac{\Delta}{C_{\max}}, & C_{\max}\neq 0\end{cases}$$

V 计算：

$$V=C_{\max}$$

2. 纹理特征

1）LBP

LBP（Local Binary Pattern，局部二值模式），是一种用来描述图像局部纹理特征的算子。LBP 的基本原理为：定义在一个 3 × 3 的窗口内，以窗口中心像素为阈值，与相邻的 8 个像素的灰度值进行比较，若周围的像素值大于中心像素值，则该位置被标记为 1，否则标记为 0。

如此可以得到一个 8 位二进制数（通常还要转换为十进制，即 LBP 码，共 256 种），可将该值作为窗口中心像素点的 LBP 值，以此来反应 3 × 3 区域的纹理信息。LBP 提取示意图如图 4.2.3 所示。

44	117	190
32	85	200
61	175	251

0	1	1
0		1
0	1	1

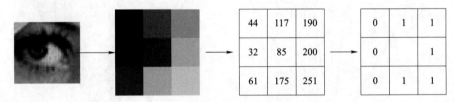

图 4.2.3　LBP 提取示意图

LBP 计算公式如下：

$$\mathrm{LBP}(x_c, y_c)=\sum_{p=0}^{7} s(I(p)-I(c))\times 2^p$$

1	2	3
0	(x, y)	4
7	6	5

图 4.2.4　LBP 提取窗口示意图

式中，p 表示 3 × 3 窗口中除中心像素点外的第 p 个像素点，提取窗口示意图如图 4.2.4 所示；$I(c)$表示中心像素点的灰度值，$I(p)$表示领域内第 p 个像素点的灰度值；$s(x)$公式如下：

$$s(x)=\begin{cases}1, & x\geqslant 0\\ 0, & \text{其他}\end{cases}$$

LBP 记录的是中心像素点与领域像素点之间的差值，当光照变化引起像素灰度值同增同减时，LBP 变化并不明显，因此 LBP 对光照变化不敏感，LBP 仅检测图像的纹理信息。

基本的 LBP 算子直接利用灰度进行比较，其具有灰度不变性，但是产生的二进制模式多，同时不具有旋转不变性。有学者提出圆形 LBP 算子，如图 4.2.5 所示，其中 1、2 指的是半径，8、16 指的是采样点数。

由于 LBP 的二进制模式是以一定的方向、顺序进行编码的，所以当图像发生旋转时，按这种编码 LBP 值会发生改变，因此是不具有旋转不变性的。Maenpaa 等人提出了具有旋转不变性的 LBP 算子。

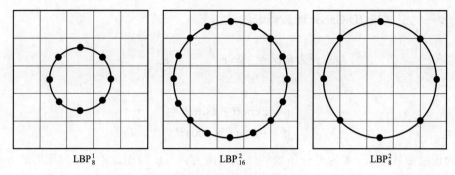

图 4.2.5　圆形 LBP 算子

　　解决办法是不断旋转邻域得到一系列的 LBP 值，取其中最小值作为该邻域的 LBP 值。旋转过程实质上就是对二进制模式进行循环移位的过程，如图 4.2.6 所示。

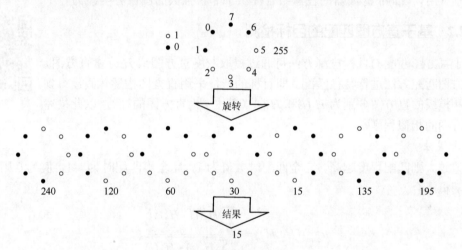

图 4.2.6　圆形 LBP 算子

2）Gabor 滤波器

　　Gabor 滤波器是 OpenCV 中非常强大的一种滤波器，广泛应用在纹理分割、对象检测、图像分维、文档分析、边缘检测、生物特征识别、图像编码与内容描述等方面。

　　Gabor 在空间域可以看作是一个特定频率与方向的正弦平面加上一个应用在正弦平面波上的高斯核。

$$h(x,y) = s(x,y)g(x,y)$$

其中，$s(x,y)$ 是复数正弦波，$g(x,y)$ 是高斯核函数。

$$s(x,y) = e^{-j2\pi(u_0 x + v_0 y)}, \quad g(x,y) = \frac{1}{\sqrt{2\pi}\sigma} e^{-\frac{x^2+y^2}{2\sigma^2}}$$

其中，(u_0, v_0) 为频域坐标。二维 Gabor 滤波器表达式如下：

$$h(x,y) = \frac{1}{\sqrt{2\pi}\sigma} e^{-\frac{x^2+y^2}{2\sigma^2}} e^{-j2\pi(u_0 x + v_0 y)}$$

进一步简化空间域 2D Gabor 滤波器表达式如下：

$$h(x, y', \lambda, \theta, \psi, \sigma, \gamma) = e^{-\frac{1}{2}\left(\frac{x'^2 + \gamma^2 y'^2}{\sigma^2}\right)} e^{i\left(2\pi\frac{x'}{\lambda} + \psi\right)}$$

其中，

$$x' = x\cos\theta + y\sin\theta$$
$$y' = -x\sin\theta + y\cos\theta$$

式中，λ 为正弦曲线波长，θ 为平行条纹的法线角度方向，ψ 为相位差，σ 为高斯的方差参数，γ 为空间纵横比率。

在实际计算中，一般情况下会根据输入的 θ 与 λ 的不同，得到一系列的 Gabor 滤波器的组合，然后把它们的结果相加输出，得到最终的输出结果，在纹理提取、图像分割、纹理分类中特别有用，Gabor 滤波器的任意组合提供了非常强大的图像分类能力。

4.2.2 基于直方图匹配的目标检测

特征匹配

基于直方图匹配的目标检测方法可通过提取灰度直方图或 H 分量直方图，采用直方图匹配方法进行特征匹配。即目标的特征采用直方图描述。假设得到的目标和模板的直方图分别为 $H_1(i)$ 和 $H_2(i)$（其中 i 为直方图的柱），以此描述两个直方图的相似程度[2]。

1. 相关法

数值越大则匹配程度越高。完全匹配时数值为 1，完全不匹配时为 −1，值为 0 则表示无关联（随机组合）。

$$d_{\text{correl}}(H_1, H_2) = \frac{\sum_i H_1'(i) \cdot H_2'(i)}{\sqrt{\sum_i H_1'(i) \cdot H_2'(i)}}$$

$$H_k'(i) = H_k(i) - (1/N)\left(\sum_j H_k(j)\right)$$

2. 卡方法（chi-square）

$$d_{\text{chi-square}}(H_1, H_2) = \sum_i \frac{[H_1(i) - H_2(i)]^2}{H_1(i) + H_2(i)}$$

对于卡方法，数值越小的匹配程度越高。完全匹配时值为 0，完全不匹配时为无限值（依赖于直方图的大小）。

3. 直方图相交法

$$d_{\text{intersection}}(H_1, H_2) = \sum_i \min(H_1(i) - H_2(i))$$

对于直方图相交法，数值越大表示匹配越好。如果两个直方图都被归一化到 1，则完全匹配时为 1，完全不匹配时为 0。

4. Bhattacharyya 距离法（巴氏距离）

$$d_{\text{Bhattacharyya}}(H_1, H_2) = \sqrt{1 - \sum_i \frac{\sqrt{H_1(i) \cdot H_2(i)}}{\sum_i H_1(i) \cdot \sum_i H_2(i)}}$$

对于巴氏距离匹配，数值越小则匹配程度越高，完全匹配时值为 0，完全不匹配时值为 1。

采用直方图匹配方法示例如图 4.2.7 所示。

(a)　　　　　　　　　　　　　　　　(b)

图 4.2.7　采用直方图匹配方法示例
（a）模板；（b）直方图法匹配结果

4.2.3　基于模板匹配的目标检测

基于模板匹配的目标检测方法主要在源图像中寻找定位给定目标图像（即模板图像）。其原理是通过一些相似度准则来衡量两个图像块之间的相似度。

在图像中匹配模板时，需要滑动匹配窗口（即模板图像的大小），计算模板图像与该窗口对应的图像区域之间的相似度。对整张图像滑动完后，得到多个匹配结果。

以 8 位图像为例，模板 $T(m \times n)$ 叠放在被搜索图 $S(W \times H)$ 上平移，模板覆盖被搜索图的区域称为子图 S_{ij}，i、j 分别为子图左上角在被搜索图 S 上的坐标值。通过比较 T 和 S_{ij} 的相似性，完成模板匹配过程。衡量模板 T 和 S_{ij} 的匹配程度，可采用 SSD（Sum of Square Difference）和 SAD（Sum of Absolute Difference）方法：

$$\text{SSD}(i, j) = \min\left(\sum_{m=1}^{M}\sum_{n=1}^{N}[S_{ij}(m, n) - T(m, n)]^2\right)$$

$$\text{SAD}(i, j) = \min\left(\sum_{m=1}^{M}\sum_{n=1}^{N}|S_{ij}(m, n) - T(m, n)|\right)$$

采用模板匹配方法示例如图 4.2.8 所示。

图 4.2.8　采用模板匹配方法示例

（a）原始图像；（b）模板图像；（c）模板匹配过程图；（d）模板匹配结果概率图；（e）模板匹配结果图

4.3　基于特征点的目标检测方法

采用特征匹配的方法通常在目标发生旋转或尺度变化时会出现检测失败，而基于特征点的目标检测则可以有效检测。特征点提取方法主要有 SIFT（Scale Invariant Features Transform）、SURF（Speeded Up Robust Features）、ORB（Oriented Robust Brief）、BRISK 等。

特征点匹配方法主要有三个步骤：

（1）提取关键点。

（2）对关键点附加描述信息（特征向量）。

（3）通过两部分特征点（附带上特征向量的关键点）的两两比较找出相互匹配的若干对特征点，也就是建立图像间的对应关系。

基于特征点的目标检测方法流程图如图 4.3.1 所示。

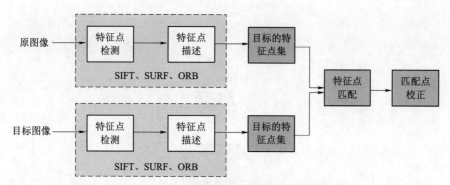

图 4.3.1　基于特征点的目标检测方法流程

4.3.1　SIFT 特征点提取方法

SIFT 方法是由 Lowe 于 1999 年提出的局部特征描述子，并于 2004 年进行了更深入的发展和完善[3,4]。SIFT 算法首先在尺度空间进行特征检测并确定关键点（KeyPoints）的位置和关键点所处的尺度，然后使用关键点邻域梯度的主方向作为该点的方向特征，以实现算子对尺度和方向的无关性。SIFT 特征点提取方法包括四步[5]：

● 检测尺度空间极值点，初步确定关键点位置和所在尺度。

● 精确确定关键点的位置和尺度，同时去除低对比度的关键点和不稳定的边缘响应点，以增强匹配稳定性、提高抗噪声能力。

● 为每个关键点指定方向参数，使算子具备旋转不变性。

● 关键点描述子的生成，即生成 SIFT 特征向量。

1. 构建尺度空间

1）高斯金字塔

输入图像需要先进行高斯平滑滤波构建高斯金字塔。采用的高斯滤波函数为：

$$G(x,y,\sigma)=ce^{\frac{-(x^2+y^2)}{2\sigma^2}}$$

式中，σ 为标准差，其值越大图像越模糊（平滑）。根据 σ 的值和模板大小，计算出高斯模板矩阵的值，与原图像做卷积，即可获得原图像的平滑（高斯模糊）图像，表达式如下：

$$L(x,y,\sigma)=G(x,y,\sigma)*I(x,y)$$

输入图像经过 s 次卷积后可以得到高斯卷积函数为 $G(x,y,2\sigma)$ 的输出图像，所有从 σ 到 2σ 的图像构成一个组，每个组固定有 N 个平面。每一层 $I_s=G(x,y,k^s\sigma)*I$，$s=1, 2, \cdots, N$，而 $k^N=2$。构建的高斯金字塔示意图如图 4.3.2 所示。

在同一阶中相邻两层的尺度因子比例系数是 k，则第 1 阶第 2 层的尺度因子是 $k\sigma$，然后其他层以此类推；第 2 阶的第 1 层由第 1 阶的中间层尺度图像进行降采样获得，其尺度因子是 $k^2\sigma$，然后第 2 阶的第 2 层的尺度因子是第 1 层的 k 倍即 $k^3\sigma$；第 3 阶的第 1 层由第 2 阶的中间层尺度图像进行降采样获得。其他阶的构成以此类推，则高斯图像金字塔每层的尺度为：

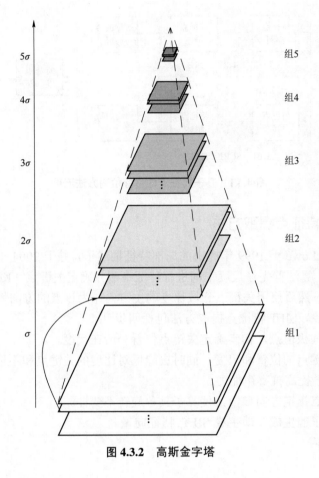

图 4.3.2　高斯金字塔

$$\sigma(s) = \sigma_0 \cdot 2^{\frac{s}{N}}$$

式中，s 为子层坐标，σ_0 为初始尺度，N 为每组层数（一般为 3～5）。

2）高斯差分金字塔

通过高斯金字塔中相邻尺度空间函数相减获得高斯差分金字塔，表达式如下：

$$D(x, y, \sigma) = (G(x, y, k\sigma) - G(x, y, \sigma)) * I(x, y)$$
$$= L(x, y, k\sigma) - L(x, y, \sigma)$$

高斯差分金字塔构建过程如图 4.2.3 所示。

3）空间极值点检测

在高斯差分金字塔中，为了检测到空间的最大值和最小值，尺度空间中中间层（最底层和最顶层除外）的每个像素点需要跟同一层的相邻 8 个像素点以及上一层和下一层的 9 个相邻像素点总共 26 个相邻像素点进行比较，以确保在尺度空间和二维图像空间都检测到局部极值。如图 4.3.4 所示，标记为叉号的像素若比相邻 26 个像素的值都大或都小，则该点将作为一个局部极值点，然后记下其位置和对应尺度。

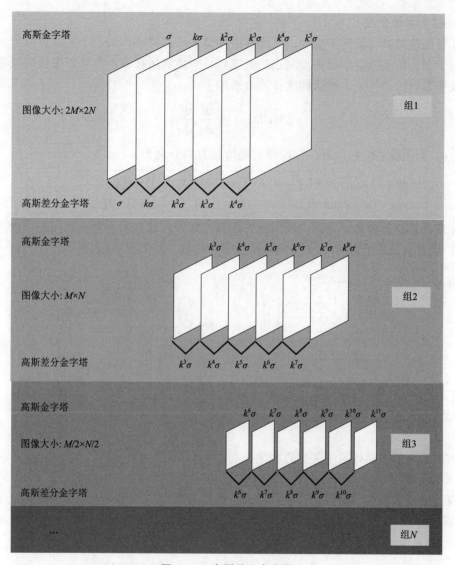

图 4.3.3　高斯差分金字塔

2. 关键点定位

检测到的极值点是离散空间的极值点，需要通过拟合三维二次函数来精确确定关键点的位置和尺度；另外，由于高斯差分金字塔的尺度空间中会产生较强的边缘响应，所以还需去除低对比度的关键点和不稳定的边缘响应点，以增强匹配稳定性、提高抗噪声能力。

获得关键点的位置后还需要确定其尺度，如下式：

$$\sigma_{\text{oct}} = \sigma_0 \cdot 2^{\frac{s}{N}}$$

式中，σ_{oct} 为关键点的尺度，s 为关键点在高斯差分金字塔中所处的层数，N 为每组的层数。

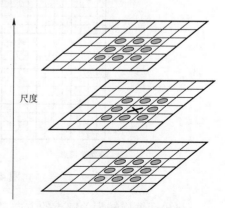

图 4.3.4　空间极值点检测

3. 关键点方向分配

为了使描述符具有旋转不变性，需要利用图像的局部特征为每一个关键点分配一个基准方向。对于在高斯差分金字塔中检测出的关键点，采集其所在高斯金字塔图像邻域窗口内像素的梯度和方向分布特征。图像梯度计算公式如下：

$$\text{grad}I(x,y) = \left(\frac{\partial I}{\partial x}, \frac{\partial I}{\partial y}\right)$$

其中（x,y）为图像的像素位置。则梯度的幅值和方向分别为：

$$m(x,y) = \sqrt{[I(x+1,y) - I(x-1,y)]^2 + [I(x,y+1) - I(x,y-1)]^2}$$
$$\theta(x,y) = \arctan((I(x+1,y) - I(x-1,y)) / (I(x,y+1) - I(x,y-1)))$$

在完成关键点的梯度计算后，使用直方图统计邻域内像素的梯度和方向。梯度直方图将 $0° \sim 360°$ 的方向范围分为 8 个柱（bins），其中每柱 45°，如图 4.3.5 所示。

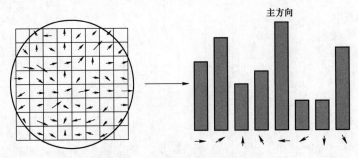

图 4.3.5　关键点梯度方向直方图

直方图的峰值方向代表了关键点的主方向。

4. 关键点特征描述

计算关键点周围的 16×16 邻域中每一个像素的梯度，描述子使用在关键点尺度空间内 4×4 的窗口（4×4 个像素）中计算所得的 8 个方向的梯度信息，共 $4 \times 4 \times 8 = 128$ 维向量表征，如图 4.3.6 所示。

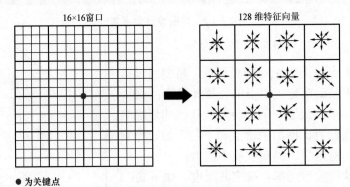

图 4.3.6　关键点特征向量描述

将坐标轴旋转为关键点的方向，以确保旋转不变性，如图 4.3.7 所示。

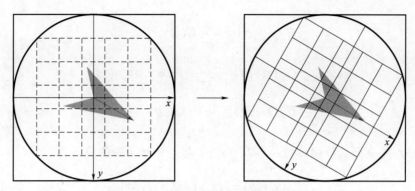

图 4.3.7　坐标轴旋转为关键点的方向

旋转后邻域内采样点的新坐标为：

$$\begin{pmatrix} x' \\ y' \end{pmatrix} = \begin{pmatrix} \cos\theta & -\sin\theta \\ \sin\theta & \cos\theta \end{pmatrix} \begin{pmatrix} x \\ y \end{pmatrix} \quad (x, y \in [-\text{radius}, \text{radius}])$$

从而获得旋转后的关键点描述向量。

5. 描述向量元素阈值化及规范化

获得了关键点的描述向量后各元素需要进行规范化。记获得的 128 维描述子向量为：

$$W = (w_1, w_2, \cdots, w_{128})$$

规范化后的向量为：

$$L = (l_1, l_2, \cdots, l_{128})$$

则有

$$l_j = w_j / \sqrt{\sum_{i=1}^{128} w_i} \quad (j = 1, 2, \cdots, 128)$$

关键点描述子向量的规范化可去除满足此模型的光照影响。对于图像灰度值整体漂移，图像各点的梯度是邻域像素相减得到的，所以也能去除。

4.3.2　SURF 特征点提取方法

SURF 是一种高鲁棒性的局部特征点检测器。由 Bay 等人在 2006 年提出[6]。该算法可以用于计算机视觉领域，例如物体识别或者三维重建。根据作者描述，该算法比 SIFT 更快更具有鲁棒性。

该算法中采用积分图、近似的 Hessian 矩阵和 Haar 小波变换运算来提高时间效率，采用 Haar 小波变换增加鲁棒性。主要步骤为兴趣点检测、兴趣点的描述与匹配。

1. 构建尺度空间

1）图像滤波

输入图像首先经过高斯滤波，二维高斯滤波函数如下：

$$G(x, y, \sigma) = \frac{1}{2\pi\sigma^2} e^{-(x^2+y^2)} / (2\sigma^2)$$

将上式分别对 x 和 y 求偏导数如下：

$$G_x(x,y,\sigma) = -\frac{x}{\sigma^2}G(x,y,\sigma)$$

$$G_{xx}(x,y,\sigma) = \frac{x-\sigma^2}{\sigma^4}G(x,y,\sigma)$$

$$G_{xy}(x,y,\sigma) = \frac{xy}{\sigma^4}G(x,y,\sigma)$$

$L_{xx}(x,y,\sigma)$ 是高斯二阶偏导数 $\frac{\partial^2 f}{\partial x^2}$ 在（x,y）处与图像 I 的卷积：

$$L_{xx}(x,y,\sigma) = I(x,y) * G_{xx}(x,y,\sigma)$$

$$L_{yy}(x,y,\sigma) = I(x,y) * G_{yy}(x,y,\sigma)$$

$$L_{xy}(x,y,\sigma) = I(x,y) * G_{xy}(x,y,\sigma)$$

以 9×9 的模板为例，$L_{yy}(x,y,\sigma)$ 和 $L_{xy}(x,y,\sigma)$ 分别与模板做卷积的结果如图 4.3.8 所示。

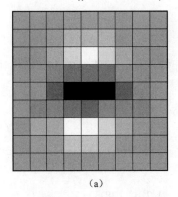 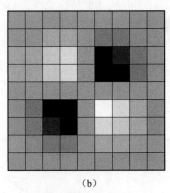

（a）　　　　　　　　　　　　（b）

图 4.3.8　$L_{yy}(x,y,\sigma)$ 和 $L_{xy}(x,y,\sigma)$ 与模板做卷积的结果

（a）$L_{yy}(x,y,\sigma)$ 与 9×9 模板做卷积的结果；（b）$L_{xy}(x,y,\sigma)$ 与 9×9 模板做卷积的结果

为了加速卷积，采用盒子型滤波器对上面高斯滤波器进行近似。记 HTemplate 为一个盒子型滤波器，表示如下：

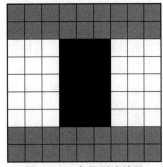

HTemplate[] = {3, 0, 2, 2, 6, 15, 1, 3, 2, 5, 6, 15, -2, 6, 2, 8, 6, 15, 1}
其中，第 1 位为滤波器盒子数量，第 2、3 位为第 1 个盒子左上角坐标，第 4、5 位为第 1 个盒子右下角坐标，第 6 位为第 1 个盒子的面积，第 7 位为盒子填充值，第 8～13 位为第 2 个盒子对应参数，第 14～19 位为第 3 个盒子对应参数。盒子型滤波器如图 4.3.9 所示。

对应的卷积结果分别为：

$$D_{xx} = I * H_{xx}$$

$$D_{yy} = I * H_{yy}$$

$$D_{xy} = I * H_{xy}$$

图 4.3.9　盒子型滤波器

2）尺度空间表示

算法的尺度不变性主要是在不同尺度下寻找感兴趣点。由 4.3.1 节可知 SIFT 构造尺度空间是对原图像不断地进行高斯平滑和降采样，得到高斯金字塔图像后，通过差分进一步得到高斯差分金字塔，通过在高斯差分金字塔图中得到点在原图的位置。SIFT 算法在构造金字塔图层时高斯滤波器大小不变，改变的是图像的大小。而 SURF 构造尺度空间时则相反，是图像大小保持不变，改变的是滤波器的大小。SIFT 和 SURF 构建尺度空间如图 4.3.10 所示。

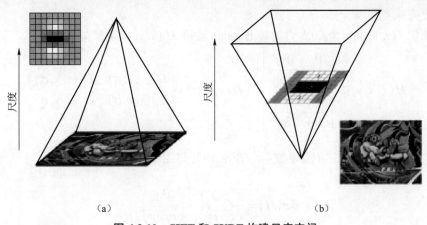

（a）　　　　　　　　　　　　　　（b）

图 4.3.10　SIFT 和 SURF 构建尺度空间

（a）SIFT 构建尺度空间；（b）SURF 构建尺度空间

与 SIFT 相类似，SURF 也将尺度空间划分成若干组（Octave）。一个组代表了逐步放大的滤波模板对同一个输入图像进行滤波的一系列响应图像。每一组又由若干固定的层组成。

尺度空间的第 1 组采用大小为 9×9 的滤波器，接下来的滤波器大小依次是 15×15、21×21、27×27，第 2 组滤波器大小则是 15×15、27×27、39×39 和 51×51，第 3 组滤波器大小则是 27×27、51×51、75×75 和 99×99，第 4 组滤波器大小则是 51×51、99×99、147×147 和 195×195，如图 4.3.11 所示，由此可获得图像的尺度空间。

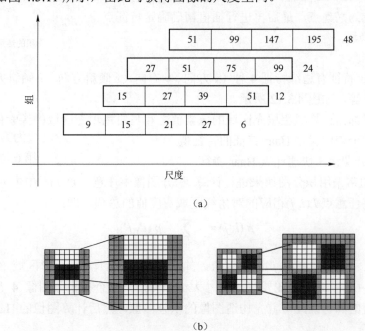

（a）

（b）

图 4.3.11　尺度空间中各组滤波器

（a）各组滤波器；（b）滤波器大小从 9×9 变化到 15×15

2. 兴趣点检测与定位

SURF 算法采用近似的 Hessian 矩阵行列式的局部最大值来定位感兴趣点的位置。当 Hessian 矩阵行列式的局部值最大的时候，所检测出来的就是感兴趣点。感兴趣点的特征是比周围邻域更亮或者更暗一些。

给定图像 $f(x, y)$ 中一个点 (x, y)，其 Hessian 矩阵 $\boldsymbol{H}(x, y, \sigma)$ 定义如下：

$$\boldsymbol{H}(f(x,y)) = \begin{bmatrix} \dfrac{\partial^2 f}{\partial x^2} & \dfrac{\partial^2 f}{\partial x \partial y} \\ \dfrac{\partial^2 f}{\partial x \partial y} & \dfrac{\partial^2 f}{\partial y^2} \end{bmatrix} \quad \boldsymbol{H}(x,y,\sigma) = \begin{bmatrix} L_{xx}(x,y,\sigma) & L_{xy}(x,y,\sigma) \\ L_{yx}(x,y,\sigma) & L_{yy}(x,y,\sigma) \end{bmatrix}$$

其中，$L_{xx}(x, y, \sigma)$ 是高斯二阶偏导数 $\dfrac{\partial^2 f}{\partial x^2}$ 在 (x, y) 处与图像 I 的卷积。

$$\det(\boldsymbol{H}) = \frac{\partial^2 f}{\partial x^2}\frac{\partial^2 f}{\partial y^2} - \left(\frac{\partial^2 f}{\partial x \partial y}\right)^2$$

$$\det(\boldsymbol{H}_{\text{approx}}) = D_{xx}D_{yy} - (wD_{xy})^2$$

式中，D 为盒子模板与图像的卷积，用 D 近似代替 L；w 为加权系数，通常选为 0.9。

如果行列式的符号为负，则特征值有不同的符号，该点不是局部极值点。

如果行列式的符号为正，则该行列式的两个特征值同为正或负，所以该点可以归类为极值点。

为了在图像上确定 SURF 特征点，使用 $3 \times 3 \times 3$ 的模板在三维尺度空间进行非极大值抑制，根据预设的 Hessian 阈值 $\boldsymbol{H}$，当计算的 $\det(\boldsymbol{H}_{\text{approx}})$ 大于 $\boldsymbol{H}$，并且比临近 26 个点的响应值都大的点才被选为兴趣点。最后再进行插值精确确定特征点。

3. 兴趣点描述

1）Haar 特征

常用的 Haar 特征有边缘特征 4 种（x 方向、y 方向、x 倾斜方向、y 倾斜方向）、线特征 8 种、点特征 2 种等，如图 4.3.12 所示。

每一种特征都需计算黑色填充区域的像素值之和与白色填充区域的像素值之和的差值。而计算出来的这个差值就是 Haar 特征的特征值。

2）利用积分图像法快速计算 Haar 特征

Haar 特征通常采用积分图像来进行计算。积分图像中任意一点 $I(i, j)$ 的值 $n(i, j)$ 为原图像左上角原点到该任意点 $I(i, j)$ 相应的对角线区域灰度值的总和，即：

$$n(i,j) = \sum_{i'<i, j'<j} p(i', j')$$

式中，$p(i', j')$ 表示原图像中 (i', j') 的灰度值。如图 4.3.13 所示，则矩形区域 $ABCD$ 的面积为 $S_{ABCD} = S_D - S_B - S_C + S_A$。无论矩形的尺寸大小如何，只需查找积分图像 4 次就可以求得任意矩形内像素值的和。因此可首先构造图像的积分图像，然后计算图像的 Haar 特征值。

3）方向分配

为了保证特征矢量具有旋转不变性，需要对每一个特征点分配一个主方向。以特征点为

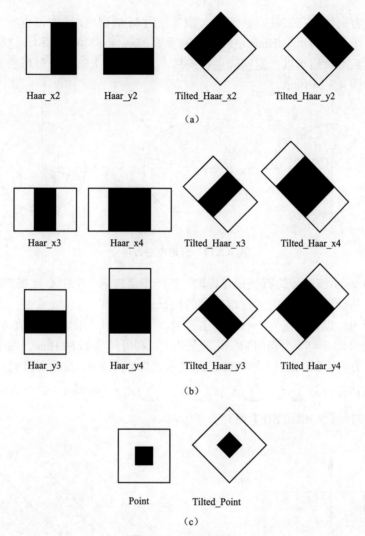

图 **4.3.12** Haar 特征

（a）边缘特征；（b）线特征；（c）点特征

中心，以 $6s$（s 为特征点所处尺度）为半径的圆形区域内计算在 x、y 方向的 Haar 响应，如图 4.3.12（a）所示的 Haar_x2 和 Haar_y2。采样步长设为 s，Haar 响应的大小设为 $2s$。

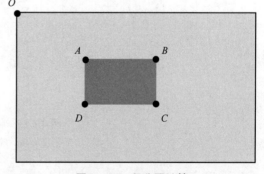

图 4.3.13　积分图计算

Haar 响应计算完毕后还要以兴趣点为中心进行高斯加权（$\sigma=2s$），即兴趣点的描述可用一个点坐标 (x,y) 表示，其中 x 表示 x 方向上的响应，y 表示 y 方向上的响应。

d_x 表示水平方向上的 Haar 小波响应，d_y 表示垂直方向上的 Haar 小波响应。对响应值进行统计形成特征矢量 $\sum d_x$、$\sum |d_x|$、$\sum d_y$ 和 $\sum |d_y|$。

为了求取主方向值，在兴趣点的邻域（如半径为 $6s$ 的圆内，s 为该点所在的尺度）内，统计 60°扇形内所有点的水平 Haar 小波特征和垂直 Haar 小波特征总和，这样一个扇形就得到了一个值。然后 60°扇形以一定间隔进行旋转，最后将最大值那个扇形的方向作为该兴趣点的主方向，如图 4.3.14 所示。

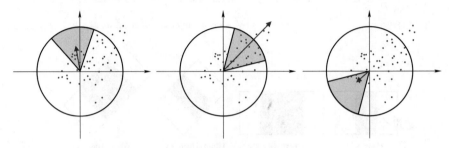

图 **4.3.14** 兴趣点主方向

对于基于 Haar 小波响应的特征描述提取，第一步是构造一个中心点在兴趣点附近，带方向（方向即前面估计的方向）的方框，方框的边长设为 $20s$。

在矩形区域内，以特征点为中心，沿主方向将 $20s \times 20s$ 的图像划分成 4×4 个子块，对每个子域计算 25（即 5×5）个空间归一化的采样点，利用尺寸 $2s$ 的 Haar 小波模板进行响应计算。d_x 表示水平方向上的 Haar 小波响应，d_y 表示垂直方向上的 Haar 小波响应，然后对响应值进行统计形成特征矢量 $\sum d_x$、$\sum |d_x|$、$\sum d_y$、$\sum |d_y|$，如图 4.3.15 所示。每个特征点采用 $16 \times 4 = 64$ 维的向量，相比 SIFT 而言少了一半。

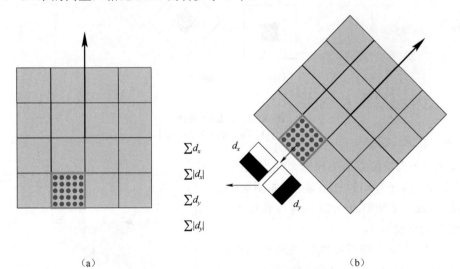

（a）　　　　　　　　　　　　　　　　　　　（b）

图 **4.3.15** 特征点的 **Haar** 响应

（a）旋转前特征点的 Haar 响应；（b）旋转后特征点的 Haar 响应

4.3.3　ORB 特征点提取方法

ORB 是一种快速特征点提取和描述的算法，由 Rublee 等人于 2011 年提出[7]。算法分为特征点提取和特征点描述两部分，其中特征点提取基于 FAST（Features from Accelerated Segment Test）算法发展而来，特征点描述则根据 BRIEF（Binary Robust Independent Elementary Features）特征描述算法进行改进。

1. BRIEF 描述子原理

（1）以特征点 P 为中心，取一个 $S \times S$ 大小的片（Patch）邻域。

（2）在邻域内随机取 N 对点，然后对这 $2N$ 个点分别做高斯平滑。定义 τ 测试，比较 N 对像素点的灰度值的大小，如 $N = 128$、256、512。

$$\tau(p; x, y) := \begin{cases} 1, & p(x) < p(y) \\ 0, & \text{其他} \end{cases}$$

（3）最后把 N 个二进制码串组成一个 N 维向量即可。

$$f_{n_d}(p) := \sum_{1 \leqslant i \leqslant n_d} 2^{i-1} \tau(p; x_i, y_i)$$

BRIEF 描述子随机取 N 对点的方法如图 4.3.16 所示。

G I：X、Y 均匀分布；

G II：X、Y 均服从高斯分布；

G III：先随机取 X 点，再以 X 点为中心取 Y 点；

G IV：在空间量化极坐标系下，随机取 $2N$ 个点；

G V：X 固定在中心，在片内，Y 在极坐标系中尽可能取所有可能的值。

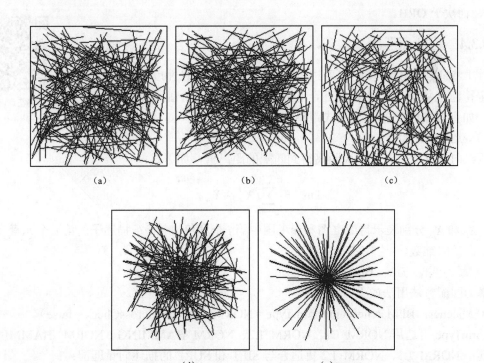

(a)　　　　　　(b)　　　　　　(c)

(d)　　　　　　(e)

图 4.3.16　BRIEF 描述子随机取 N 对点的方法

(a) G I；(b) G II；(c) G III；(d) G IV；(e) G V

通过汉明距离计算比较两个二进制码串的距离，汉明距离表示两个等长字符串在对应位置上不同字符的数目。

BRIEF 抛弃了传统的用梯度直方图描述区域的方法，改用检测随机响应，大大加快了描述子建立速度；

生成的二进制描述子便于高速匹配（计算汉明距离只需通过异或操作加上统计二进制编码中"1"的个数，通过底层运算即可实现），且便于在硬件上实现。但是不具备旋转不变性，不具备尺度不变性，容易受噪声影响。

2. BRISK 描述子

BRISK（Binary Robust Invariant Scalable Keypoints）是 BRIEF 算法的一种改进，也是一种基于二进制编码的特征描述子，而且对噪声鲁棒，具有尺度不变性和旋转不变性。

1）特征点检测

BRISK 主要利用 FAST 算法进行特征点检测，为了满足尺度不变性，BRISK 构造图像金字塔在多尺度空间检测特征点。

2）特征点描述

给定一组特征点，BRISK 通过比较片邻域内像素点对的灰度值，并进行二进制编码得到特征描述子。为了满足旋转不变性，需要选取合适的特征点主方向。

3）特征点匹配

BRISK 特征匹配和 BRIEF 一样，都是通过计算特征描述子的汉明距离实现的。

BRISK 算法具有较好的尺度不变性、旋转不变性，以及抗噪性能。计算速度优于 SIFT、SURF，而次于 ORB。

4.3.4 特征点匹配

对于特征点匹配，首先需要进行相似性度量。相似性度量是指用什么来确定待匹配特征之间的相似性，它通常使用某种代价函数或距离函数的形式，如直方图匹配方法、欧式距离、马氏距离等[2]。

特征点匹配

1）欧式距离匹配方法

两组向量可通过计算欧氏距离得到匹配的距离值，如下式：

$$\text{Dis}_{ij} = \left[\sum_{k=0}^{n} (X_{ik} - X_{jk})^2 \right]^{1/2}$$

式中，X_{ik} 和 X_{jk} 分别表示待配准图和参考图中第 i 个和第 j 个特征描述子的第 k 个元素，n 表示特征向量的维数。

2）暴力匹配方法（Brute Force）

暴力匹配方法用法如下：

BFMatcher：BFMatcher（int normType = NORM_L2, bool crossCheck = false）

normType 可选用 NORM_L1、NORM_L2、NORM_HAMMING、NORM_ HAMMING2；

其中 NORM_L1、NORM_L2 更适合与 SIFT 和 SURF 的描述向量匹配；

NORM_HAMMING 适合于 ORB、BRISK 和 BRIEF 的描述向量匹配；

NORM_HAMMING2 适合于 ORB 的描述向量匹配。

crossCheck：如果是 false，则是为每个查询描述符找到 k 个最近邻时默认的 BFMatcher 行为。如果 crossCheck 是 true，则 BFMatcher 只返回一致的匹配对。

3）FLANN 匹配方法

FLANN（Fast Library for Approximate Nearest Neighbors），即最近邻近似匹配方法，由 FlannBasedMatcher 函数实现，构造函数如下：

```
class FlannBasedMatcher:public DescriptorMatcher
{
    public:FlannBasedMatcher(
    const Ptr<flann::IndexParams>& indexParams=new flann::KDTreeIndex Params(),
const Ptr<flann::SearchParams>& searchParams=new flann::SearchParams());
    virtual void add(const vector<Mat>& descriptors);
    virtual void clear();virtual void train();
    virtual bool isMaskSupported()const;
    virtual Ptr<DescriptorMatcher>clone(bool emptyTrainData = false)const;
    protected:...
};
```

最近邻近似匹配方法用法如下：

FlannBasedMatcher matcher;

vector＜DMatch＞matches;

matcher.match（descriptor_dst，descriptor _src，matches）;

其中 descriptor_dst 和 descriptor _src 为两部分关键点的描述向量。

然后消除错配。无论采用何种特征描述符和相似性判定度量，错配难以避免。这一步主要做的就是根据几何或光度的约束信息去除候选匹配点中的错配。

SIFT 使用方法如下，对应的特征点匹配效果如图 4.3.17 所示。

图 4.3.17　SIFT 特征点提取及匹配效果图

Ptr<SIFT>siftdetector = SIFT::create();

vector<KeyPoint>kp1,kp2;

siftdetector->detect(src1,kp1);

siftdetector->detect(src2,kp2);

```
Mat des1,des2;
siftdetector->compute(src1,kp1,des1);
siftdetector->compute(src2,kp2,des2);
BFMatcher matcher(NORM_L2,true);
vector<DMatch>matches;
matcher.match(des1,des2,matches);
```

ORB 使用方法如下，对应的特征点匹配效果如图 4.3.18 所示。

```
vector<KeyPoint>keypoints1,keypoints2;
Mat descriptors1,descriptors2;
Ptr<ORB>orb = ORB::create();
orb->detect(img1,keypoints1);
orb->detect(img2,keypoints2);
orb->compute(img1,keypoints1,descriptors1);
orb->compute(img2,keypoints2,descriptors2);
BFMatcher matcher(NORM_HAMMING,true);
vector<DMatch>matches;
matcher.match(obj_descriptors,scene_descriptors,matches);
```

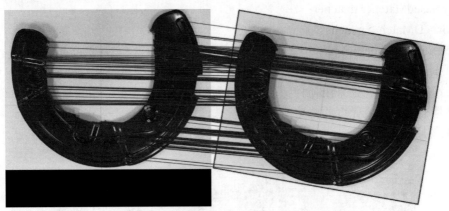

图 4.3.18　ORB 特征点提取及匹配效果图

BRISK 使用方法如下：

```
Ptr<BRISK>detector = BRISK::create();
vector<KeyPoint>kp1,kp2;
detector->detect(src1,kp1);
detector->detect(src2,kp2);
Mat des1,des2;
detector->compute(src1,kp1,des1);
detector->compute(src2,kp2,des2);
BFMatcher matcher(NORM_HAMMING,true);
vector<DMatch>matches;
```

matcher.match(obj_descriptors,scene_descriptors,matches);
基于特征点的实时目标检测效果图如图 4.3.19 所示。

实时特征点匹配
目标检测

图 4.3.19　实时目标检测效果

4.4　基于机器学习的目标检测方法

　　基于目标的特征，通过在大量样本中进行特征计算来训练用于检测目标的分类器，然后通过训练好的分类器对输入图像进行识别，通过一个滑动窗口直接检索输入图像来识别目标。

　　特征提取方法主要有 HOG（Histograms of Oriented Gradient，方向梯度直方图）特征[8]、LBP 特征、Haar 特征等；数据分类方法有 SVM、决策树、神经网络、贝叶斯网络等。

4.4.1　特征提取方法

1. HOG 特征

（1）计算图像 $f(i,j)$ 像素点的梯度幅值和梯度方向。

$$f_i(i,j) = \frac{\partial f(i,j)}{\partial i} = f(i+1,j) - f(i-1,j)$$

$$f_j(i,j) = \frac{\partial f(i,j)}{\partial j} = f(i,j+1) - f(i,j-1)$$

则梯度幅值为：

$$M(i,j) = \sqrt{f_i^2(i,j) + f_j^2(i,j)}$$

梯度方向为：

$$\theta(i,j) = \arctan \frac{f_i(i,j)}{f_j(i,j)}$$

（2）通过由小到大的分块方式计算梯度信息。

　　把图像分成许多个 8×8 像素大小胞元（Cell），然后用 4 个胞元组成一个正方形的块（Block），根据检测目标的大小确定一个窗口（Window），比如 64×128 大小的行人检测窗口。

通过块在窗口内滑动的方式，检索窗口内的所有区域，达到统计窗口总体梯度特征的目的。统计梯度信息原理图如图 4.4.1 所示。

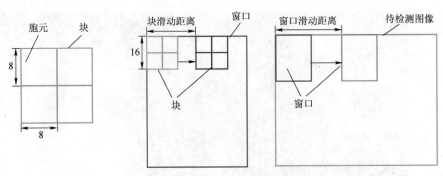

图 4.4.1　统计梯度信息原理图

以一个胞元为例，方向梯度直方图就是以胞元内 8×8 共 64 个像素的梯度信息构建的，其中以直方图的柱在梯度方向进行 0°～360° 均分，每个柱的大小以对应像素的梯度幅值求和得到。

将四个胞元组成一个块，得到每个块的特征向量，把所有块的特征向量级联在一起得到描述目标区域的特征向量，完成 HOG 特征的提取。18 个柱的特征向量如图 4.4.2 所示，每个柱 20°。

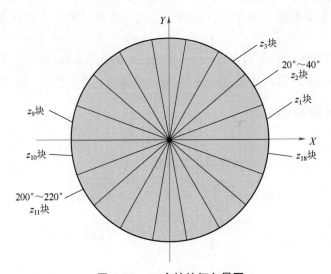

图 4.4.2　18 个柱特征向量图

HOG 描述子具体如下：

```
HOGDescriptor(
    Size _winSize,
    Size _blockSize,
    Size _blockStride,
    Size _cellSize,
    int _nBins,
```

```
            int _derivAperture=1,
            double _winSigma=-1,
            int _histogram,
            NormType=HOGDescriptor::L2Hys,
            double _L2HysThreshold=0.2,
            bool _gammaCorrection=false,
            int _nlevels=HOGDescriptor::DEFAULT_NLEVELS)
HOGDescriptor hog(Size(64,128), Size(16,16), Size(8,8), Size(8,8), 9);
```

梯度方向数 nBins 表示在一个胞元中统计梯度的方向数目，例如 nBins＝9 时，在一个胞元内统计 9 个方向的梯度直方图，每个方向为 180°/9＝20°。

2. Haar 特征

Haar 特征提取同 4.3.2 节内容，在此不再赘述。

3. LBP 特征

LBP 特征向量提取步骤：

（1）首先将检测窗口划分为 16×16 的胞元。

（2）对于每个胞元中的一个像素，将相邻的 8 个像素的灰度值与其进行比较，若周围像素值大于中心像素值，则该像素点的位置被标记为 1，否则为 0。这样，3×3 邻域内的 8 个点经比较可产生 8 位二进制数，即得到该窗口中心像素点的 LBP 值。

（3）然后计算每个胞元的直方图，即每个数字（假定是十进制数 LBP 值）出现的频率；尔后对该直方图进行归一化处理。

（4）最后将得到的每个胞元的统计直方图进行连接，成为一个特征向量，也就是整幅图的 LBP 纹理特征向量。

4.4.2　分类器设计

1. 级联分类器——CascadeClassifier

在级联分类系统中，对于每一幅输入图像，顺序通过每个强分类器，前面的强分类器相对简单，其包含的弱分类器也相对较少，后面的强分类器逐级复杂，只有通过前面的强分类检测后的图像才能送入后面的强分类器检测，比较靠前的几级分类器可以过滤掉大部分的不合格图像，只有通过了所有强分类器检测的图像区域才是有效检测区域。级联分类器检测目标基本原理如图 4.4.3 所示。

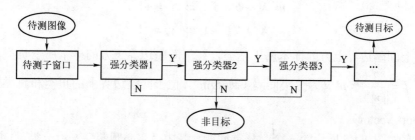

图 4.4.3　级联分类器检测目标原理图

2. SVM 分类器

SVM（Support Vector Machine，支持向量机）是由 Cortes 和 Vapnik 于 1995 年首先提出的[9]。SVM 在解决小样本、非线性等分类问题中表现出许多特有的优势，广泛应用在手写数字识别、人脸识别、文本分类等方面。

SVM 是在两类线性可分情况下（见图 4.4.4），从获得最优分类面问题中提出的。

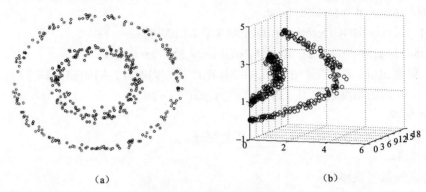

（a）   （b）

图 4.4.4　线性可分数据

（a）二维线性不可分；（b）三维线性可分

线性可分的支持向量机描述如下[10-11]。在分类问题中给定输入数据和学习目标：

$$X = \{X_1, X_2, \cdots, X_N\}, y = \{y_1, y_2, \cdots, y_N\}$$

其中输入数据的每个样本都包含多个特征并由此构成特征空间：

$$X_i = [x_1, x_2, \cdots, x_n] \in \chi$$

学习目标为二元变量 $y \in \{-1, 1\}$，表示负类和正类。

若输入数据所在的特征空间存在作为决策边界的超平面，则将学习目标按正类和负类分开，并使任意样本的点到平面的距离大于等于 1：

$$决策边界：w^T X + b = 0$$
$$点到平面的距离：y_i(w^T X_i + b) \geqslant 1$$

则称该分类问题具有线性可分性，参数 w、b 分别为超平面的法向量和截距。

满足该条件的决策边界实际上构造了 2 个平行的超平面作为间隔边界，以判别样本的分类：

$$w^T X_i + b \geqslant 1 \quad \Rightarrow \quad y_i = +1$$
$$w^T X_i + b \leqslant -1 \Rightarrow y_i = -1$$

所有在上间隔边界上方的样本属于正类，在下间隔边界下方的样本属于负类。两个间隔边界的距离 $d = \dfrac{2}{\|w\|}$ 被定义为分类间隔（Margin），位于间隔边界上的正类和负类样本为支持向量（Support Vector）。

例如：有如图 4.4.5 所示的一个二分类问题，其中"实心圆圈"表示一类，"实心正方形"表示另一类。如何在二维平面上寻找一条直线，将这两类分开。

（1）最优分类面即要求分类面（二维情况下是分类线、高维情况下是超平面）不但能将两类正确分开，而且应使分类间隔最大。

（2）分类间隔：假设 H 代表分类线，H_1 和 H_2 是两条平行于分类线 H 的直线，并且它们分别过每类中离分类线 H 最近的样本，H_1 和 H_2 之间的距离即为分类间隔。

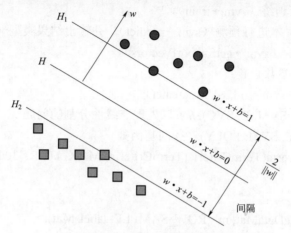

图 4.4.5　二分类示意图

（3）SVM 就是要在满足条件的众多分类面中，寻找一个能使分类间隔达到最大的那个分类面（二维情况下是分类线、高维情况下是超平面）。间隔越大，对新样本的分类（抗干扰）能力越强、分类面可移动的范围更大。

一些线性不可分的问题可能是非线性可分的，即特征空间存在超曲面（Hypersurface）将正类和负类分开。使用非线性函数可以将非线性可分问题从原始的特征空间映射至更高维的希尔伯特空间（Hilbert Space）H，从而转化为线性可分问题，此时作为决策边界的超平面表示如下[10-11]：

$$w^{\mathrm{T}}\phi(X) + b = 0$$

式中，$\phi: \chi \mapsto H$ 为映射函数。由于映射函数具有复杂的形式，难以计算其内积，因此可使用核方法（Kernel Method），即定义映射函数的内积为核函数（Kernel Function）$K(X_1, X_2) = \phi^{\mathrm{T}}(X_1)\phi(X_2)$ 以避免内积的显式计算。

常见的核函数如表 4.4.1 所示，包括多项式核、径向基核、拉普拉斯核和 Sigmoid 核函数。

表 4.4.1　常见的核函数表

名称	解析式
多项式核（Polynomial Kernel）	$K(X_1, X_2) = (X_1^{\mathrm{T}} X_2)^n$
径向基核（RBF Kernel）	$K(X_1, X_2) = \exp\left(-\dfrac{\|X_1 - X_2\|^2}{2\sigma^2}\right)$
拉普拉斯核（Laplacian Kernel）	$K(X_1, X_2) = \exp\left(-\dfrac{\|X_1 - X_2\|}{\sigma}\right)$
Sigmoid 核（Sigmoid Kernel）	$K(X_1, X_2) = \tanh[a(X_1^{\mathrm{T}} X_2) - b],\ a, b > 0$

OpenCV 中 SVM 分类问题代码流程[12]为：

（1）获得练习样本及制作其类别标签（trainingDataMat，labelsMat）。

（2）设置训练参数。

（3）对 SVM 进行训练（svm→train）。

（4）对新的输入样本进行预测（svm→predict），并输出结果类型（对应标签）。

（5）获取支撑向量（svm→getSupportVectors）。

OpenCV 中 SVM 参数设置：

```
cv::Ptr<ml::SVM> svm = ml::SVM::create();
svm->setType(ml::SVM::C_SVC); //可以处理非线性分割的问题
svm->setKernel(ml::SVM::POLY); //径向基函数
svm->setTermCriteria(TermCriteria(TermCriteria::MAX_ITER, 3000, 1e-6)); //算法终止
条件
//训练支持向量
svm->train(trainingDataMat, ml::ROW_SAMPLE, labelsMat);
//保存训练器
svm->save("mnist_svm.xml");
//导入训练器
Ptr<SVM> svm1 = ml::SVM::load<SVM>("mnist_dataset/mnist_svm. xml");
```

基于 HOG 特征和级联分类器的车辆目标检测效果如图 4.4.6 所示。

图 4.4.6 基于 HOG 特征和级联分类器的车辆目标检测效果

4.5　基于多尺度融合网络的道路分割方法

4.5.1　引言

通过传统图像算法，对图像中的路面进行分割，最后可通过边缘提取算子提取道路边缘。传统图像算法依赖人为设计的特征提取算法，需要设计者依赖手动设计的算子进行计算。虽然整体计算量较低，对硬件设施需求不高，但是鲁棒性和稳定性有待提高。当背景环境发生大量变化，或出现逆光等光照因素影响时，传统图像算法的效果一般。而且传统图像算法在CPU 中运行，难以实时地进行道路分割任务。

随着硬件水平 GPU 等算力大幅度提升，深度学习技术在计算机视觉领域大展身手，在速度和准确性上相较于传统图像算法均有提升。基于上述问题，本节提出了一种通过深度学习语义分割的道路检测方法，其融合了多尺度的特征，在不同分辨率的特征图下逐步计算融合。考虑到嵌入式的边缘设备算力有限，本节方法的网络模型轻量简洁，在准确地分割道路同时，可以满足实时性的需求。

4.5.2　卷积神经网络及其基本单元

随着 AlexNet[13]在 ImageNet 竞赛取得冠军，卷积神经网络算法开始在计算机视觉任务中崭露头角。卷积神经网络（Convolutional Neural Networks，CNN），是一种利用卷积计算且经过不断计算加深结构的神经网络，具有优秀的图像特征表达能力。因其具有平移不变等特性，具有较强的鲁棒性和稳定性，在计算机视觉领域被广泛使用。以下是对卷积神经网络及其基本单元的详细介绍。

1. 卷积计算（Convolution）

如果输入图像的分辨率较小，则可以利用全连接神经网络进行特征提取，即每一个神经元连接了全部像素。但是当输入图像的分辨率较大时，这种普通的全连接神经网络会带来大量的计算量，计算变得非常耗时，随着图像分辨率继续增高，计算量将成倍上涨，计算机有限的算力无法完成这样复杂的计算，但卷积计算可以解决这样的问题。

卷积计算是一种滑窗式的计算方式，通过卷积核在图像矩阵上滑动计算，卷积核的尺寸可以在网络设计时进行设定。卷积运算相似于 Sobel 等算子，但其卷积核的参数无须人为设计，可以在神经网络的反向传导中进行不断地迭代优化。相比于全连接的普通神经网络，卷积核滑动计算的卷积方式，可以大大减少神经元的数量，减少计算成本。

卷积运算的目的也是提取图像的不同特征，不同的卷积核可以提取不同的特征，一个卷积神经网络会包含大量的卷积运算。低层的卷积运算可能提取一些简单的图像特征，比如颜色、边缘、纹理、形状等；较深层的卷积运算是基于低层卷积运算的结果，提取一些抽象的高维度图像复杂特征，这种特征无法直观表现出来。随着维度越来越高，经过一些独特的网络设计和损失函数的驱动，最终特征会被计算出不同的向量输出，表示分类、预测等不同任务的结果。

在计算机中，可以将图像看作一个多通道的二维矩阵。类似于马尔可夫随机场（Markov Random Field，MRF）的性质，图像每一个像素点的像素值受到其周边像素点的影响，与远处的像素关系较弱。这意味着在处理大部分的视觉任务时，相对于全局特征，图像的局部特征具有足够的表达能力。因此，为了节省计算量，神经元可以在局部进行连接。卷积计算时同一个卷积核在不同维度的向量上滑动计算，卷积核的参数是不变的，也就是说同一个卷积核在提取图像的特征时是相同的。这种权值共享的方式，可以大幅度降低计算量，降低计算成本。

卷积过程如图4.5.1所示，左边是输入的向量，右边是一个卷积核。卷积核在输入向量中从左向右，从上向下滑动。每次滑动会计算一个卷积核与输入向量局部权重求和的计算，求和的结果作为局部输出的特征值，写入输出的特征向量中。经过4次滑动之后，该图中的卷积计算完成，生成了一个 2×2 大小的矩阵。这一矩阵将会作为下一卷积层的输入继续进行。

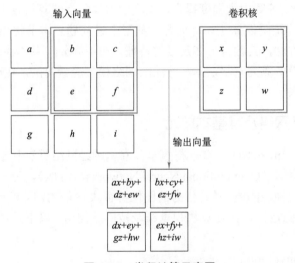

图 4.5.1　卷积计算示意图

当卷积核的滑动步长变大时，经过卷积计算输出的特征向量的尺寸会降低，这一过程被称为卷积的下采样过程。在输入向量高度和宽度的边缘处，可能出现卷积核滑出输入向量的现象。为了保证输出向量的尺寸同输入向量的尺寸相同，设计者往往会为卷积计算设计填充（Padding）的功能，如图4.5.2所示，在输入向量的周围填充一些0向量以满足卷积核继续滑动。

2. 池化计算（Pooling）

卷积神经网络中除卷积运算外，还有一些其他计算方式也可以具有下采样的效果，如池化计算。池化计算对局部特征进行抽样，使一个区域内的特征向量总结为一个特征值，如图4.5.3所示。常见的池化计算有平均池化（Mean Pooling）、最大池化（Max Pooling）等计算。池化计算主要起到以下几个作用。

首先是扩大感受野。在卷积计算中，以 3×3 的卷积核为例，计算出的特征向量每一个特征值由 3×3 的向量计算而来，即每个特征值的感受野为 3×3 的区域。在卷积网络中加入池化可以迅速增大感受野。感受野提升可以使提取的图像特征具有更大范围的局部表示力，对图像的特征表达能力提升起到重要作用。

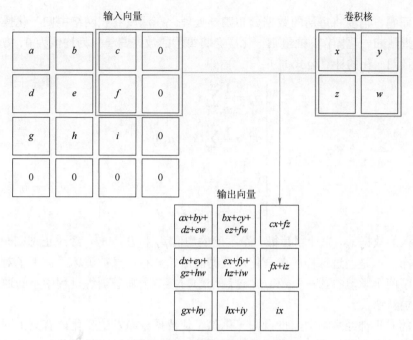

图 4.5.2 Padding 填充示意图

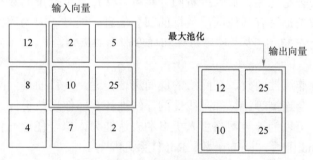

图 4.5.3 最大池化示意图

其次是加入平移旋转等不变性。在处理实际的计算机视觉任务时，输入的图像往往和训练集中的图像的特征分布存在偏差。即使相似的环境和场景，拍摄也会发生角度变化或位移变化。应对这种问题，卷积神经网络往往需要具有平移不变性和旋转不变性的特性。因为池化操作对于局部特征向量有总结归一能力，所以卷积神经网络可以对于小范围的位移和角度具有较强的鲁棒能力。

最后是减少计算量。往往输入的图像分辨率较高，需要进行下采样减少图像尺寸。卷积也可以用来进行下采样，但是卷积需要额外的参数去训练，池化不需要额外训练参数，可以进一步减少计算量。还有一些特殊的池化层是结合网络专门设计的，比如 CornerNet 中的 Corner Pooling[14]，就是为了获取角点沿着一侧的特征信息而设计的专用的池化层。

3. 批量归一化（Batch Normalization，BN）

深度网络学习的过程中，如果每层的数据分布不同，网络在每次迭代的过程中都需要重新学习特征的提取，去适应这一层的数据分布。这会影响网络收敛的稳定性，减缓收敛速度。

为了解决该问题，需要将每层的数据分布归一处理。在深度卷积网络中归一化操作有很多，最常见的是批量归一化操作。批量归一化层会将每层的数据归一化为均值为 0、方差为 1 的正态分布。批量归一化的计算公式如下：

$$\begin{cases} \mu_B = \dfrac{1}{m} \sum_{i=1}^{m} x_i \\[2ex] \sigma_B^2 = \dfrac{1}{m} \sum_{i=1}^{m} (x_i - \mu_B)^2 \\[2ex] \hat{x}_i = \dfrac{x_i - \mu_B}{\sqrt{\sigma_B^2 + \epsilon}} \\[2ex] BN_{\gamma,\beta}(x_i) = \gamma \hat{x}_i + \beta \end{cases} \tag{4.5.1}$$

对于输入的数据 x_i，先计算其每一个维度的均值 μ_B 和方差 σ_B^2，经过正态归一化后，使其符合正态分布。但是经过这样的归一化，数据的原始分布信息被破坏了，为了对数据的原始重构，引入了两个学习参数——γ 和 β。这两个学习参数会随着训练过程中不断通过权重求和的方式进行更新迭代。

在深度的卷积神经网络中，批量归一化除了使数据分布发生变化，有益于网络的训练收敛外，它还可以避免过拟合的发生。通常深度的神经网络经过大量迭代后，可能会过于贴合训练集内的数据，失去泛化性。加入批量归一化可以使每一个批量的数据输入具有一定的数据综合性，每一个数据都带有其他同层数据的部分信息。同时，因为数据呈现正态分布，也有利于数据在 0 附近分布，减少了梯度爆炸和梯度消失的风险。

4. 激活函数

激活函数是一种非线性函数，在网络的层间进行传递。其目的是为网络引入非线性的表达能力。因为卷积、全连接等计算都是线性的，线性计算即使层数再深，拟合能力也有限。引入激活函数之后，可以为神经网络引入更多的表达能力，拟合任意一种非线性关系。常见的激活函数有 Sigmoid 函数、Tanh 函数、ReLU 系列[15]等。

ReLU 系列的激活函数在深度卷积中得到了大量应用。因为在 Sigmoid 和 Tanh 函数中，当数据分布的值距离 0 点较远时，其导数很小；而靠近 0 点时，其导数很大。这在梯度反向传播时，容易在连乘的计算中引起梯度消失或者梯度爆炸，导致网络不稳定，无法收敛。ReLU 的表达式如下：

$$y = \begin{cases} 0, & x \leqslant 0 \\ x, & x > 0 \end{cases} \tag{4.5.2}$$

ReLU 不仅减缓了梯度消失和梯度爆炸的风险，还为卷积网络带来了大量的稀疏性。稀疏性可以降低网络结构的复杂性，提升网络的鲁棒性和泛化性。ReLU 函数对应的图像如图 4.5.4 所示。

但是 ReLU 激活函数存在一定的缺陷，当神经元的数据为 0 时，其梯度变为 0，这意味着该神经元在梯度更新中始终为 0，即出现了神经元死亡的现象。为了解决这一问题，He 等人提出了 PReLU[16]，其在 ReLU 的负半轴加入了一个可训练的角度，使其逼近 0 而且避免了神经元死亡的现象。其函数图像如图 4.5.5 所示。

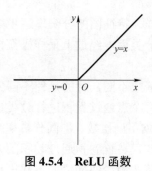

图 4.5.4　ReLU 函数

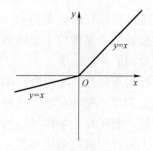

图 4.5.5　PReLU 函数

4.5.3　道路语义分割模型

1. 语义分割编码解码结构

上一节已经围绕图像常用的深度卷积网络对卷积、池化等计算单元进行了详细的介绍。面对图像中道路检测的任务，最符合人类习惯的直观解决方案就是先分割出路面，将道路的检测任务转换为对图像中的每一个像素点分类，判断其是否属于道路点。这种对每个像素点进行分类的任务被称为语义分割（Semantic Segmentation）。在深度学习中，图像语义分割需要先提取高维度小分辨率的特征信息，再利用该特征信息扩充计算成原图分辨率，进而完成对原图分辨率下的逐像素分类任务。这种结构被称为编码解码（Encode-Decode）结构。

一般的深度卷积网络利用特征提取网络提取到高维度特征信息后，会在网络的顶层部分加入一个全连接层。通过全连接层，计算得到目的特征向量，如目标的种类、位置等向量。但是这种全连接的方法会限制特征信息的维度和宽度，由于卷积、池化等计算都是固定的，所以全连接层限定了网络输入的图像大小。为了解决这一问题，He 等人提出了空间金字塔池化模块（Spatial Pyramid Pooling，SPP）[17]，通过变化池化层的大小，来调整全连接层前的特征向量的宽度和维度。但这也无法解决语义分割这种逐像素点的分类任务。

因此本节方法借鉴全卷积网络（FCN）[18]，将网络结构顶层的全连接层替换为卷积层，可以动态地根据特征向量的宽度进行卷积计算，得到规定长度的结果向量，其结构示意图如图 4.5.6 所示。

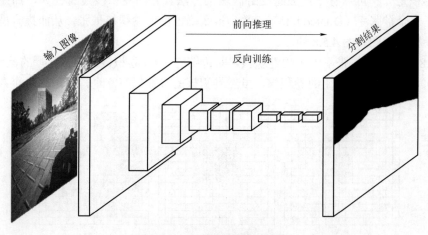

图 4.5.6　网络编码解码结构

可以看出，在编码解码结构中，图像经过卷积下采样，特征图的分辨率逐步缩小，特征的维度也逐步升高。高维度小分辨率的特征图通过卷积分类后，经过上采样操作恢复至原图尺寸，得到原图的分割结果。

上采样针对不同层、不同分辨率的特征图，其放大倍数不同，目的是使不同分辨率的特征图逐步恢复到原始图分辨率，在原始图的分辨率下对每个点通过卷积进行分类预测。常见的上采样结构——FCN 上采样结构如图 4.5.7 所示，会根据不同层数、不同分辨率对应倍数进行上采样。上采样一般可通过转置卷积或线性插值的方式，转置卷积通过卷积的方式需要引入额外的训练参数，为了降低网络模型复杂性，本节直接选用线性插值的方式进行上采样，线性插值根据相邻像素的像素值，通过线性变化预测所插入的像素值。

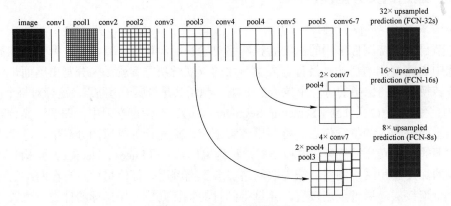

图 4.5.7 FCN 上采样结构

2. 空洞卷积（Dilation Convolution）

前面已经介绍过感受野区域的作用，简单来说，感受野越大，卷积网络提取的特征越丰富，任务的准确性会有较高的提升。扩大感受野最直接的方法就是扩大卷积核，但是大卷积核会带来成倍的计算量，且不利于训练的快速收敛。本节方法利用空洞卷积的方式来增大感受野区域，在保证低运算量的同时，增强图像的大范围特征表达能力。

空洞卷积是一种可以有效扩大感受野区域的方法。它的卷积核没有变大，而是在传统卷积中加入了一个扩张率（Dilated rate）参数。扩张率可以使卷积核扩张，从而提升感受野的范围。空洞卷积示意图如图 4.5.8 所示。

图 4.5.8（a）中为扩张率为 1 的卷积核，即传统的 3×3 卷积核，其感受野的范围为 3×3。图 4.5.8（b）中为扩张率为 1 的卷积核，虽然卷积核的参数只有 9 个，但是这 9 个参数并不是

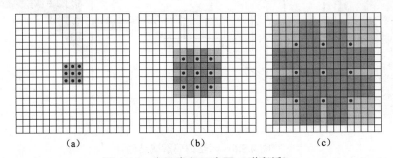

| (a) | (b) | (c) |

图 4.5.8 空洞卷积示意图（附彩插）

直接对输入图像的相邻 3×3 区域做卷积计算，而是对输入图像的相邻 7×7 区域中的分散的 9 个像素点进行卷积计算。图 4.5.8（c）为对 15×15 区域进行卷积计算，而对比于传统卷积方式，这样大的感受野需要 15×15 的卷积核，且计算量呈指数减少。在大范围对关键点做卷积的方式，可以有效地扩大感受野，使局部特征作用范围更广。

3. 多分支卷积块设计

出于对嵌入式的边缘设备考虑，本节方法采用较为轻量简洁的网络模型。网络整体结构采用编码解码（Encode-Decode）结构，先对输入的图像进行下采样，再对提取出的高维度小分辨率的特征图进行上采样。在下采样的特征提取网络的设计上，采用了一种较为轻量的卷积块结构，卷积块结构如图 4.5.9 所示。

该卷积块结构具有短接结构，左侧为主分支结构。在主分支结构中，分为 3 个子分支结构。主分支结构类似于深度可分离卷积结构（Depthwise Separable Convolution，DSC）[19]，将传统卷积拆分为逐层卷积和逐点卷积。逐层卷积用来进行每个通道内的卷积计算，逐点卷积用来合并不同通道之间的特征信息。

在主分支中的前两个子分支中，输入的 x 经过分组卷积计算，每个卷积核只进行一个通道的卷积计算，这样逐层卷积的方式可以节省大量的计算量，但是失去了多通道之间的信息关联。通道之间的特征信息可以通过第三个逐点卷积子分支解决，输入的 x 经过 1×1 卷积后，得到不同通道之间的特征信息。深度可分离卷积顺序地进行逐层卷积和逐点卷积，采用并行的方式，利用多分支的结构，加强特征提取能力。

另外，第二个空洞卷积分支通过空洞卷积的方式，扩大感受野，提升卷积的效率。主分支经过合并整合后与残差分支相加，残差分支的 1×1 卷积是为了升高维度，与主分支的特征向量维度所匹配。该卷积块可以在保证模型轻量简洁的同时，有效地提取图像的特征。

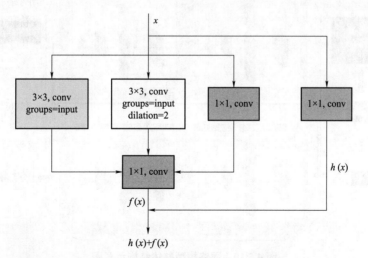

图 4.5.9 轻量化卷积块结构图（附彩插）

4. 多尺度网络模型结构设计

在深度卷积网络结构中，随着卷积层不断加深，特征图的分辨率会逐渐减小，但是高维度的特征信息如语义信息会随着特征抽象而逐渐丰富；而分辨率较大的特征图会获得较浓密的局部细节信息，如纹理边缘等信息。也就是说，在卷积网络中，浅层的特征图具有丰富的局部信息，而较深的特征图具有综合的语义信息。为了更好地进行语义分割任务，需要对这两种不同层次的特征图进行信息交互和融合。

基于这种多尺度的特征融合思路，本节设计了一种多尺度特征图融合的网络框架，如图4.5.10 所示。该框架有若干个尺度层级，每个层级都由若干个上述中的轻量化多分支卷积块构成。在卷积过程中，不同尺度层级具有不同分辨率的特征图，对应不同尺度的特征信息。尺度层级越深，特征图的分辨率越小，但是特征信息的维度越高。随着尺度层级之间信息逐步向下传递，原图像的不同尺寸的池化结果与尺度层级的结果融合，为高维度低分辨率的特征图提供图像的细节信息。

本节默认所用的网络模型详细结构图如图 4.5.11 所示。框架中共有 3 层不同的尺度层，每层尺度层由普通的 3×3 卷积和上述中的轻量化多分支卷积块构成。原图像进行 3 次池化操作，分别得到 3 种不同分辨率的下采样图像，以获取不同尺度的原图特征。

输入图像进入网络后首先进行 3 次池化下采样，对于每种分辨率的特征图都有普通 3×3 卷积和上述的轻量化模块卷积，得到该层计算的特征图。计算得到的高维度的特征图与原图池化下采样的图像合并，获取不同尺度的特征信息的融合，并输入给下一层结构。经过下采样的 3 级结构，不同尺度的特征信息进行了充分的融合。

在语义分割的任务中，相较于全局信息，局部的特征信息更为关键。因此，在网络头部进行特征图的逐像素分类任务时，可直接选用卷积分类器替代全连接网络。在获取特征图的逐像素分类结果后，对特征图的分类结果图进行线性插值，上采样返还原图尺寸，即获取了原图的语义分割结果。

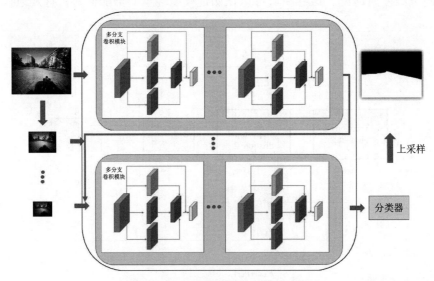

图 4.5.10　网络模型整体结构示意图

5. 损失函数选取

语义分割问题通常会选用交叉熵损失函数（Cross Entropy，CE）。如果设 x 表示特征，y 表示预测的分类结果，$\hat{y}$ 表示当前样本标签为 1 的概率，则有：

$$\begin{cases} \hat{y} = P(y=1\,|\,x) \\ 1-\hat{y} = P(y=0\,|\,x) \end{cases} \tag{4.5.3}$$

可以得到根据图像特征的分类概率为：

$$P(y\,|\,x) = \hat{y}^{y} \cdot (1-\hat{y})^{1-y} \tag{4.5.4}$$

通过极大似然概率计算可得：

$$\lg P(y\,|\,x) = \lg(\hat{y}^{y} \cdot (1-\hat{y}^{1-y})) = y\lg\hat{y} + (1-y)\lg(1-\hat{y}) \tag{4.5.5}$$

因此，定义交叉熵损失函数为：

$$L = -[y\lg\hat{y} + (1-y)\lg(1-\hat{y})] \tag{4.5.6}$$

对交叉熵损失函数进行简化，用 p_t 来表示预测正确的概率，则有：

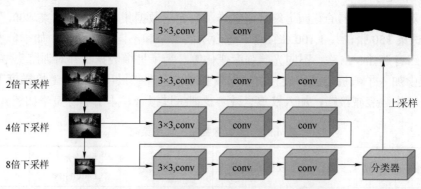

图 4.5.11　本节网络模型具体结构示意图（附彩插）

$$p_t = \begin{cases} \hat{y}, & y=1 \\ 1-\hat{y}, & y\neq 1 \end{cases} \tag{4.5.7}$$

交叉熵损失函数可以表示为：

$$L = -\lg p_t \tag{4.5.8}$$

为了平衡难易样本在训练中对损失函数的权重，本节方法采用 Focal Loss（FL）函数[20]，如式（4.5.9）所示：

$$\mathrm{FL}(p_t) = -\alpha_t(1-p_t)^{\gamma}\lg p_t \tag{4.5.9}$$

该损失函数还对数量不均衡的正负样本进行了比例均衡。其在交叉熵损失函数的基础上，引入了两个新的参数——α_t 和 γ，分别表示正负样本均衡调节参数和难易样本均衡调节参数。

利用该损失函数对本节方法所用的网络进行训练，可以平衡一些特殊的复杂场景对网络参数调节的贡献度，从而增强其对复杂、较难识别场景的检测准确性。

4.5.4　实验结果与分析

1. 评测指标

在语义分割任务中，通常采用交并比（Intersection over Union，IoU）来测量图像分割任务的准确度。IoU 是用来衡量预测值和真实标签值之间的重合程度，可以理解为预测正确的像素点个数与预测和真值并集个数的比值。由于在语义分割中，图像是多分类问题，针对不同种类，均交并比（mean Intersection over Union，mIoU）可以描述网络对不同种类的分割性能。

在本节中，道路分割被作为一个二分类问题。mIoU 表达式如式（4.5.10）所示：

$$IoU = \frac{Pred \cap GT}{Pred \cup GT} = \frac{TP}{TP + FP + FN}$$

$$mIoU = \frac{1}{2}\sum_{i=1}^{2}IoU_i$$

（4.5.10）

式中，i 为 1 和 2，分别表示道路区域和非道路区域两个类别，IoU_i 表示类别 i 的 IoU 值。TP（True Positive）表示预测结果是正确的正样本，FP（False Positive）表示预测结果是错误的正样本，TN（True Negative）表示预测结果是正确的负样本，FN（False Negative）表示预测结果是错误的负样本。本节实验中，样本以一个像素格为一个单位。

2. 分割结果对比

本节针对实验室周围的花园道路环境制作了自己的数据集，其中训练集 800 张，验证集 150 张，测试集 150 张，共 1 100 张图像。包含不同季节和不同复杂情况，如季节变换背景草地不同，道路有遮挡、岔路，不同光照强度变化等。为了扩增数据集并对训练集增加扰动性，在训练过程中加入了随机缩放和旋转的数据增强操作。训练采用小批量随机梯度下降法，学习率衰减采取指数衰减策略，加入权重衰减防止训练过拟合。本节训练策略如表 4.5.1 所示。

表 4.5.1　自制数据集上训练策略

初始学习率	动量参数	权值衰减率	学习衰减率	批量大小（Batchsize）	训练轮数
0.01	0.9	0.001	0.98	16	500

在自己制作的数据集上，对本节所提出的网络结构与语义分割经典模型 FCN、经典轻量化模型 ICNet 和准确率较高的 DeepLab v3 进行了对比实验，对比了不同的网络在该数据集中的 mIoU 和平均每秒图像处理数量（Frames Per Second，FPS），实验结果如表 4.5.2 所示。

表 4.5.2　本节数据集评测结果

网络结构	mIoU	FPS
FCN	0.72	11.2
ICNet	0.79	42
DeepLab v3	0.85	26
本节网络结构	0.82	72

与常见的编码解码语义分割网络相比，本节所提出的网络模型相较于 FCN、ICNet 的准确度和速度都有一定的提升。相较于 DeepLab v3 虽然在准确度上有所牺牲，但是速度显著提高。一些语义分割结果如图 4.5.12 所示，第 1 列为图像原图，第 2 列为标注的真实值，第 3 列为相似的多尺度级联的 ICNet 网络结构，第 4 列为本节方法提出的网络结构。

如图 4.5.12 所示，可以看出，多数情况下本节方法可以实现道路的分割任务。相较于 ICNet 网络，本节方法不仅在速度上具有优势，在本节所用的数据集上，效果也略优于 ICNet。这两种网络都是基于多尺度特征的轻量化语义分割网络，主要的区别在于 ICNet 的基本卷积结构中利用空洞卷积来提升特征提取能力。而在本节方法的特征提取网络中，通过多分支的方式提升网络特征提取能力。同时，本节方法中的卷积单元利用逐层卷积和逐点卷积降低计算量，在尽可能保证网络轻量的前提下，提高网络模型的性能。

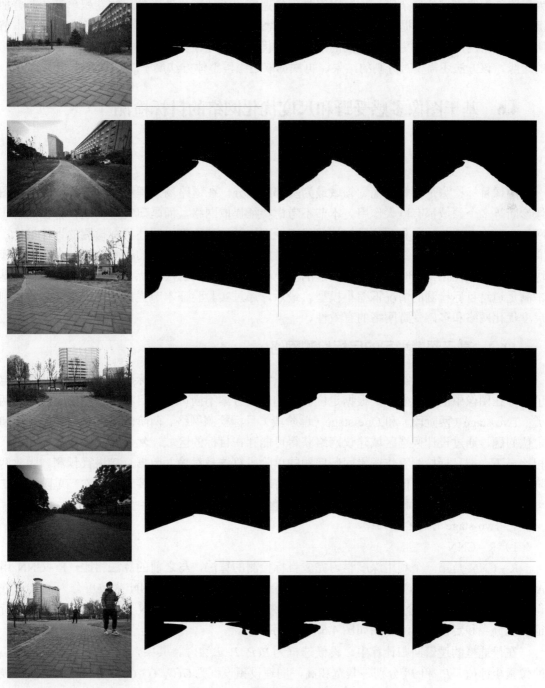

图 4.5.12　路面分割结果对比图

4.5.5　小结

本节针对传统图像算法鲁棒性较差的问题，提出了一种基于深度学习语义分割的道路检测方法。该网络融合了多尺度的特征，在逐步下采样的过程中融合不同分辨率的特征图信息。为了降低网络模型的复杂度，加速网络推理的速度，设计了一种高效率的卷积单元，并叠加组成本节网络中的特征提取结构。实验证明，对比于同类的轻量化语义分割网络 ICNet，本节所提方法所用网络速度更快，分割的准确性较优。在实际任务中，无人地面平台更关注道路的边缘，该方法还需要对分割的结果，再次提取边缘，整体方法属于二阶段方法。

4.6　基于图像多感受野和尺度优化网络的目标检测

4.6.1　引言

图像目标检测是计算机视觉领域最为基础的部分，在道路场景理解、智能安防、医疗图像诊断等多个领域都有巨大作用。本节不考虑特征提取网络，而是研究并构建目标检测解码网络。首先介绍单阶段和两阶段算法的代表性网络结构和原理，阐述目标检测的评价指标，通过对比实验分析两类算法的优缺点。然后考虑图像感受野对检测的影响，设计多感受野模块对网络进行优化，同时构建一种快速的基于自注意力机制的尺度优化目标检测网络，在基本满足道路目标检测的情况下缩小模型。最后，通过实验验证本节提出的基于自注意力机制尺度优化网络和多感受野网络的有效性。

4.6.2　基于深度学习的目标检测网络

目标检测任务由分类和定位两部分组成。它不仅确定了图像目标所属的类别，而且确定了目标在图像中的像素坐标。根据定位问题的解决方案不同可以把目标检测算法大致分为两类：Two-stage（两阶段）和 One-stage（单阶段）目标检测网络。两阶段网络单独考虑分类和定位问题，通过设计候选区域建议网络获得可能存在目标的区域，然后对其完成分类判别。相比之下，把目标检测看作逻辑回归问题的单阶段算法是对输入数据直接进行预测。因此两阶段算法检测精度高，但是推理速度慢，训练时无法端到端，而是要训练两次。单阶段算法可以端到端训练，模型预测速度快，但是精度低于两阶段算法。

1. Two-stage 目标检测网络

1）R–CNN

R–CNN 是第一个利用深度学习完成目标检测的算法，与之前的算法相比，R–CNN 用 AlexNet 实现特征提取，并设计通过两个阶段完成目标检测，R–CNN 大致可分为 4 步：获得输入图像，找到 $2k$ 个待选目标区域，将待选区域的图像输入 CNN 得到特征，最后根据特征实现分类和定位，其流程图如图 4.6.1[21] 所示。

在候选框的逻辑回归计算中，设候选框为 $P(P_x, P_y, P_w, P_h)$，其中，P_x 和 P_y 是候选框中心的像素坐标值，P_w 和 P_h 分别是其宽和高，同理设预设框为 $G(G_x, G_y, G_w, G_h)$，则只要获得候选框和预设框相互的缩放比例 $\hat{G}(\hat{G}_x, \hat{G}_y, \hat{G}_w, \hat{G}_h)$ 即可，因此有：

$$\hat{G}_x = P_w d_x(P) + P_x \ , \ \hat{G}_y = P_w d_y(P) + P_y \tag{4.6.1}$$

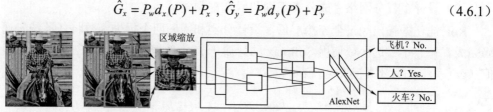

1. 输入图像　　2. 提取候选区域　　　　　　3. CNN获取特征　　　4. 分类和定位

图 4.6.1　R – CNN 检测流程图

在尺度缩放方面，设宽度缩放为 S_w，高度缩放为 S_h，则有：

$$S_w = P_w d_w(P), \ S_h = P_h d_h(P) \tag{4.6.2}$$

$$\hat{G}_w = P_w \mathrm{e}^{d_w(P)}, \ \hat{G}_h = P_h \mathrm{e}^{d_h(P)} \tag{4.6.3}$$

所以问题转换为学习 $d_x(P)$、$d_y(P)$、$d_w(P)$、$d_h(P)$ 这 4 个变量。以 AlexNet 第五个池化输出 $\boldsymbol{\Phi}(P)$ 作为回归的输入，有 $\boldsymbol{d}_*(P) = \boldsymbol{w}_*^{\mathrm{T}} \boldsymbol{\Phi}(P)$，损失函数为：

$$\mathrm{Loss} = \arg\min \sum_{i=0}^{N} [t_*^i - \hat{\boldsymbol{w}}_*^{\mathrm{T}} \boldsymbol{\Phi}(P^i)]^2 + \lambda \|\hat{\boldsymbol{w}}_*\|^2 \tag{4.6.4}$$

式中，t_* 可以表示为：$t_x = (G_x - P_x) / P_w$，$t_y = (G_y - P_y) / P_h$，$t_w = \lg(G_w / P_w)$，$t_h = \lg(G_h / P_h)$；N 为训练的批量大小。当候选框和真实框（Ground truth）间 IoU 高于 0.6 时可看作正样本，每一类单独训练一个回归器，因此式（4.6.4）中用 $\hat{w}_*$ 表示。

2）Fast R – CNN

R – CNN 的结构还存在很多不足：每个候选框均要使用一次 CNN 来获得特征，速度较慢；特征向量需要单独存储，然后再使用 SVM 和回归完成检测。针对这两个问题，Fast R – CNN 进行了两个重要改动，提升后的算法架构如图 4.6.2[22]所示。

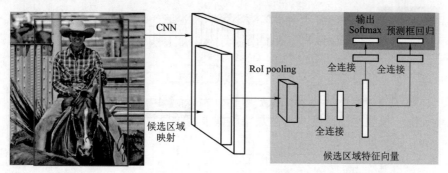

图 4.6.2　Fast R – CNN 架构

（1）使用 RoI 池化层。

首先将整张图像先输入 CNN 进行特征提取，然后将 2 000 个候选区域映射到特征图（Feature Map）中，只需要进行 1 次特征计算。考虑到候选区域缩放带来的畸变，使用 SPPNet 中提出的 RoI 池化的方法。可以理解为，将候选区域的特征平均分成 $M \times N$ 个网格，在每个网格内使用最大池化，因此可以将特征向量转换为固定的 $M \times N$ 结构。对于 C 通道的特征图，RoI 池化后的输出大小固定为 $M \times N \times C$。

（2）设计多任务网络完成分类识别和候选框预测。

RoI 池化的输出经过全连接层后，设计分类和回归两个损失函数将任务统一通过一个网络完成。每一个候选区域使用 Softmax 估计属于 K 类的概率 $p = (p_0, p_1, \cdots, p_K)$，设候选框真值（gt）为 u，则分类损失可以表示为：

$$L_{\mathrm{cls}}(p, u) = -\sum_{j=0}^{K} u_j \lg p_j \tag{4.6.5}$$

同时计算每类预设框的坐标，输出为 $4K$ 维。若真实类别的坐标预测为 $t^u = (t_x^u, t_y^u, t_w^u, t_h^u)$，标签值为 $v = (v_x, v_y, v_w, v_h)$，则预设框的回归损失为：

$$L_{\mathrm{reg}}(t^u, v) = \sum_{i \in \{x, y, w, h\}} \mathrm{smooth}_{\mathrm{L1}}(t_i^u - v_i) \tag{4.6.6}$$

其中，

$$\mathrm{smooth}_{\mathrm{L1}}(x) = \begin{cases} 0.5x^2, & |x| < 1 \\ |x| - 0.5, & \text{其他} \end{cases} \tag{4.6.7}$$

则 Fast R–CNN 的损失函数可以表示为二者权重之和：

$$L(p, u, t^u, v) = L_{\mathrm{cls}}(p, u) + \lambda[u \geqslant 1]L_{\mathrm{reg}}(t^u, v) \tag{4.6.8}$$

其中，$u \geqslant 1$ 时表示预测为前景，$u = 0$ 时表示预测为背景，这时不需要考虑预设框位置。

3）Faster R–CNN

Fast R–CNN 虽然解决了 R–CNN 存在的问题，但在性能上仍然具有致命的缺陷，即使用选择性搜索算法产生候选框效率低下。为了解决这个问题，Faster R–CNN 提出了一个待选区域候选网络（RPN），通过卷积操作代替传统算法获得待选区域，大大提高了检测效率，检测过程如图 4.6.3[23]所示。

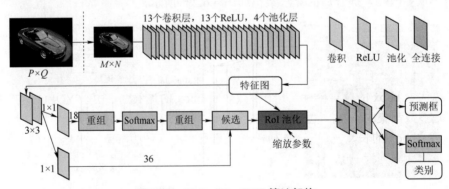

图 4.6.3 Faster R–CNN 算法架构

在 RPN 网络中引入了锚（anchor）的概念，在输入特征图（$W \times H \times C$）的每个像素上设计 9 个同长宽比的锚点，每一个锚点通过卷积网络判断属于前景或背景。输出的特征图大小为 $W \times H \times 18$。同时计算候选区域回归中各锚点的偏移量（与 R–CNN 定义相同），得到的特征向量大小为 $W \times H \times 36$。则 RPN 网络的目标函数为：

$$L\{\{p_i\}, \{t_i\}\} = \frac{1}{N_{\mathrm{cls}}} \sum_i L_{\mathrm{cls}}(p_i, p_i^*) + \lambda \frac{1}{N_{\mathrm{reg}}} \sum_i p_i^* L_{\mathrm{reg}}(t_i, t_i^*) \tag{4.6.9}$$

式中，i 为锚点索引，p_i 表示预测为正的概率值，p_i^* 表示对应的标签值（当锚点与标签的 IoU＞0.7 则认为锚点为正，IoU＜0.3 则为负，其余锚点不参与训练），t 代表预测的候选框像素坐标，t^* 为与正锚点相应的候选框的 gt 值，L_{cls} 与 L_{reg} 的计算方式与式（4.6.5）和式（4.6.6）相同。

因此 RPN 网络可以获得一系列候选框，将候选框 RoI 池化后，同样经过全连接网络后，使用 Softmax 进行分类，使用逻辑回归重新对候选框像素坐标进行精调（与 Fast R－CNN 相同），完成检测。

2. One-stage 目标检测网络

1）YOLO

虽然以 Faster R－CNN 为代表的两阶段检测算法提出的 RPN 网络在检测精度上取得了很好的成绩，但同时也使网络的训练和测试速度降低，Faster R－CNN 的测试速度只有 7 f/s，这一问题催生了 YOLO 算法。YOLO 的网络架构如图 4.6.4 所示，直接通过回归的方式进行分类和包围框（bounding box，bbox）回归，不需要单独训练 RPN 网络，因此能够实现端到端训练。

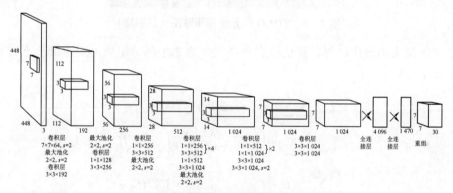

图 4.6.4　YOLO 算法架构

算法将输入图像均匀分割成 $S×S$（取 $S=7$）的网格，如果目标的中心点在网格中，则这一网格用来检测这个目标。对于每个网格预测 B 个包围框，每个 bbox 由 5 个参数表示，其中 4 个参数代表 bbox 的位置坐标，1 个参数表示 bbox 的置信度。由于 YOLO 直接进行回归计算，因此参数都集中于（0，1）范围，位置的计算方式可如图 4.6.5 所示。图像的长、宽用 w_i 和 h_i 表示，bbox 的长、宽用 w_b 和 h_b 表示，目标中心（图中黄色）坐标为 (x_c, y_c)，中心所在的网格的行和列为 y_{row} 和 x_{col}，对于每一个 bbox(x, y, w, h)，可以表示为：

$$\begin{cases} x = \dfrac{x_c}{w_i} \cdot S - x_{col} \\[2mm] y = \dfrac{y_c}{h_i} \cdot S - y_{row} \\[2mm] w = \dfrac{w_b}{w_i} \\[2mm] h = \dfrac{h_b}{h_i} \end{cases} \qquad (4.6.10)$$

置信度可以表示为 $P_r(\text{object}) \times \text{IoU}_{\text{Pred}}^{\text{Truth}}$，如果网格内有目标，则 $P_r(\text{object}) = 1$，否则为 0。$\text{IoU}_{\text{Pred}}^{\text{Truth}}$ 表示 bbox 与标签之间的 IoU。另外，对于每个网格，需要预测属于 C 个类的概率。因此，经过 1 470 个神经元的全连接，再通过重组（Reshape）将网络的输出转换为 $S \times S \times (B \times 5 + C)$ 维。

图 4.6.5   YOLO 位置坐标示意图（附彩插）

训练中的损失函数由位置、置信度和分类误差这 3 个部分组成，采用最小平方和误差，可以表示如下：

$$
\begin{aligned}
L_{\text{loss}} = {} & \lambda_{\text{coord}} \sum_{i=0}^{S^2} \sum_{j=0}^{B} \mathbb{1}_{i,j}^{\text{obj}} \left[(x_i - \hat{x}_i)^2 + (y_i - \hat{y}_i)^2 \right] + \\
& \lambda_{\text{coord}} \sum_{i=0}^{S^2} \sum_{j=0}^{B} \mathbb{1}_{i,j}^{\text{obj}} \left[\left(\sqrt{w_i} - \sqrt{\hat{w}_i} \right)^2 + \left(\sqrt{h_i} - \sqrt{\hat{h}_i} \right)^2 \right] + \\
& \sum_{i=0}^{S^2} \sum_{j=0}^{B} \mathbb{1}_{i,j}^{\text{obj}} (C_i - \hat{C}_i)^2 + \lambda_{\text{noobj}} \sum_{i=0}^{S^2} \sum_{j=0}^{B} \mathbb{1}_{i,j}^{\text{noobj}} (C_i - \hat{C}_i)^2 + \\
& \sum_{i}^{S^2} \mathbb{1}_{i}^{\text{obj}} \sum_{c \in \text{class}} (p_i(c) - \hat{p}_i(c))^2
\end{aligned}
\tag{4.6.11}
$$

式中，前两行为位置误差计算，其中 $(\hat{x}_i, \hat{y}_i, \hat{w}_i, \hat{h}_i)$ 代表第 i 个网格中目标位置标签值，若第 i 个网格中有目标，且第 j 个 bbox 与目标间的 IoU 最大时 $\mathbb{1}_{i,j}^{\text{obj}}$ 为 1，否则 $\mathbb{1}_{i,j}^{\text{noobj}}$ 为 1。第三行为置信度误差，C_i 为置信度预测值，$\hat{C}_i$ 表示标签值，若 bbox 中有目标（$\mathbb{1}_{i,j}^{\text{obj}} = 1$），则标签值为 $1 \times \text{IoU}_{\text{Pred}}^{\text{Truth}}$，否则标签为 $0 \times \text{IoU}_{\text{Pred}}^{\text{Truth}}$。最后一行表示分类误差，$\mathbb{1}_{i}^{\text{obj}}$ 表示第 i 个网格中含有目标，$p_i(c)$ 为预测值，$\hat{p}_i(c)$ 为标签值。λ_{coord} 和 λ_{noobj} 为权重。测试阶段，计算每个网格的分类概率与对应的 bbox 置信度的乘积，获得所有 bbox 的最终得分。最后，使用 NMS 对 $S \times S \times B$ 个 bbox 进行合并。

2）SSD

SSD（Single Shot MultiBox Detector）算法在一定程度上可以看作是 Faster R-CNN 系列和 YOLO 算法的结合，SSD 算法具有两个重要的贡献：参考 Faster R-CNN 中候选框的方式提出了预设框（Default Box）的概念；在多尺度上进行回归预测。因此，SSD 也可以看作是 YOLO 的多尺度实现。SSD 网络结构如图 4.6.6 所示。

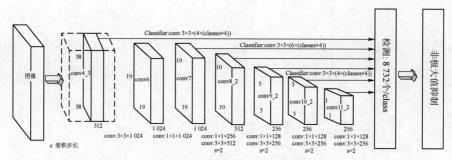

图 4.6.6 SSD 网络结构示意图

（1）多尺度回归预测。

从网络结构图中可以看到，SSD 的回归计算在 conv4_3、conv7、conv8_2、conv9_2、conv10_2 和 conv11_2 这 6 个特征图上进行。与 YOLO 相比，SSD 采用卷积层代替 YOLO 最后的全连接层，同时考虑了浅层特征，因为浅层网络感受野较小，因此适于进行小目标检测，这也减轻了 YOLO 小目标检测效果差的问题。

（2）预设框的提出。

在上述的 6 个特征图中的所有像素点处均设有长宽比各异的 k 个预设框，并对每个框进行分类和位置偏移回归计算，使网络能够适应不同形状和大小的目标。因此一个 $m×n$ 的特征图具有 $m×n×k$ 个预设框，输出的是预设框分别属于 C（包含背景）个类别的概率以及每个预设框的偏置（与 R–CNN 相同），为 $m×n×k×(C+4)$ 维。

3．目标检测评价指标

目标检测不仅要对目标分类，同时也需确定其在图像内的位置，因此算法的评价指标中应能同时考虑这两点。AP 和 mAP 常用于模型精度评估，FPS 常用于模型速度评估。

1）AP

AP 是 Average Precision 的缩写，顾名思义是计算准确度（Precision）的平均值，这就不得不引入两个概念：IoU 和 PR 曲线。

IoU 是用来描述目标真实框和预设框这两个区域的交叠程度的变量，为矩形框重合面积与联合面积之比，在图 4.6.7 的情况下，两个区域的 IoU 为 $A_3/(A_1+A_2-A_3)$。当 IoU 的值大于阈值时，认为模型预测是正确的。在计算 PR 曲线时，认为预设框为正的。否则，认为预设框为负。同时，需要统计网络未检测到的真实框的数量，即 FN（False Negative）。

多分类任务每一类都有一个 PR 曲线，与之对应有一个 AP 值。PR 曲线把准确度（Precision）当作纵轴，回召率（Recall）当作横轴。检测网络输出的每个预设框对每一类的分类置信度，设有 M 个预设框（每个预设框为正或为负由上述 IoU 计算确定），则类 A 有 M 个置信度，将其从大到小排序。设置 M 个阈值，获取 M 组的准确度和回召率，可在 PR 曲线中表示。为了计算 AP 值，对 PR 曲线进行平滑处理，得到 PR 曲线上的每个点的最大准确度，如图 4.6.8 所示。红色是原始的 PR 曲线，绿色是平滑的曲线。根据 VOC2008 的标准，IoU 的阈值为 0.5。对于重复检测的目标，预设框置信度中最大的为正样本，剩下为负样本。在平滑处理的 PR 曲线上，取横轴上 10 个平分点的准确度值，取平均值作为最终 AP 的值。在 VOC2012 标准中，AP 值为平滑 PR 曲线与水平轴的积分值。

图 4.6.7　IoU 示意图

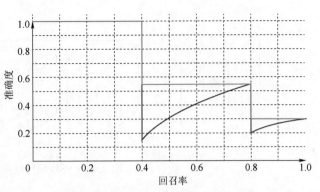

图 4.6.8　PR 曲线示意图（附彩插）

2）mAP

通常来说，每一类可获得一个 AP，mAP（mean Average Precision）指多个类别的 AP 平均值，通常用来描述模型性能。

3）FPS

FPS 表示模型每秒可以检测的图像数，通常用来评估模型的实时性。

4. 算法性能对比与分析

对以上四种算法进行训练，使用 Pascal VOC2007 和 VOC2012 训练集和验证集对模型进行训练，并在 VOC2007 测试集上进行测试。表 4.6.1 给出了部分类别的 AP、算法的 mAP 和 FPS 结果。

表 4.6.1　VOC2007 测试集测试结果

模型	mAP/%	Car/%	Train/%	Person/%	Bus/%	Bike/%	Mbike/%	Plant/%	FPS
R－CNN	53.5	60.0	59.3	57.8	59.6	65.8	68.8	29.6	5
Fast R－CNN	70.0	78.6	72.4	69.9	75.6	72.1	73.6	31.8	0.5
Faster R－CNN	72.9	85.9	85.0	77.4	82.8	78.0	79.4	38.1	7
YOLO v2	76.26	88.3	75.4	78.7	85.1	79.6	78.9	48.5	39
SSD300	72.6	84.2	83.4	76.2	83.0	80.2	82.6	48.6	46

从表 4.6.1 中也可以看出，R－CNN 在算法精度和实时性方面都具有较大缺陷，因此应用十分有限。Faster R－CNN 与 SSD 相比在检测精度上有一定的优势，但是 Fast R－CNN 处理速度过慢，而 Faster R－CNN 也远远不能达到实时应用的水平。相比较而言，单阶段算法处理速度快，YOLO 和 SSD 均有用于实时检测的潜力，YOLO v2 的检测精度更高，但 SSD300 具有更快的运算速度，因此，若能在 SSD 基础上进一步提高精度，则会有更好的应用效果。

4.6.3　基于图像多感受野的目标检测网络

1. 图像感受野

感受野的概念来自生物学。当受体受到刺激时，冲动通过接收器官的神经元传递到中枢。由神经元控制的刺激区称为感受野（Receptive Field）。不同的感觉有不同的感受野。对于视觉系统来说，视觉感受野为间接或直接影响视网膜上光感受胞元的全体。基于图像的 CNN 网络正是仿照人脑的机理设计的，所以 CNN 也具有感受野。

卷积网络里的感受野指特征图中各点在输入信息内对应区域的大小。众所周知，想要实现检测，不能只考虑单一像素值，而是要找到像素点与一定邻域内点之间的关系，这一邻域最好与目标的大小相近，这样有助于更好地进行特征表述，这也就是感受野提出的初衷。当一个点的感受野越大时，则该点表达的原始图像区域越大（见图 4.6.9），因此更适合用来检测大的目标，同理，小的感受野能更好地表现局部和细节。

小感受野　　　　　　　　　　　　　　　　　　　　　　　大感受野

图 4.6.9　感受野示意图

CNN 中任意两层的感受野是相互关联的。设 $n-1$ 层网络的感受野为 r_{n-1}，卷积核或池化核尺寸为 k_n，步长（stride）为 s_n，则第 n 层网络感受野 r_n 为：

$$r_n = r_{n-1} + (k_n - 1)\prod_{i=1}^{r-1} s_i \qquad (4.6.12)$$

r_0 表示输入图像的感受野，$r_0 = 1$，$r_1 = k_1$。扩张卷积可以在保留数据内部结构的情况下提高图像的感受野，从而代替降采样（池化）操作。可以将空洞卷积理解为卷积核变大的普通卷积，扩大部分填充 0。设第 n 层采用空洞卷积核为 k_n'，扩张率（Dilated Rate）为 d_n，则等价的卷积核大小 k_n 为：

$$k_n = (k_n' - 1)d_n + 1 \qquad (4.6.13)$$

若网络中含空洞卷积，那么可以将式（4.6.12）代入式（4.6.13）中计算感受野大小。

2. 多感受野模块设计

本节设计的多感受野模块（multi-Reception Filed Block，mRFB）结构如图 4.6.10 所示。图像的有效感受野通常情况下会低于理论感受野[24]，因此有些网络最后一层特征图的感受野可能会大于原始图像大小。本节首先借鉴 VGG 卷积堆叠的思想通过采用 1×1 与 3×3 卷积堆叠的方式逐步加深网络。使用 1×1 卷积不会增加图像感受野的大小，但可以很好地整合输入图像各通道间的关系。同时，由于网络复杂度的增加，为了减少参数的数量，使用 1×1 卷积核做瓶颈（bottleneck）来减少数据维度。

三个子块（block）都由两个分支组成，左侧黄色的卷积分支中 3×3 卷积分别设置扩张率为 1、2 和 3，右侧粉色的残差分支的 1×1 卷积只是为了保证感受野不变，两个分支的结果不进行相加处理，而是将通道合并（Concatenate）。这样每个子块的左右两个分支对图像的感受野进行不同的操作，能够得到两种不同的感受野，并将这两种不同的感受野传递给下一个子块，与下面的分支进一步组合。通过合并后，整个 mRFB 模块实际集合了 8 种卷积操作，为了方便计算，假设 mRFB 模块输入图像的感受野为 1，根据式（4.6.12）和式（4.6.13），8 种卷积操作以及各自得到的特征图感受野大小如表 4.6.2 所示。

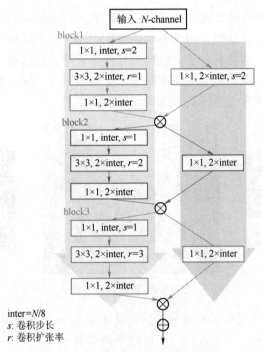

图 4.6.10　mRFB 结构图（附彩插）

表 4.6.2　卷积操作及感受野大小

序号	卷积操作	感受野大小
1	$\text{conv}3 \times 3$，$r=1 \to \text{conv}3 \times 3$，$r=2 \to \text{conv}3 \times 3$，$r=3$	13
2	$\text{conv}3 \times 3$，$r=1 \to \text{conv}3 \times 3$，$r=2 \to \text{conv}1 \times 1$，$r=1$	7
3	$\text{conv}3 \times 3$，$r=1 \to \text{conv}1 \times 1$，$r=1 \to \text{conv}3 \times 3$，$r=3$	9
4	$\text{conv}3 \times 3$，$r=1 \to \text{conv}1 \times 1$，$r=1 \to \text{conv}1 \times 1$，$r=1$	3
5	$\text{conv}1 \times 1$，$r=1 \to \text{conv}3 \times 3$，$r=2 \to \text{conv}3 \times 3$，$r=3$	11
6	$\text{conv}1 \times 1$，$r=1 \to \text{conv}3 \times 3$，$r=2 \to \text{conv}1 \times 1$，$r=1$	5
7	$\text{conv}1 \times 1$，$r=1 \to \text{conv}1 \times 1$，$r=1 \to \text{conv}3 \times 3$，$r=3$	7
8	$\text{conv}1 \times 1$，$r=1 \to \text{conv}1 \times 1$，$r=1 \to \text{conv}1 \times 1$，$r=1$	1

　　从表中可知，一个 mRFB 模块可以集合 7 种不同感受野的特征，但是 mRFB 的强大不仅于此，每个操作可描述不同空间中的特征。虽然有些卷积后的感受野大小相同，但涉及的特征组合却大不相同。表中部分操作对应的感受野模型如图 4.6.11 所示，图 4.6.11（a）～（f）依次对应表 4.6.2 中第 1、2、3、5、6、7 号操作。从图中可以看出，2 号和 7 号操作的感受野相同。由于加入了扩张卷积，使用了不同的卷积，生成的特征图也有不同的结构，因此虽然感受野是相同的，但特征空间的表述却不尽相同。最后，为了避免过拟合问题，采用残差结构，直接连接输入和输出。

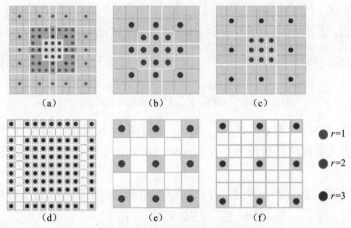

图 4.6.11　mRFB 感受野示意图

3. 多感受野目标检测网络

基于多感受野目标检测解码网络设计着重于在特征提取网络的基础上,设计后续检测解码网络。本节的检测解码网络参照 SSD 的多尺度推理和锚(anchor)机制进行设计,解码网络结构如图 4.6.12 所示。输入图像大小为 300×300,特征提取网络后的向量大小为 19×19×512。首先通过 3×3×1 024 的卷积得到 conv6,与 SSD 设计相同。SSD 中多尺度的特征图是通过 1×1 和 3×3 卷积组合获得的,本节中使用 mRFB 模块代替,即在 conv6 之后使用三个 mRFB 模块,每一个模块后得到的特征命名为 mRFB7、mRFB8 和 mRFB9,其中 conv6 后面的 mRFB 模块 block1 的步长设置为 1。在 mRFB9 后,经过 1×1×256 和 3×3×256 的卷积得到 conv10_2,再使用同样的卷积获得 conv11_2。浅层特征图感受野小,包含更多局部特征的图像细节,因此有利于小目标的检测。mRFB 模块的设计使感受野包含更多的空间特性,对目标的各种形态具有良好的包容性,多感受野模块整合 conv4、mRFB7、mRFB8、mRFB9、conv10_2 和 conv11_2 这 6 个尺度的特征图进行推理。

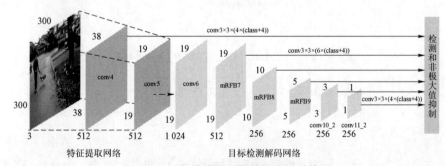

图 4.6.12　多感受野目标检测网络结构图

引入 SSD 里的预设框,不同预设框与初始图像间的缩放比例有:

$$s_k = s_{\min} + \frac{s_{\max} - s_{\min}}{m-1}(k-1), \quad k \in [1, m] \tag{4.6.14}$$

其中 m 为 5，单独计算第一个特征图预设框尺寸，$s_{\min}$ 与 $s_{\max}$ 是尺度的最大值和最小值（本处设为 0.2、0.9）。第一个特征图的尺度是 $s_{\min}/2$，所以大小为 $300 \times 0.1 = 30$。根据公式可知，下面 5 个特征图的 s_k 分别为 0.2、0.37、0.54、0.71、0.88，预设框的小边长（min-size）为 30、60、111、162、213、264。然后设计不同长宽比，选取 $a_r = \left\{1, 2, 3, \dfrac{1}{2}, \dfrac{1}{3}\right\}$，那么预设框的长、宽是：

$$w_k^a = \text{min-size}\sqrt{a_r}, \quad h_k^a = \text{min-size}\sqrt{a_r} \qquad (4.6.15)$$

除此之外，还设置一个尺度为 $s_k' = \sqrt{s_k s_{k+1}}$ 且 $a_r = 1$ 的框，因此每个特征图有两个尺寸不同的方形框和 4 个长宽比不同的长方形框。在 conv4、conv10_2 和 conv11_2 这三层中没有长宽比为 3 和 1/3 的预设框。

预设框可以表示为 $d = (d^{cx}, d^{cy}, d^w, d^h)$，其中 d^{cx} 和 d^{cy} 分别为框的中心坐标，d^w 和 d^h 为宽和高，中心点坐标可以表示为 $\left(\dfrac{i+0.5}{|f_k|}, \dfrac{j+0.5}{|f_k|}\right), i, j \in [0, |f_k|]$，其中 i, j 为整数，$|f_k|$ 为特征图大小。

在训练时，需要匹配预设框与真实框，这样才能让预设框负责某个特定的目标。首先，对于每一个真实框，找到 IoU 最大的预设框与其匹配，以确保每一个目标至少一个框进行估计。那么，其他未配对的预设框，如果与标签值的 IoU 高于阈值（本书中为 0.5），亦可视为正样本，否则为负样本。因此，可能一个真实框有多个预设框与之匹配。设 $x_{ij}^p = 1$ 为第 i 个预设框和第 j 个标签值相配对，且类别是 p，$x_{ij}^p \in \{1, 0\}$，则损失函数由定位损失和分类损失组成，可以表示为：

$$L(x, c, l, g) = \frac{1}{N}[L_{\text{conf}}(x, c) + \alpha L_{\text{loc}}(x, l, g)] \qquad (4.6.16)$$

式中，N 表示正样本数量，c 表示类别置信度（confidence），l 表示预设框的位置估计值，g 表示目标的位置标签，α 表示损失权重。定位损失采用 smooth L1 损失：

$$L_{loc}(x, l, g) = \sum_{i \in Pos}^{N} \sum_{m \in \{cx, cy, w, h\}} x_{ij}^p \text{smooth}_{L1}(l_i^m - \hat{g}_j^m) \qquad (4.6.17)$$

其中，

$$\hat{g}_j^{cx} = (g_j^{cx} - d_i^{cx})/d_i^w \qquad \hat{g}_j^{cy} = (g_j^{cy} - d_i^{cy})/d_i^h$$
$$\hat{g}_j^w = \lg\left(\frac{g_j^w}{d_i^w}\right) \qquad\qquad \hat{g}_j^h = \lg\left(\frac{g_j^h}{d_i^h}\right) \qquad (4.6.18)$$

分类损失为：

$$L_{\text{conf}}(x, c) = -\sum_{i \in Pos}^{N} x_{ij}^p \lg(\hat{c}_i^p) - \sum_{i \in Neg} \lg(\hat{c}_i^o) \qquad (4.6.19)$$

式中，$\hat{c}_i^p$ 为 p 类 Softmax 的计算值，表示为 $\hat{c}_i^p = \dfrac{\exp(c_i^p)}{\sum_p \exp(c_i^p)}$，$\hat{c}_i^o$ 为背景的概率。在本节中，背景也被认为是一个类。

4.6.4　基于自注意力机制的尺度优化目标检测网络

基于多感受野的目标检测网络结构复杂，在多尺度的特征图中进行回归预测，因此性能强大，能够完成几十类目标的检测。但网络主要针对小分辨率图像，实际的无人平台中采集图像分辨率大，算法速度有所下降，同时，网络模型过大，十分耗费内存资源。由于道路场景中有比较强的规律性，同时目标较为固定，可以仅考虑行人、车辆和骑车行人这三种常见的道路参与者。因此本节设计一种结构简单的轻量级网络，与多感受野网络的不同之处在于，仅考虑两个尺度上的特征，通过浅层特征来调整粗估计结果，这样既保留多感受野网络中多尺度估计的优势，又简化了网络结构，在基本完成道路目标检测任务的同时，保证较好的实时性。

1. 粗 – 细估计尺度优化解码网络

本节设计的目标检测解码网络结构如图 4.6.13 所示，网络使用粗 – 细两步估计在多尺度上对检测进行优化。具体而言，在特征提取网络后面接 $1 \times 1 \times 500$、步长为 1 的卷积作为瓶颈，可以重新组合不同通道中的特征并对模型降维，此时特征图缩小到了原始输入图像的 $\frac{1}{32}$。

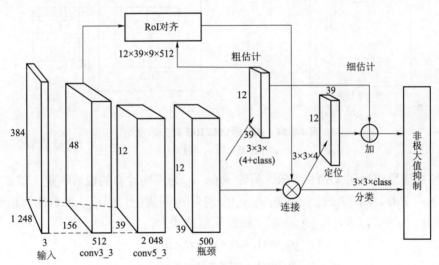

图 4.6.13　粗 – 细估计尺度优化网络

然后进行第一步粗估计，在瓶颈模块后面直接进行位置回归和分类。设特征图的大小为 $M \times N$，则可以将原始输入分为 $M \times N$ 的网格（每个网格为 32×32），若网格与目标的标签位置有重叠，则网格负责预测该目标，认为是正样本。如果网格与多个目标重合，则网格负责预测离网格中心最近的目标，使每个目标可以有多个网格进行预测。每一个网格估计一个包围框的 4 个位置坐标，同时得到网格对每一类别的置信度，此时特征向量维度为 $M \times N \times (4 + \text{class})$。很明显可以看出，粗估计只进行了两次卷积操作整合特征关系进行分类，很难保证准确性，故而引入第二步细估计。

细估计采用了 Mask R – CNN 中的 RoI 对齐，将粗估计中获得的包围框坐标映射至浅层 conv3_3 中。RoI 对齐的原理类似于 RoI 池化，两者的对比如图 4.6.14 所示。假设原图大小为

300×300，经过卷积后，特征图缩小到原来的 1/16，若原图中包围框大小为 200×200，在特征图中大小应为 12.5。但 RoI 池化会将小数量化为 12，故而经过映射后的包围框变为 12×12。若进一步将特征固定为 7×7 大小，则包围框需要均匀分成 49 个小区域，每个小区域的尺寸长应为 1.7，这时进行第二次量化，小区域变为 1×1 大小。每个小区域中通过最大池化运算，从而获得 7×7 的特征图。从这个过程中可以看到 RoI 池化的过程会损失大量像素点，直接将包围框 12×12 的区域缩小至 7×7 的区域，将给后面的分类带来巨大影响。RoI 对齐在上述操作中不进行量化，特征图中的包围框保留 12.5×12.5 的大小，每个小区域则为 1.79×1.79 的大小，对于这个区域，利用双线性插值的方法可以近似得到像素点的像素值。

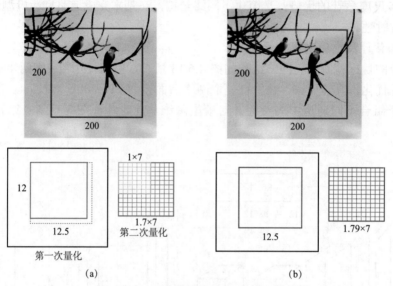

图 4.6.14　RoI 池化与 RoI 对齐示意图

（a）RoI 池化；（b）RoI 对齐

双线性插值原理如图 4.6.15 所示，假设 $P_0(x_0, y_0)$ 为需要计算的像素位置，该点像素值为 p_0，$P_1(x_1, y_1)$、$P_2(x_2, y_2)$、$P_3(x_3, y_3)$、$P_4(x_4, y_4)$ 分别为 P_0 四周的包围点，像素值分别为 p_1、p_2、p_3、p_4，设 $\alpha = x_0 - x_1$，$\beta = y_0 - y_1$，则双线性插值公式为：

$$p_{12} = (1-\alpha) \times p_1 + \alpha \times p_2$$
$$p_{34} = (1-\alpha) \times p_3 + \alpha \times p_4 \qquad (4.6.20)$$
$$p_0 = (1-\beta) \times p_{12} + \beta \times p_{34}$$

对于本节中粗估计得到的包围框，将包围框映射至 conv3_3（共有 512 个通道）中。每一包围框由 9 个点描述，设框的中心点像素坐标为 (x_c, y_c)，则向量化的点的 x 取值为 $x \in \{-0.25x_c, x_c, 0.25x_c\}$，$y$ 取值为 $y \in \{-0.25y_c, y_c, 0.25y_c\}$，如图 4.6.16 所示。这样映射后得到的特征图大小为 $M \times N \times 9 \times 512$，将这些特征与瓶颈的特征拼接在一起，得到的是多个尺度的目标描述。使用这些特征对粗估计的包围框位置进行微调，通过 $3 \times 3 \times 4$ 的卷积获得包围框位置调整值，与粗估计结果相加则为最终的包围框位置。对于分类的置信度，利用多尺度特征进一步对分类结果进行分类。

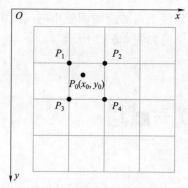

图 4.6.15 双线性插值原理图

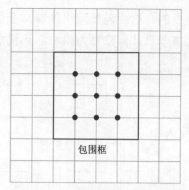

图 4.6.16 包围框向量化原理图

在损失函数设计方面，采用多分类的交叉熵损失作为分类误差，计算时考虑粗估计和细估计的分类误差之和，如式（4.6.21）所示。

$$L_{\text{conf}} = -L_{\text{conf1}} - L_{\text{conf2}}$$
$$= -\frac{1}{N_{\text{dec}}}\left(\sum_{i=0}^{N_{\text{dec}}} p(x_i)\lg(q(x_i)) + \sum_{i=0}^{N_{\text{dec}}} p(x_i)\lg(h(x_i))\right) \tag{4.6.21}$$

式中，N_{dec} 为样本数量，$p(x_i)$ 为第 i 个样本的类别标签值，$q(x_i)$ 为第 i 个样本粗估计类别预测值，$h(x_i)$ 为细估计类别预测值。网络输出的目标位置信息实际上是包围框与网格之间的相对位置，设目标包围框实际坐标为 $p = (p^{cx}, p^{cy}, p^w, p^h)$，网格为 $g = (g^{cx}, g^{cy}, g^w, g^h)$，则标签值 $\hat{c} = (\hat{c}^{cx}, \hat{c}^{cy}, \hat{c}^w, \hat{c}^h)$ 为：

$$\hat{c}^{cx} = (p^{cx} - g^{cx}) / g^w \qquad \hat{c}^{cy} = (p^{cy} - g^{cy}) / g^h$$
$$\hat{c}^w = p^w / g^w \qquad\qquad \hat{c}^h = p^h / g^h \tag{4.6.22}$$

设粗估计得到的位置估计结果为 $c = (c^{cx}, c^{cy}, c^w, c^h)$，细估计得到的位置估计结果为 $l = (l^{cx}, l^{cy}, l^w, l^h)$。对粗估计采用 L1 损失，由于细估计是对粗估计的微调，因此不希望细估计的输出具有较强稀疏性，故而采用 L2 损失，则位置误差可表示为：

$$L_{\text{loc}} = L_{\text{loc1}} + L_{\text{loc2}}$$
$$= \frac{1}{N_{\text{dec}}}\sum_{i=0}^{N_{\text{dec}}}\left\{m_i^p \times \sum_{j\in\{cx,cy,w,h\}} [|c_i^j - \hat{c}_i^j| + (l_i^j - \hat{c}_i^j)^2]\right\} \tag{4.6.23}$$

其中 L_{loc1} 为粗估计误差，L_{loc2} 为细估计误差，可表示为：

$$L_{\text{loc1}} = \frac{1}{N_{\text{dec}}}\sum_{i=0}^{N_{\text{dec}}}[m_i^p(|c_i^{cx} - \hat{c}_i^{cx}| + |c_i^{cy} - \hat{c}_i^{cy}|) + |c_i^w - \hat{c}_i^w| + |c_i^h - \hat{c}_i^h|] \tag{4.6.24}$$

$$L_{\text{loc2}} = \frac{1}{N_{\text{dec}}}\sum_{i=0}^{N_{\text{dec}}}[m_i^p((l_i^{cx} - \hat{c}_i^{cx})^2 + (l_i^{cy} - \hat{c}_i^{cy})^2 + (l_i^w - \hat{c}_i^w)^2 + (l_i^h - \hat{c}_i^h)^2)] \tag{4.6.25}$$

其中，$m_i^p = 1$ 表示第 i 个样本属于正样本。

2. 自注意力模块

由上一小节可知，细估计对 RoI 对齐特征和瓶颈特征进行拼接，而不是相加和，因此可以很好地保留多个尺度上的特征。在推理过程中，希望不同尺度、不同大小的物体对于检测来说是同等重要的，这就需要网络能够从全局的角度上自适应地调整不同尺度的具有相似性的特征。因此本节设计自注意力模块，该模块的结构如图 4.6.17 所示。

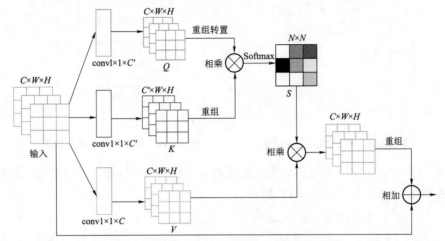

图 4.6.17　自注意力模块示意图

自注意力模块的本质可以理解为描述从查询（Query）到键（Key）、值（Value）的映射，通过学习获得映射关系。卷积的权重可以通过学习自适应地调节，通过设计卷积网络实现。设输入特征图 I 大小为 $C \times W \times H$，输入首先通过一个 $1 \times 1 \times C'$ 的卷积分别得到查询量 Q 和对应的键 K，经过一个 $1 \times 1 \times C$ 的卷积得到键值 V，前两者大小为 $C' \times W \times H$，后者大小为 $C \times W \times H$。然后计算特征向量之间的点积，获取查询量 Q 和 K 的相似性。在算法中先进行重组，将特征转为 $C' \times N$（$N = W \times H$），将 Q 转置后与 K 相乘，获得 S，$S \in \mathbf{R}^{N \times N}$。$S$ 中的特征按行做 Softmax 归一化处理：

$$s_{ji} = \frac{\exp(Q_i \cdot K_i)}{\sum\limits_{i=1}^{N} \exp(Q_i \cdot K_j)} \tag{4.6.26}$$

s_{ji} 代表像素间的相关性，若第 i 个位置和第 j 个位置间相关性高，则 s_{ji} 高。最后根据相关性计算查询量的值，键值同样经重组后变为 $C \times N$，与 S 相乘即可确定像素间对应关系值。给这些值赋予一定权重后与原始输入相加，即可获得自注意力机制的输出 E，$E \in \mathbf{R}^{C \times H \times W}$。

$$E_j = \gamma \sum_{i=1}^{N} (s_{ji} V_i) + A_j \tag{4.6.27}$$

从上述可以看出，自注意力机制的输入与输出具有相同的大小，能够很好地整合局部特征与全局特征之间的关系，模块轻量化同时具有很强的移植性。将自注意力模块添加到细估计之前，基于自注意力机制的粗细估计多尺度目标检测网络如图 4.6.18 所示。

4.6.5　实验结果及分析

针对多感受野网络，设计三组对比实验，通过与 SSD 和单一感受野网络的对比验证提出网络的有效性。针对基于自注意力机制的尺度优化网络，比较了加入自注意力机制前后的检测精度，验证了算法的实用性[25]。

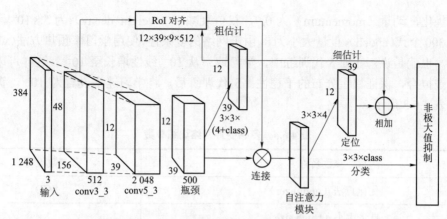

图 4.6.18 基于自注意力机制的尺度优化检测网络

1. 基于图像多感受野的目标检测网络实验

1）数据集

使用 Pascal VOC 数据集对基于多感受野的目标检测网络开展模型学习与测试。Pascal VOC 挑战赛（Pascal Visual Object Classes）是一项世界级的电脑视觉比赛，它还为图像分类、检测、语义分割等领域提供了标准化的数据格式。数据集中的图像主要来源于互联网上的公开数据，由欧盟资助。目前基于 VOC 数据集的模型较多，如 SSD、Faster R – CNN 等。数据集包含行人、汽车、自行车、火车等 20 类，图像尺寸不统一，大多数与 500×375 或 375×500 尺寸接近，因此训练之前通常需要通过缩放等操作将图像大小统一。VOC2007 数据集包含 9 963 张带注释的图片，这些图像由三部分组成：train、val、test。总共有 24 640 个带注释的对象，其中测试部分的标签已经发布，所以大部分算法测试使用 VOC2007 测试数据。VOC2012 数据集包含了 2008 年到 2011 年的数据，有 11 540 张图片和 27 450 个标记对象。但是，测试部分没有公布标签，所以它不常用于测试。图像为 JPG 格式，标签存储为 XML 格式。每个图像对应一个 XML 文件，包括图像中所有对象的类别、包围框的位置、遮挡等信息。

2）模型训练学习

多感受野目标检测网络使用 Nvidia GeForce GTX 1070Ti 显卡进行训练，在 PyTorch 框架中搭建网络架构，编程采用 Python 语言。

在开始训练之前，首先对输入数据进行增强。对于一个图像，随机选择以下两个操作：① 随机采样多个子图（Patch），子图与标签之间 IoU 的最低值为 0.1、0.5、0.7 或 0.9，且与原图大小比例为 [0.1，1.0]，长宽比为 0.5 或者 2，若真实框的中心在子图中且子图中真实框面积大于 0 则可保留子图，从子图中随机选取一个。然后将子图拉伸到一个固定大小，并以 0.5 的概率水平翻转。② 使用原始图像。

为了更好地说明所设计目标检测译码网络的有效性，以常用的 VGG 网络为基础网络，利用在 ImageNet 数据集上取得的预训练模型初始化特征提取模型的参数。conv5 后的权重 w_{inf} 初始化采用 MSRA[18] 方法，可表示为：

$$w_{inf} \sim G\left[0, \sqrt{\frac{2}{n}}\right] \qquad (4.6.28)$$

其中 n 为参数个数，可以看出这是一个方差为 $2/n$、均值为 0 的高斯分布。利用 SGD 算法对参数进行优化，动量（momentum）为 0.9，权值衰减率（weight decay）为 5×10^{-4}，最大迭代次数为 300 个代（epoch），批量大小为 8。由于网络的复杂性，使用学习率预热方法（warm-up）用于训练。也就是说，在前 5 代训练中，学习速率从 10^{-7} 线性增长至 10^{-3}。这样可以减缓模型初期的过拟合，保证权重分布的平稳性。5 代训练后，将学习速率设置为 10^{-3}。训练超参数设置如表 4.6.3 所示。

表 4.6.3　多感受野网络训练参数

参数名称	参数设置
优化算法（optimizer）	SGD
批量大小（batch size）	8
学习速率（learning rate）	10^{-3}
最大迭代次数（max epoch）	300 epochs
动量（momentum）	0.9
衰减速率（weight decay）	5×10^{-4}

3）实验结果及分析

为验证本节提出的结构的先进性，用 VOC2007 的训练验证集和 VOC2012 的训练集共同训练模型，用 VOC2007 的测试集进行测试。由于 YOLO v3 性能的提高一定程度上依赖网络中大量采用的泄露 ReLU 激活函数（Leaky ReLU）与批量规范化（Batch Normalization），并且基础网络相比较而言更为复杂，与其他算法不具有可比性。为了更好地对比目标检测解码网络，采用 YOLO v2 进行实验对比。对比多感受野网络与 Faster R-CNN、SSD300 和 YOLO v2 的检测结果，如表 4.6.4 所示。

表 4.6.4　检测结果对比

方法	主干网络	数据集	mAP/%	FPS
Faster R-CNN	VGG	VOC2007+VOC2012	72.92	7.8
SSD300	VGG	VOC2007+VOC2012	72.60	45.5
YOLO v2	Darknet	VOC2007+VOC2012	76.26	38.7
mRFBNet	VGG	VOC2007+VOC2012	79.83	55.6

表中 mRFBNet 为本节提出的多感受野检测网络。在使用相同训练数据和测试数据的前提下，mRFBNet 的 mAP 远超 Faster R-CNN 和 SSD300，比 YOLO v2 的 mAP 高出了 3.57%。检测网络的推理部分借鉴了 SSD 多尺度预测和预设框的思想，但是设计了全新的 mRFB 模块，从表中可以看到，mRFBNet 在检测精度方面比传统 SSD300 网络的 mAP 提高了 7.23%，同时算法效率也有了大幅提升，比 Faster R-CNN、YOLO v2 和 SSD300 拥有更好的实时性。这 4 种网络对于 20 种目标的检测精度对比见表 4.6.5。

表 4.6.5　20 类目标检测精度对比图

类别	Faster R－CNN	SSD300	YOLO v2	mRFBNet
地图	72.92	72.60	76.26	79.83
飞行器	75.5	82.7	85.4	84.5
自行车	78.0	80.2	79.6	83.4
鸟	69.9	69.7	75.3	78.2
船	66.8	61.4	71.0	75.9
瓶	51.6	45.6	57.7	59.0
公交车	82.8	83.0	85.1	87.8
猫	85.5	74.0	86.9	88.6
车	85.9	84.2	88.3	87.4
椅子	48.4	56.9	60.1	64.7
牛	81.7	76.9	83.7	85.2
椅子	66.2	66.4	74.8	76.2
狗	83.4	85.2	86.3	86.0
马	83.5	80.6	83.6	87.9
摩托车	79.4	72.6	78.9	86.8
人	77.4	76.2	78.7	81.4
盆栽	38.1	48.6	48.5	55.1
羊	72.6	70.5	75.2	79.5
沙发	73.9	76.6	77.5	80.4
火车	85.0	83.4	75.4	88.6
电视	72.4	77.3	72.2	80.2

　　从表 4.6.5 中可以看到网络整体对于小目标（瓶、盆栽）检测效果较差，但是相比其他算法，mRFBNet 的小目标检测效果有明显提高，这得益于多尺度特征推理和多种感受野的组合。同时因为 SSD300 与 mRFBNet 均考虑到浅层特征，因此在较大目标（如火车）的检测方面有优势。YOLO v2 在飞行器、车和狗这类目标的检测中表现优秀，而其他类别的检测中 mRFBNet 的 AP 值均为最高。这 4 种网络在 VOC 上的检测效果如图 4.6.19 所示。

　　原始图像为 4.6.19（a），图 4.6.19（b）为 Faster R－CNN 的检测结果，图 4.6.19（c）为 SSD300 的检测结果，图 4.6.19（d）为 YOLO v2 的检测结果，图 4.6.19（e）为本节提出的 mRFBNet 的检测结果，图中对比了 4 个图像的检测结果。第一幅图像中 SSD300 与 mRFBNet 算法对飞机定位最为准确，然而 SSD300 漏检严重；YOLO v2 类别的检测最为完整，然而目标定位准确度稍差。第二幅图像为车辆严重遮挡的道路场景，SSD300 和 Faster R－CNN 存在漏检，而其他两种算法检测均较为精准。第三幅图像包含大量较小目标，图 4.6.19（a）、（b）两种算法只能检测到较大的目标，小目标检测效果差，图 4.6.19（c）算法能够照顾到小目标，但是存在大目标的漏检情况。第四幅图像目标重叠严重，图 4.6.19（b）算法类别检测较为完整，但是有误检，而且目标定位精度差，图 4.6.19（a）、（c）算法均存在漏检。从上述分析中可以看到，Faster R－CNN 有一定漏检和误检情况，SSD300 漏检严重而目标定位较为精确，YOLO v2 有一定漏检情况，但是目标检测定位相对较差，而本节提出的 mRFBNet 在类别检测和目标定位方面的表现最为优越。

| ■ 飞机 | ■ 车 | 人 | ■ 船 |
| ■ 盆栽 | ■ 桌子 | ■ 椅子 | ■ 显示器 |

图 4.6.19 多算法实验对比图

（a）原图；（b）Faster R－CNN；（c）SSD300；（d）YOLO v2；（e）mRFBNet

为了验证本节设计的多感受野模块的有效性，去除感受野模块中的 block2 和 block3，只保留单一感受野，结构如图 4.6.20 所示，其余网络结构和训练参数设置相同，在 VOC 数据集上进行对比实验，训练学习的损失下降过程如图 4.6.21 所示，其中蓝色为单一感受野网络误差，绿色为多感受野网络训练误差。

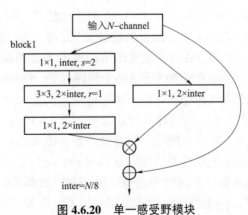

图 4.6.20 单一感受野模块

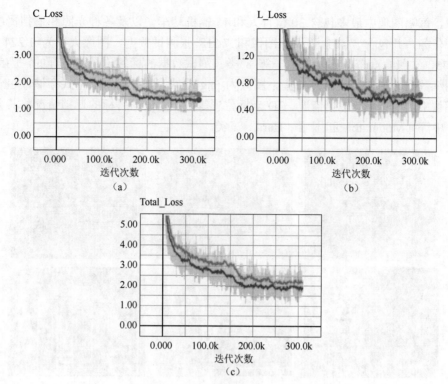

图 4.6.21　训练误差对比图（附彩插）

（a）分类误差；（b）定位误差；（c）总误差

从图 4.6.21 中可以看到设计的多感受野网络的分类误差和定位误差下降更快，同时，误差下降也更为平缓，总误差降低约为 0.25。说明多感受野确实有效地提高了网络性能，同时，网络设计也足够强健，具体的网络性能对比如表 4.6.6 所示。

表 4.6.6　单一感受野与多感受野网络对比

方法	主干网络	数据集	mAP/%	FPS
单一感受野	VGG	VOC2007＋VOC2012	77.92	57.1
多感受野	VGG	VOC2007＋VOC2012	79.83	55.6

从表 4.6.6 中可以定量地看到多感受野网络能够直接将 mAP 提高约 1.9%，同时并没有损失过多的计算时间，这也最好地证明了本节提出的多感受野网络能够在损失最少运算成本的前提下有效提高模型性能。单一感受野和多感受野结果对比如图 4.6.22 所示。图中单一感受野网络在第一幅测试图像中存在严重的漏检，在第二幅图像中存在漏检和误检测，可以看出多感受野网络在各个方面都提高了单一感受野网络的性能。

2. 基于注意机制的尺度优化目标检测网络实验

1）数据集

Kitti 数据集是由丰田美国技术研究院和德国卡尔斯鲁尔技术研究所共同创建的。它是自动驾驶领域中最重要的测试数据之一。数据集可用于立体评估、光流、视觉测程、二维和三维目标检测和跟踪。数据由安装在汽车上的传感器采集，包含城市、郊区和高速公路等真实环境图像，每幅图像中最多包含 30 位行人和 15 辆机动车，以及各种光照和遮挡情况。对于目标检测任务，共包含 7 481 张训练图像和 7 518 张测试数据，图像大小为 1 224×370 或 1 242×375，共包含汽车、行人、卡车等 8 类。测试数据的标签值是不公开的，因此训练时通常将训练数据分为训练集和测试集。图像为 png 格式，标签以 txt 格式存储，包含类别、目标在图像中的包围框、遮挡情况、3D 坐标位置等数据，根据目标的遮挡情况将其分为简单（Easy）、中等（Moderate）和困难（Hard）三类。

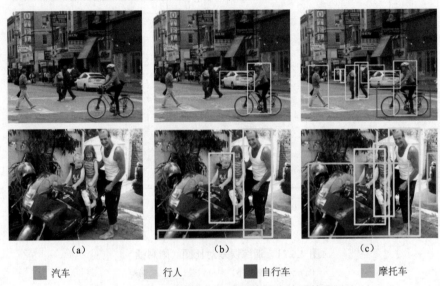

汽车　　　行人　　　自行车　　　摩托车

图 4.6.22　单一感受野与多感受野算法检测效果对比

（a）原始图；（b）单一感受野；（c）多感受野

2）模型训练学习

基于自注意力机制的尺度优化网络使用 Nvidia GeForce GTX 1070Ti 显卡进行训练，在 TensorFlow 框架中搭建网络架构，编程采用 Python 语言。在数据增强方面：① 随机剪裁图像，若真实框的中心在图中且图中真实框面积大于 20 则可保留该剪裁图。② 随机水平翻转图像，概率为 0.5。③ 随机调整图像对比度。④ 随机调整图像亮度。为验证设计的目标检测推理网络的有效性，采用一般的 ResNet50 作为特征提取网络，用 ImageNet 训练结果作为预训练模型，conv5_3 后面的权重 w_{inf} 初始化采用 MSRA 方法。采用 Adam 算法进行参数优化。设定学习速率为 10^{-5}，epsilon（极小常数 ε）为 5×10^{-4}，最大迭代次数为 110 000 次，批量大小为 5。训练参数设置如表 4.6.7 所示。

表 4.6.7　基于自注意力的尺度优化网络训练参数设置表

参数名称	参数设置
优化算法（optimizer）	Adam
批量大小（batch size）	5
学习速率（learning rate）	10^{-5}
最大迭代次数（max epoch）	110 000
ε（epsilon）	5×10^{-4}

3）实验结果及分析

为了验证算法的先进性，进行对比实验。考虑 YOLO 系列网络结构与本节网络结构对比性不高，在 Kitti 数据集上训练 Faster R－CNN、RetinaNet 和基于自注意力机制的尺度优化网络来检测三类：Car（车辆）、Pedestrian（行人）和 Cyclist（骑车的人）。每一类又分为简单（Easy）、中等（Moderate）和困难（Hard）例，结果如表 4.6.8 所示，为表示简洁，表中用 Faster 代表Faster R－CNN。

表 4.6.8　检测结果对比

Method	Car（AP%）			Pedestrian（AP%）			Cyclist（AP%）			FPS
	Moderate	Easy	Hard	Moderate	Easy	Hard	Moderate	Easy	Hard	
Faster	86.2	89.0	75.6	80.2	85.9	75.1	79.86	82.4	74.9	5.4
RetinaNet	85.7	93.9	74.4	83.3	87.3	79.7	82.3	84.6	78.5	10.9
Att-Multi	90.3	92.5	83.2	87.4	89.6	82.5	86.5	86.9	84.0	27.8

表中 Att-Multi 表示基于自注意力机制的尺度优化目标检测网络，从表中数据可以看出 RetinaNet 对于车辆这种较大的目标有着良好的准确率，但是在中等例和困难例的检测中不如 Att-Multi 表现好，也就是说对于有遮挡的目标或者小目标，检测性能较差，而传统的 Faster R－CNN 的整体平均精度较差。Att-Multi 在 3 类目标的检测中平均准确性最好，证明了本节算法的有效性。Faster R－CNN 作为两阶段检测的代表型算法，在检测速度方面有着较大不足，RetinaNet 在算法速度上优于 Faster R－CNN，但是仍然与 Att-Multi 有一定差距，本节算法的 FPS 大于 20，可以认为初步具有实时应用的能力。在 Kitti 数据集的检测结果对比图如图 4.6.23 所示。

图 4.6.23　多算法效果对比图

图 4.6.23（a）中包含曝光和阴影这两种情况，路面上车辆存在一定遮挡，情况较为复杂。

Faster R-CNN 在曝光部分的车辆存在误检，而阴影部分车辆没有成功检测出来，对这两种情况的适应性都不好。在 RetinaNet 对图像曝光部分的检测中，重叠遮挡的车辆检测效果较差，阴影部分的车辆检测也失败。Att-Multi 能够同时检测出曝光和阴影部分的车辆，并且能应对车辆遮挡情况，表现最优。图 4.6.23（b）中包含行人、车辆和骑车的人这三种目标，Faster R-CNN 的检测有严重的漏检情况，RetinaNet 在一定程度上提高了检测精度，但是依然不能适应遮挡的行人目标。从实验图可以直观看到 Att-Multi 在道路目标检测中的先进性。

为了说明设计网络的有效性，对加入自注意力模块前后的网络检测结果进行对比。训练数据集和参数设置相同。训练学习过程中的误差和在验证集上的准确度比较如图 4.6.24 所示。橘色曲线表示加入自注意力模块前的网络，红色曲线表示加入自注意力模块后的网络训练过程。加入自注意力模块前后得到的 PR 曲线对比图如图 4.6.25 所示。

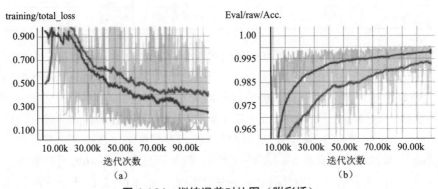

图 4.6.24 训练误差对比图（附彩插）

（a）训练损失；（b）验证集准确度

从图 4.6.24 中可以看到，加入自注意力模块后，网络误差从 0.4 下降到 0.25，网络性能得到了很大的提高。同时从误差下降曲线中可以看到，加入自注意力模块前，网络前一万次迭代的损失波动较大，Att-Multi 损失整体下降趋势更为平滑。在验证集的准确度图中，Att-Multi 准确度提升快，趋势平滑，并且最后的准确度比没有加入自注意力模块时高出了 0.5%。PR 曲线包围的面积越广，算法性能越高。从图 4.6.25 中可以明显看到，增加自注意力模块后，三种类别的 PR 曲线包围面积都有大幅度提高。同时值得一提的是，Att-Multi 的车辆检测中，中等例的精度已经与简单例相近，也就是说轻度遮挡的目标检测与无遮挡目标检测精度相似。在骑车的人（Cyclist）这类检测中，困难例检测精度与中等例检测精度相似，这说明 Att-Multi 对有遮挡的情况适应性良好，也表明了 Att-Multi 的鲁棒性。加入自注意力模块前后评估结果对比如表 4.6.9 所示，实验结果对比如图 4.6.26 所示。

表 4.6.9 加入自注意力模块前后对比

Method	Car（AP%）			Pedestrian（AP%）			Cyclist（AP%）			FPS
	Moderate	Easy	Hard	Moderate	Easy	Hard	Moderate	Easy	Hard	
MultiNet	80.8	84.2	70.7	66.23	71.24	61.74	61.2	61.5	60.72	28.6
Att-Multi	90.3	92.5	83.2	87.4	89.6	82.5	86.5	86.9	84.0	27.8

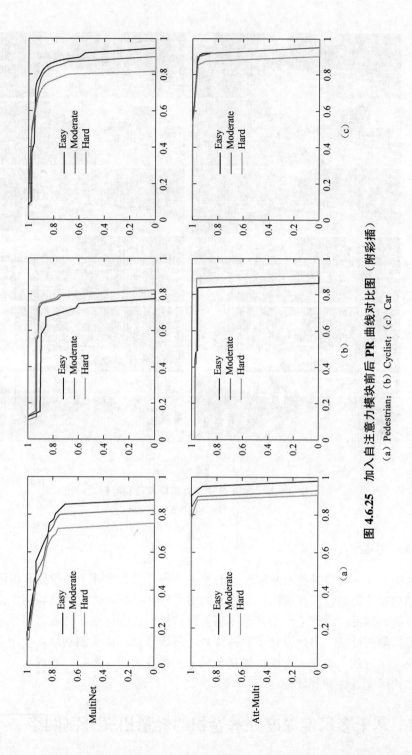

图 4.6.25 加入自注意力模块前后 **PR** 曲线对比图（附彩插）

(a) Pedestrian; (b) Cyclist; (c) Car

（a）　　　　　　　　　　　　　　（b）

■ Car　　　　　　■ Pedestrian　　　　　　■ Cyclist

图 **4.6.26**　加入自注意力模块前后实验结果对比

（a）MultiNet；（b）Att-Muti

4.6.6　小结

本节主要介绍了目标检测网络设计的相关内容，首先阐述了两阶段和单阶段经典算法的原理和结构设计思路，简要说明目标检测网络的评估指标，进而对这些网络的实验效果进行对比和分析。然后，设计了一个基于多感受野的目标检测网络，并通过多个感受野的组合来提高目标检测的性能。另外设计了一种针对道路场景目标的检测网络，使用多尺度特征优化检测结果，同时加入自注意力模块提高全局下的特征表述。最后，通过实验验证本节所提出的网络结构的先进性和有效性。

4.7　基于多尺度深度分解卷积的轻量语义分割网络

基于深度学习方法的任务方案通常都是以构建多层深度神经网络作为特征提取器，对待识别或处理的数据进行特征提取，进而分类识别。在图像处理领域中卷积神经网络由于具有权值共享、平移不变性等性能而被广泛使用。与传统手工提取特征技术相比，基于深度卷积神经网络的特征提取网络能够更加充分地捕获输入数据中的信息特征，且随着不断地训练和学习，特征捕获能力能够随着数据的扩增而不断提升。然而性能优越的深度卷积神经网络往往模型结构十分复杂，参数量庞大，运行效率和模型体积方面具有劣势。在无人运动平台、自动驾驶汽车等现实场景下，算力资源有限的边缘计算设备难以支撑大型网络模型在线实时运行。语义分割技术是像素级的密集预测任务，计算复杂且数据量庞大。利用复杂巨大的网络结构解决图像语义分割任务难以满足现实场景中对算法速度的需求。因此本节基于高效卷积结构设计了一种多尺度的并行双分支特征提取模块 MDF（Multi-scale Depth-wise Factorized Convolution module），搭建了轻量化的特征提取骨干网络，并以此作为编码器设计了一种轻量级编解码语义分割网络 MDFNet（Multi-scale Depth-wise Factorized Convolution Network）。通过在 Cityscapes[27]数据集和 CamViD[28,29]数据集上进行实验，验证了所设计方法的有效性。

4.7.1　多尺度深度分解卷积 MDF 特征提取模块设计

多尺度上下文信息是语义分割中图像特征抽象建模和表达提取的关键，而多尺度上下文信息的建模通常反映在宏网络结构中。实际上可以在局部独立的模块中设计有效的特征提取结构。在由特征提取模块堆叠而成的网络结构中，可以通过模块单元对上下文信息抽象和建模。通过设计多尺度的丰富特征提取方式，单元模块可以提取图像中不同尺度的目标特征，能够进一步增强整个网络的特征表达能力。同时考虑到实时应用场景下对模型运算速度和模型大小的限制要求，需要特别设计高效的特征提取方式。

随着对分割性能需求的提升，用于语义分割的网络模型也越来越深、越来越宽。然而太深的网络结构会在训练中出现梯度弥散，导致模型难以收敛。残差网络[30]有效解决了深度网络结构中的梯度弥散问题，在语义分割任务中实现了显著的性能提升。残差结构的关键是实现同等映射功能的残差连接，残差连接能够加速网络收敛，与高效卷积结构结合能够在优化结构的同时保持网络收敛能力。本节对几种典型的残差结构进行分析，并以此为理论基础研究设计了多尺度深度分解卷积模块 MDF，如图 4.7.1 所示。

图 4.7.1（a）是经典残差块结构[30]。经典的残差块结构由两层 3×3 卷积层构成特征提取主干分支，卷积层之间通过 ReLU 非线性激活函数引入非线性表达能力，残差分支是通过跳跃连接将输入特征图以逐像素相加的方式结合到输出特征图，实现原始输入信息最大程度的保留。主干分支和残差分支逐像素相加融合的结果再经过一层 ReLU 非线性激活函数得到模块输出。通过残差结构，原始特征完全映射的存在使得网络结构即使变得很深也不会致使浅层结构中的梯度消失。

图 4.7.1（b）是对 ResNet 残差块的改进，该结构将常规残差块中的 3×3 卷积核进行分解，从空间维度将其分解成 3×1 和 1×3 的形式。这种结构形式不仅有效减少了参数量，由于分解之后层数增加，层与层之间的非线性激活函数依旧保留，增多的 ReLU 激活函数增强了模型的非线性关系，也强化了模型的非线性关系的表达能力。同时分解后的卷积计算复杂度也实现了降阶，有效提升了模型的运行效率。

图 4.7.1（c）是 ShuffleNet[31]中的特征提取模块。该结构将瓶颈结构中的点卷积进行通道分组，采用 3×3 深度卷积代替常规卷积。将卷积通道进行分组化能够降低卷积层计算复杂度，减少计算量的同时减少参数量。然而通道分组之后，分组卷积将运算限制在分组内，不同组

之间缺乏有效的信息交流和融合，因此在结构中引入了通道重排，将不同分组的特征进行打乱重组，实现信息交互。

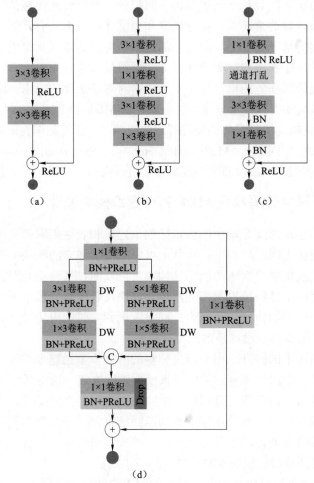

图 4.7.1　现有特征提取模块及 MDF 模块结构示意图（附彩插）

(a) 经典残差块结构；(b) 分解卷积结构；(c) Shuffle 结构；(d) MDF 结构

受到以上几种网络结构中高效特征提取模块结构的启发，本节设计了一种多尺度深度分解卷积模块 MDF，其结构如图 4.7.1（d）所示，其中 DW 表示深度卷积，Drop 表示 Dropout 正则运算，⊕ 表示逐元素相加，©表示级联。该模块具有以下特征：

（1）采用了典型的瓶颈结构。模块首端通过 1×1 的常规卷积将输入模块的特征图进行图像通道数减半（或取四分之一）操作。设输入模块特征张量表示为 X（B，C，H，W），其中 B 表示批量大小，即每一批处理数据中包含的特征图数量，C 表示每张特征图的通道数，H 表示特征图高度，W 表示特征图宽度。经过 1×1 的点卷积之后，特征图的通道数由 C 减至 $C/2$（或 $C/4$），数据量大幅度减少。

（2）采用多尺度卷积核。采用不同大小卷积核（3 和 5）并行提取不同尺度的特征。对于语义分割任务，良好的预测通常来自不同规模的语义上下文信息的组合。不同大小卷积内核可以提取不同尺度区域特征，3×3 和 5×5 的深度卷积用来捕获不同尺度的特征图。具有 3×3

大小卷积核的深度卷积分支负责提取局部信息，具有 5×5 深度卷积的分支负责提取更广泛的上下文信息，有利于对不同尺度上下文信息进行更高效的建模。

（3）深度分解卷积。受 ERFNet[32]网络中非瓶颈 1D 模块的启发，将分解应用于深度卷积，以进一步减少计算量。3×3 深度卷积被分解为 3×1 深度卷积和 1×3 深度卷积。5×5 深度卷积被分解为 5×1 深度卷积和 1×5 深度卷积。对于 $K×K$ 的卷积核，分解卷积将计算复杂度从 $O(n^2)$ 降低到 $O(n)$，同时有效减少参数量。

（4）特征融合与扩展辅助连接。将并行双分支分别提取的特征图在通道维度进行级联，再利用 1×1 的点卷积对级联的特征图进行融合，实现特征在通道维度的交互融合；输入特征图经过 1×1 的点卷积之后与并行分支融合结果进行像素级的相加操作。

在 MDF 模块中，所有深度卷积后均带有批处理归一化（Batch Normalization[33]）和 PReLU[26]激活函数。将来自两个并行分支的特征图进行级联，然后通过逐点卷积和后接的缺失层进行融合。在融合的特征图中添加了来自辅助扩展分支的动态调整信息，然后添加了 PReLU 激活。此外在骨干网的每个块（ConvStage）中，将输入按尺度下采样后，加到该块的输出特征图中，然后再经过 ReLU6[15]激活函数。由于整个网络结构轻量，无阈值限制的 ReLU 激活函数会影响特征传递，因此 ReLU6 被用作骨干网中的激活函数。

4.7.2　基于 MDF 模块的高效语义分割网络设计

卷积运算主要用于在卷积网络中提取图像不同深度的多尺度特征。常规卷积操作相对于全连接的结构减少了很多参数量和计算量，但仍然在多级特征提取中存在一定的计算冗余。本节提出了一种新型的轻量级特征提取模块 MDF 用于高效的特征提取。它是一种由结构和计算优化的卷积操作组成的并行结构，通过不同大小的卷积核捕获不同尺度的感受野，实现更广范围多级语义特征的提取。

基于所设计的 MDF 模块，搭建了一种轻量级的网络 MDFNet 用于高效语义分割。MDFNet 由具有长短跳跃连接的 MDF 模块堆叠而成。MDF 模块是多尺度卷积路径的并行组合，由卷积核大小为 3 和 5 的深度分解卷积组成，其中的跳跃连接用于特征传播。不同数量的 MDF 模块和具有多尺度膨胀率的深度膨胀卷积按照一定策略进行堆叠组合，构建起整个网络。由于特征提取模块结构轻巧简单，网络中的特征得以高效地表示，从而使整个网络性能表现良好。网络结构如图 4.7.2 所示。研究目标是建立一个轻量级的语义分割网络，该网络既需要考虑模型运算效率和推理速度，同时又需要保持一定的分割精度。在网络设计中，关键是用更少的参数构建模型并减少冗余结构的重复使用，以确保前馈过程的高效进行。

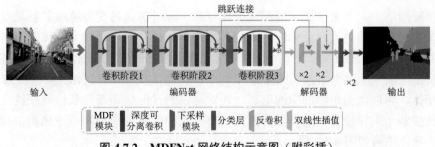

图 4.7.2　MDFNet 网络结构示意图（附彩插）

表 4.7.1 提供了 MDFNet 的详细体系结构。输入图像被传送到由三个卷积阶段（ConvStage）组成的骨干网（编码器）中以生成特征图。然后将特征图放入解码器，该解码器由两个反卷积层组成。最后经过一个分类层（逐点卷积）后采用双线性插值对特征图进行上采样，将其分辨率恢复至原始输入大小。由于在下采样过程中特征图的空间分辨率进行了缩小，降分辨率的过程会导致特征图中空间信息的丢失。而在语义分割图像上采样分辨率恢复的过程中，低维特征中包含的空间信息对于像素空间信息的恢复具有积极意义，因此通过跳跃连接将编码过程的中间特征融合到解码器各个阶段，以聚合来自不同尺度的低维信息，优化分割结果。

表 4.7.1   MDFNet 网络具体参数配置

阶段	操作方式		模式	通道数	输出大小
输入				3	360×480
初始下采样	最大池化＋7×7 卷积		Stride 2	16	180×240
融合层	1×1 卷积		Stride 1	64	180×240
卷积阶段 1	3×	MDF 模块	Bottleneck 1/4	64	180×240
		3×3 深度卷积	Dilation 1,2,1	64	180×240
第二次下采样	最大池化＋5×5 卷积		Stride 2	128	90×120
融合层	1×1 卷积		Stride 1	128	90×120
卷积阶段 2	4×	MDF 模块	Bottleneck 1/4	128	90×120
		3×3 深度卷积	Dilation 3,5,8,1	128	90×120
第三次下采样	最大池化＋3×3 卷积		Stride 2	128	45×60
融合层	1×1 卷积		Stride 1	128	45×60
卷积阶段 3	3×	MDF 模块	Bottleneck 1/2	128	45×60
		3×3 深度卷积	Dilation 13,21,1	128	45×60
解码器	2×	3×3 反卷积	Stride 2	128，64	180×240
分类层	1×1 卷积		Stride 1	11	180×240
上采样	双线性插值		×2 Upsample	11	360×480

1. 下采样策略

卷积神经网络中，下采样操作能够减少计算量，同时扩大感受野范围，但减少的分辨率导致了图像空间信息的丢失，会影响最终的分割结果。过度的下采样会导致空间信息和图像细节特征的严重丢失。MDFNet 仅采用 3 次下采样来保留足够的空间信息和特征图细节。网络最终输出特征图的大小为原始输入图像分辨率的 1/8，与 5 次下采样方法（输出 1/32 的特征图分辨率）相比，可以保留足够的空间信息。通常可以通过池化和带步长的卷积进行下采样。为保证充分捕获下采样过程中的特征信息，本节所设计的下采样模块由池化和带步长卷积层共同组成，具体结构如图 4.7.3 所示。

下采样模块输入记为 $X_{din}(B_{in}, C_{in}, H_{in}, W_{in})$，其通道数为 C_{in}，输出记为 $X_{dout}(B_{out}, C_{out}, H_{out}, W_{out})$，

其通道数为 C_{out}。下采样模块整体呈双分支结构，其中一条分支为步长为 2 的常规卷积层，其卷积核大小可调整，卷积核个数等于输入特征图通道数，该分支记为主下采样分支。主下采样分支输出的特征图大小减半，通道数不变。辅分支是步长为 2，核大小为 2×2 的最大池化层，由于池化操作不改变特征图通道数，因此辅分支输出的特征图同样是大小减半，通道数

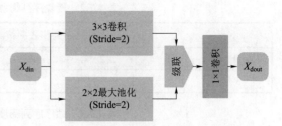

图 4.7.3　下采样模块结构示意图（附彩插）

不变。随后将两条分支输出的特征图级联融合，并采用 1×1 的点卷积进行通道调整，使得输出特征图通道数不变，同时点卷积的存在促进了级联后特征图不同通道之间信息的交互，弥补了单纯级联操作使得组合通道之间缺乏信息融合的不足。此外，由于 3 次下采样获取的感受野在不断扩大，因此针对性地对每一阶段下采样模块进行卷积核尺度调整，有利于为每一次下采样后的感受野范围提供一种"预先扩张视野"的效果。

具体而言，MDFNet 共进行了 3 次下采样，因此共包含 3 个下采样模块。初始下采样模块是步长为 2 的最大池化层和步长为 2 的 7×7 的卷积层的组合。来自两个分支的特征图级联之后通过点卷积进行融合。与初始下采样模块不同之处在于，在第二个下采样模块中，步长为 2 的最大池化层是与步长为 2 的 5×5 的卷积层进行组合。而在第三个下采样模块中，步长为 2 的最大池化层是与步长为 2 的 3×3 的卷积层进行组合。在这个过程中，最开始的下采样模块以 7×7 的大卷积核获取足够大的感受野范围，相当于预先进行了视野扩张，对大视野范围的目标进行特征捕获，具有一定的全局特征提取能力。随着下采样不断进行，下采样模块中卷积层的卷积核大小也随之不断减小，在感受野不断扩大的同时将视野不断集中在更为细节的特征中。下采样模块中卷积核的多尺度设计可以捕获从浅层到深层的更广泛的上下文信息。

2. 膨胀率策略

由于感受野对于在空间信息的远距离关系中获取上下文信息至关重要，因此如何在高维特征图中获取足够的感受野范围十分重要。下采样操作虽然能够实现感受野扩张，但同时会使得图像分辨率降低，导致空间信息的丢失。为了更好地捕获不同尺度感受野的空间信息并加强远距离像素关系的描述，在网络结构中引入了膨胀卷积[34]。膨胀卷积的使用不仅避免了大量池化下采样操作，同时也能有效获取大范围的感受野。考虑到所设计的 MDF 模块中存在 5×5 的大卷积核，如果在大卷积核中应用较大的膨胀率会导致巨大的计算量，因此避免在 MDF 模块中部署膨胀策略，而是在 MDF 模块之后采用带有膨胀率的深度卷积扩大感受野。在每一个深度膨胀卷积之后都设置了批处理归一化和 PReLU 激活函数。膨胀卷积应用中关键在于膨胀率的设计。不同的膨胀率策略会生成不同的感受野范围。本节首先研究了两种不同膨胀率设计思路，以 7 层卷积核为 3×3 的卷积层为例，分析了在对应膨胀率策略下网络所捕获感受野的范围。分析结果如表 4.7.2 和表 4.7.3 所示，其中 D 表示膨胀率，R 表示感受野范围。

由表 4.7.2、表 4.7.3 分析数据可以看出，重复序列思路的膨胀率策略（2，2，2，2，2，…，2）和顺序序列思路的膨胀率策略（1，2，3，4，5，…，n）能够获取到的感受野十分有限。进一步地，将两种膨胀率策略在图像中生成感受野范围的过程以图形的形式表现出来，能够更加直观地理解感受野范围变化的过程，如图 4.7.4 所示。

表 4.7.2　重复序列膨胀率策略感受野扩张效果

重复序列膨胀率策略（Kernel size = 3）						
D	2	2	2	2	2	2	2
R	5	9	13	17	21	25	29

表 4.7.3　顺序序列膨胀率策略感受野扩张效果

顺序序列膨胀率策略（Kernel size = 3）						
D	1	2	3	4	5	6	7
R	3	7	13	21	31	43	57

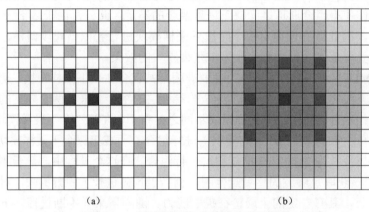

（a）　　　　　　　　　　　　　　（b）

图 4.7.4　不同膨胀率感受野扩张示意图

（a）膨胀率 = 2，2，2 的感受野；（b）膨胀率 = 1，2，3 的感受野

重复序列思路的膨胀率策略（2，2，2，2，2，…，2）不仅使感受野范围十分有限，在特征提取过程中还会导致栅格效应的出现。重复的膨胀率使得每一次卷积刚好跳过了间隔的一圈像素位置，导致这些位置的特征一直被忽略，因此这种设计策略效果不佳。如图 4.7.4 所示，顺序序列思路的膨胀率策略（1，2，3，4，5，…，n）能够覆盖完整的像素位置，在一定程度上缓解了栅格效应，但其所能覆盖的感受野范围也十分有限。尤其随着网络层数的不断增加，其感受野范围的扩大速度难以及时适应特征不断抽象的需求，难以捕获长距离上下文关系。

受 HDC[35]中的膨胀率策略设计思路的启发，本节采用了锯齿状膨胀率序列，因为锯齿状的膨胀率序列可以更好地同时满足小目标和大目标的分割要求。较小的膨胀率可以用于短距离上下文信息的捕获，用以提取小目标特征，而较大的膨胀率用于长距离上下文信息的捕获，用以提取较大目标的特征信息。在此基础上，本节引入了斐波那契（Fibonacci）数列数值作为参考，设计了斐波那契序列膨胀率策略（1，2，3，5，8，…，n）。所设计的斐波那契序列膨胀率策略能捕获的感受野效果同样以 7 层卷积核为 3×3 的卷积层为例进行分析，结果如表 4.7.4 所示。

表 4.7.4　斐波那契序列膨胀率策略感受野扩张效果

斐波那契序列膨胀率策略（Kernel size = 3）						
D	1	2	3	5	8	13	21
R	3	7	13	23	39	65	107

从表 4.7.4 中可以看出，本节所设计的膨胀率策略在到达第 7 层卷积层时能够获得 107×107 的感受野范围，远远超过上述的重复序列思路的膨胀率策略（29×29）和顺序序列思路的膨胀率策略（57×57），同时由于其类顺序结构，也能覆盖完整的图像区域，克服重复序列策略中的栅格效应问题。此外，为了在整个网络的局部阶段中捕获全局信息，将一定数量的 MDF 模块和深度卷积组合成块，并将斐波那契序列膨胀率部署在块内的深度卷积中，并在每一个块的末尾添加一层膨胀率为 1 的深度膨胀卷积以形成锯齿结构。具体来说，网络共包含 3 个块。第一个块包含三个 MDF 模块和膨胀率为 1、2、1 的深度卷积；第二个块包含四个 MDF 模块和膨胀率为 3、5、8、1 的深度卷积；第三个块包含三个 MDF 模块和膨胀率为 13、21、1 的深度卷积。更加详细的配置策略见表 4.7.1。

3. 编解码策略

为了进一步提高分割性能，将整个网络设计为编解码结构，通过在编码器阶段融合编码器中对应阶段的低维空间信息来恢复由于下采样丢失的细节信息。首先两个步长为 2 的反卷积层用于特征图分辨率的初步恢复，每一个反卷积进行 2 倍上采样，两层反卷积实现特征图的 4 倍上采样。随后利用 1×1 的点卷积层将 4 倍上采样得到的特征图进行分割类别映射，由点卷积层映射输出的特征图通道数与分割类别数保持一致。最后将映射得到的特征图进行 2 倍双线性插值，得到最终的分割结果。由于低维特征中包含的空间信息对细节特征的恢复有很大帮助，设计将编码过程对应阶段的特征图引入解码器的对应阶段。第一组 MDF 堆叠块输出的特征图经历了一次下采样，因此和解码器中第二次上采样之后的结果进行融合，融合方式为逐像素位置相加操作。第二组 MDF 堆叠块之后的特征图是两次下采样后的结果，因此需要和解码器中第一次上采样后得到的特征图进行融合，融合方式同样是逐像素位置相加操作。每一次融合后都随之执行 PReLU 激活函数。此外，本节所设计的网络没有使用预训练模型，也并未使用任何后处理技术来改善分割结果，模型的设计、训练都是原生的。所提出的网络可以用作其他视觉任务中用于图像特征提取的骨干网络，可以进一步优化并用于各种计算机视觉任务。

4.7.3　实验结果及分析

1. 实验环境与数据预处理

1）软硬件环境

本节所设计的深度学习网络模型是在 PyTorch 框架[36]下搭建的。PyTorch 框架是当前使用十分广泛的深度学习模型开发工具，由 Facebook 的人工智能研究开发团队设计。PyTorch 可以搭建动态计算图，能够根据计算需求实时改变计算图，易于操作，且具有丰富的 API 接口，支持 Python、C ++ 等语言，对于深度学习模型开发过程更加方便。此外，PyTorch 支持 GPU 平台加速，可以利用 Nvidia 的 CUDA 和 CuDNN 进行图形处理单元加速，能够进一步提升深度学习算法开发的便利性。本节算法训练、运行实现的硬件平台包括 AMD Ryzen 7 2700 的 CPU 处理器（16G 内存）、单张 Nvidia GeForce GTX 1070 Ti 显卡（8G 显存），PyTorch 版本是 1.0.1.post2。

2）数据集预处理

本节提出的 MDFNet 网络是轻量化设计的深度学习模型，主要用于算力资源有限条件下的高效道路场景分割，因此在训练和测试中使用了 Cityscapes 数据集和 CamViD 数据集。本节对数据集的预处理包括：

（1）水平翻转：将输入图像按照随机抽取的形式进行水平180°翻转操作，得到的翻转后的特征图相对于原始输入具有了旋转变换，可以增强模型对特征旋转变换的学习能力。

（2）尺度缩放：为了能够获取不同尺度目标的特征，增加输入训练数据中目标特征的丰富性和多样性，将其进行随机尺度的缩放。首先生成属于 $0\sim15$ 范围内的随机整数 n（$0\leqslant n\leqslant15$，$n\in\mathbf{Z}$），然后按照式（4.7.1）计算得到尺度缩放因子 f，这样得到的随机尺度缩放将被限制在 $[0.5,2]$ 的范围内，即输入训练图像的尺寸将被随机缩放至一半大小和2倍大小之间，其中共有16种缩放尺度可被选中。

$$f = 0.5 + \frac{n}{10} \tag{4.7.1}$$

（3）随机裁剪：由于实验所用设备计算能力和计算资源有限，随机缩放尺度后的输入图像数据存在尺寸过大的情况，为了优化训练过程，对输入特征图进行随机区域的尺寸裁剪。由于裁剪并不改变局部特征的相对尺度，不会因为裁剪尺寸太小而导致小目标特征丢失等情况。此外由于裁剪范围相对于原始输入数据存在缩小的情况，可以通过增加训练次数来使得随机裁剪范围能够覆盖尽可能全面的训练图像。Cityscapes 数据集输入图像裁剪大小为 $512\times1\,024$（高×宽），CamViD 数据集输入图像裁剪大小为 360×480（高×宽）。

2. 评价指标及超参数设定

1）语义分割评价指标选定

在分割精度方面，本节实验选用平均交并比 mIoU 作为语义分割性能的评价标准，即计算输出语义分割结果图中每一目标类预测结果和真值标签的交集与并集的比值再求和取平均的结果。在分割效率方面，以模型单位时间内所能处理的图像数量和模型参数量为评价标准。

2）训练超参数及损失函数设置

深度网络模型学习的过程其实就是模型参数不断迭代更新的过程，对于参数更新策略的设置会影响到模型学习进度和学习效率。超参数中主要需要设置的内容包括学习率、批量大小等。本节学习率更新策略采用多项式衰减的"Poly"学习率调整方法[37,38]，学习率表示为 Lr，其具体计算如式（4.7.2）所示：

$$Lr = Lr_{init} \times \left(1 - \frac{Epoch}{Max\_poch}\right)^{power} \tag{4.7.2}$$

式中，初始学习率 Lr_{init} 为 0.000 65；Epoch 表示当前经过的训练轮数；Max_epoch 表示所设定的最大训练轮数，本节中设定为 1 000；power 用于控制学习率更新曲线的弧度，即控制学习率更新的速率和步幅，设定为 0.9。

训练数据批量（Batchsize）是指一次训练过程中输入网络中同时处理的图像的数量。Batchsize 的大小、数据集包含数据量大小以及所设定的总训练轮数共同决定了网络模型参数将进行更新迭代的次数，其计算公式如式（4.7.3）所示：

$$Iteration = Max\_poch \times \frac{N}{Batchsize} \tag{4.7.3}$$

式中，Iteration 表示总的训练迭代次数；Max-poch 表示所设定的最大训练轮数，设定为 1 000；N 表示数据集训练数据所包含的图像总数；Batchsize 即一次训练所输入网络的图像数量，考虑到具体网络结构大小以及实验计算设备计算资源和计算能力有限，本节设计的网络在训练中的 Batchsize 设定为 2。

　　损失函数用来计算网络输出的预测结果与标签真实值之间的差异。语义分割任务中常用交叉熵损失函数（Cross Entropy Loss Function）描述预测结果与标签差异。首先对网络模型输出结果在通道维度进行 Softmax 操作，其计算公式如式（4.7.4）所示：

$$\text{Softmax}(x_i) = \frac{e^{x_i}}{\sum_{k=1}^{c} e^{x_k}}, \ i \in (1, c) \tag{4.7.4}$$

式中，x_i 为逐像素位置上第 i 个通道上的输出值，c 为输出特征图的通道数，通道数与分割类别数目相同。Softmax 操作使得特征图的每一个像素位置在通道维度进行非负化和归一化，得到对应于每一个分割类别的概率得分。得到的概率得分图与标签的单热编码向量逐像素地计算交叉熵，随后将所有像素位置计算得到的交叉熵值取平均得到最终的损失值。完整的损失函数计算公式如式（4.7.5）所示：

$$L_{y'}(y) = \frac{1}{N} \sum_i L_i = -\frac{1}{N} \sum_i y_i' \lg(y_i) \tag{4.7.5}$$

式中，N 表示特征图中所有像素的总数，y 表示网络输出的预测值，y' 表示对应的标签真值。交叉熵损失函数在计算过程中并未考虑数据集中存在的类别不平衡问题，不平衡的类别特征信息在训练过程中会对网络模型造成一定的偏好引导，如网络模型会更倾向于学习大概率出现的目标，而对电线杆等小目标的特征就不容易学习到。针对复杂城市道路场景数据集中存在的严重类别不平衡现象，可以进行类别权重加权以平衡不同类别样本之间存在的比例差异。加权的交叉熵损失函数 L_w 可以表示为式（4.7.6）的形式。

$$L_w = w_{\text{class}} L_y'(y) \tag{4.7.6}$$

式中的类别权重 w_{class} 根据数据集中不同分割类别所占像素比例统计计算得出，计算公式如式（4.7.7）所示，其中 e 为调整参数，p_{class} 为每一类别像素比例。

$$w_{\text{clacss}} = \frac{1}{\ln(e + p_{\text{class}})} \tag{4.7.7}$$

　　优化器（Optimizer）是网络模型权重参数更新的关键。在确定损失函数以后，对误差损失进行梯度计算，进而利用梯度进行误差的反向传播以更新模型参数，在这个过程中，优化器负责实现梯度的反向传播与网络模型权重参数更新。本节在训练中采用自适应矩估计（Adaptive moment estimation，Adam）优化器[39]更新优化参数。该优化器计算效率高，占用内存少，调参方便。

3. 结果与分析

　　本节所设计的 MDFNet 经过在 Cityscapes 数据集和 CamViD 数据集上训练得到最终的训练模型并进行测试，同时评价其分割精度与单帧图像前向推理过程所用的时间。分割精度以

mIoU 评价，推理速度以 FPS 评价，训练结果及其在数据集上的评估如表 4.7.5 所示，其中 Test 表示测试集结果，Val 表示验证集结果。

表 4.7.5　MDFNet 训练结果

模型	参数量（M）	图像分辨率 360×240，显卡 1070Ti		分割精度（mIoU%）	
		时间/ms	速度（FPS）	CamViD（Test）	Cityscapes（Val）
MDFNet	0.927 1	21.05	46.50	68.93	68.48

实验中模型共经历了 1 000 轮训练，即 1 000 个 epoch。为了捕获最佳的分割模型权重，在每一轮训练结束之后都进行一次验证。当前 epoch 结束之后验证得到的 mIoU 与之前捕获的最高 mIoU 值进行比较，如果当前值高于历史最高值，则用当前值替换历史最高值并将当前的模型参数进行保存，记为最佳模型参数，并对已经存储的模型参数进行替换。如果当前值不高于历史最高值，则继续进行下一轮的训练，已存储的 mIoU 历史最高值和最佳模型参数不做改动。经过 1 000 轮训练，最终得到了如上的实验结果。MDFNet 在 Cityscapes 验证集上的平均交并比达到了 68.48%，在 CamViD 测试集上的平均交并比达到了 68.93%，而网络模型的参数量不到 1M。由于 MDF 模块结构中使用了 5×5 的大卷积核，这使得网络整体计算量有一定增加，模型的运行速度有所降低。

本节将 MDFNet 与多个当前的轻量级实时语义分割模型进行了比较，比较结果如表 4.7.6 与表 4.7.7 所示。表格中的"—"表示相关文献中并未给出对应的实验数据，Test 表示测试集结果，Val 表示验证集结果。可以看出本节所提出的 MDFNet 能够在分割精度和算法效率方面取得一定的平衡，在保持模型较少参数量的同时能够达到具有竞争力的分割精度。就分割精度而言，MDFNet 能够在 CamViD 测试集上达到 68.93% 的平均交并比，高于其他算法的分割精度。在 Cityscapes 验证集上也能达到 68.48% 的平均交并比，在两个数据集上均能达到较高的分割精度。就算法效率而言，MDFNet 包含的参数量不到 1M，比 SegNet 的参数量少了近 30 倍。通过不同语义分割方法的分割速度与精度的对比表明了所设计的 MDFNet 的有效性。

为了更直观地展现 MDFNet 的分割效果，本节利用训练得到的模型权重参数文件对数据集进行分割测试。MDFNet 在 Cityscapes 数据集和 CamViD 数据集上的分割结果分别如图 4.7.5 和图 4.7.6 所示，其中在 CamViD 数据集上的分割结果与经典实时语义分割网络 ENet 的分割结果进行了对比。

图 4.7.5 所示为 MDFNet 在 Cityscapes 数据集上的分割效果。其中图 4.7.5（a）为原始输入图像，图 4.7.5（b）为真实标注的真值标签，图 4.7.5（c）是本节所设计的 MDFNet 网络模型的语义分割结果。从分割结果中可以看出，MDFNet 能够对不同大小的目标都进行良好的分割。能够准确分割出目标特征明显的树木、道路、近处车辆等，也能够对目标特征不明显的像素区域形成准确的预测输出，实现高精度的分割效果，如远处的行人、车辆电线杆、交通标志牌等。从分割结果可以看出，MDFNet 能够在 Cityscapes 上实现良好的分割效果，验证了该网络结构的有效性。

图 4.7.6 所示为 MDFNet 在 CamViD 数据集上的分割效果。其中图 4.7.6（a）是原始

输入图像，图 4.7.6（b）是真实标注的真值标签，图 4.7.6（c）是 ENet 网络模型的语义分割结果，图 4.7.6（d）是本节所设计的 MDFNet 网络模型的语义分割结果。从分割结果中可以看出，MDFNet 的分割效果要优于 ENet。MDFNet 能够较好地分割出完整的道路区域，也能够较为准确地提取完整的行人、车辆、电线杆、标志牌等较小目标，在所展示的不同路况场景下，都能够很好地适应不同的场景信息变化，得到良好的分割效果。

表 4.7.6　Cityscapes 数据集上 MDFNet 与其他轻量化语义分割网络性能比较

模型	图像大小	计算平台	速度（FPS）	参数量（M）	分割精度（mIoU%）
PSPNet[38]	713 × 713	1080Ti	0.78	65.7	78.4
DeepLab – v2[37]	512 × 1 024	1080Ti	0.25	44	70.4
SegNet[40]	360 × 640	Titan X	14.6	29.46	56.1
ENet[41]	512 × 1 024	Titan X	76.9	0.37	58.3
FCN – 8s[18]	512 × 1 024	1080Ti	2	134.5	65.3
ESPNet[42]	512 × 1 024	1080Ti	113	0.4	60.3
CGNet[43]	1 024 × 2 048	V100	17.6	0.5	64.8
ERFNet[32]	512 × 1 024	Titan X	41.7	2.1	68.0
BiSeNet[44]	1 024 × 2 048	Titan XP	105	5.8	68.4
ICNet[45]	1 024 × 2 048	Titan X	30	26.5	69.5
MDFNet（Ours）	512 × 1 024	1070Ti	15	0.927 1	68.48（Val）

表 4.7.7　CamViD 数据集上 MDFNet 与其他轻量化语义分割网络性能比较

模型	图像大小	计算平台	速度（FPS）	参数量（M）	分割精度（mIoU %）
SegNet[40]	360 × 480	Titan	—	29.46	55.6
ENet[41]	360 × 480	1080Ti	98	0.37	51.3
ESPNet[42]	360 × 480	1080Ti	190	0.4	58.2
CGNet[43]	360 × 480	V100		0.5	65.6
ERFNet[32]	360 × 480	1080Ti	139	2.1	67.7
BiSeNet[44]	720 × 960	Titan XP	—	5.8	65.6
ICNet[45]	720 × 960	Titan X	27.8	26.5	67.1
MDFNet(Ours)	360 × 480	1070Ti	46	0.927 1	68.93（Test）

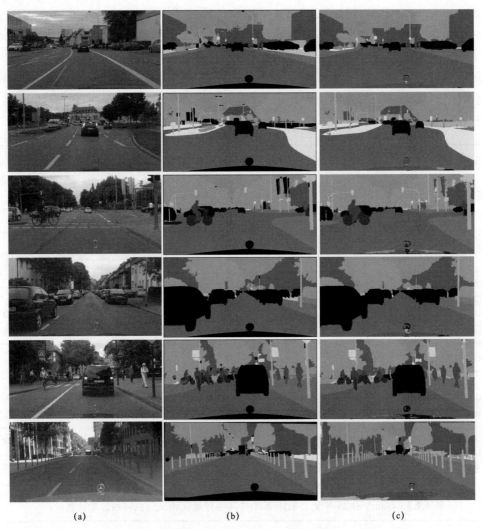

(a)   (b)   (c)

图 4.7.5　MDFNet 网络在 Cityscapes 数据集上的分割结果

（a）原图；（b）真值标签；（c）MDFNet 的分割结果

为了进一步验证本节所提出的各个结构设计和策略的有效性，此处进行了充分的消融实验，分别从卷积核尺度、膨胀率、扩展辅助连接、下采样策略以及解码器策略这 5 个方面进行对比实验。消融实验所用数据集为 CamViD 数据集，输入大小为 360×640，使用 1070Ti 平台训练，得到消融实验结果如表 4.7.8 所示。其中，Br_1 表示 MDF 模块的左侧分支，Br_2 表示 MDF 模块的右侧分支，k 表示其中卷积核的大小，r 表示膨胀卷积的膨胀率。

1）卷积核尺度消融实验分析

在 MDF 模块中，两条带有不同卷积核尺度的卷积分支进行了并行组合，由此扩大每一层感受野范围。通常带有大卷积核的卷积层能够在特征提取中覆盖较大的图像范围，能够获取更广的感受野范围。如表 4.7.8 所示，本节所设计的多尺度卷积核并行结构相对于相同卷积核大小的双分支结构能够在参数量基本不变的情况下提升近 1.7%的精度。

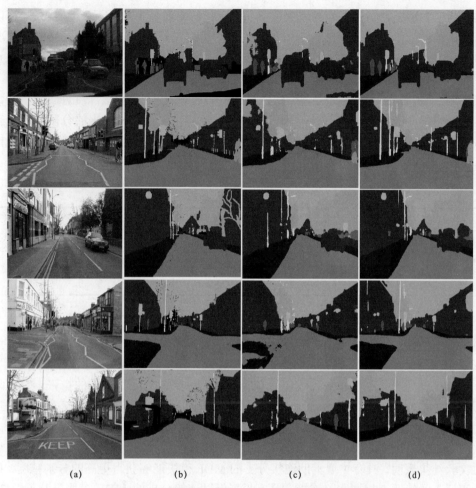

(a)   (b)   (c)   (d)

图 4.7.6 MDFNet 在 CamViD 数据集上的分割结果

（a）原图；（b）真值标签；（c）ENet 的分割结果；（d）MDFNet 的分割结果

表 4.7.8 MDFNet 各模块设计策略在 CamViD 测试集上的消融实验结果

模型		参数量（M）	速度（FPS）	分割精度（mIoU%）
MDFNet 基准结构		0.927 1	46.50	68.93
卷积核尺度	$Br_1 : k = 3$, $Br_2 : k = 3$	0.925 6	47.05	67.22
膨胀率	$r = 2$	0.927 1	46.27	68.27
	$r = 1, 2, 3, 4, 5, 6, 7$	0.927 1	46.16	68.40
扩展辅助连接	逐点相加残差连接	0.796 8	55.37	66.57
下采样策略	3, 3, 3	0.794 1	47.65	67.62
解码器策略	双线性插值	0.707 0	53.70	67.09

  为了验证不同卷积核尺度模块之间提取特征能力的差异，本节进一步设置了对比实验。在 MDF 模块中，MDF 模块的左侧分支 Br_1 是卷积核大小为 3 的一组深度分解卷积，MDF 模块的右侧分支 Br_2 是卷积核大小为 5 的一组深度分解卷积。对比实验中，MDF 模块右侧分支 Br_2 的卷积核大小更换为以下两种状态：与左侧分支卷积核大小（$k=3$）相同的一组深度分解

卷积；连续两组卷积核大小为 3 的深度分解卷积。实验结果如表 4.7.9 所示，从结果中可以看出带有大卷积核的深度分解卷积能够获得更高的分割精度，且相对于获取相同感受野情况下 $(2 \times (k=3)(Br_2))$，单层大卷积核的参数量相对于连续两层小卷积核有所降低。这是由于大卷积核是应用在深度分解卷积中的，一组卷积核为 5 的深度分解卷积参数量为 $1 \times (5+5) = 10$，而两组卷积核为 3 的深度分解卷积参数量为 $2 \times (3+3) = 12$，单组大卷积核深度分解卷积参数量要低于连续两组的小卷积核深度分解卷积。同时采用单核小卷积能够带来的分割速度提升有限，相较而言，使用本节所设计的结构能够获得更高的分割效果收益，采用单组大卷积核的深度分解卷积能够在减少参数量的同时保持较良好的特征提取能力和分割精度。

表 4.7.9　不同卷积核大小对比实验结果

模型		参数量（M）	速度（FPS）	分割精度（mIoU%）
MDFNet 基准结构	$1 \times (k=5)(Br_2)$	0.927 1	46.50	68.93
卷积核尺度	$2 \times (k=3)(Br_2)$	0.930 0	44.21	67.95
	$1 \times (k=3)(Br_2)$	0.925 6	47.05	67.22

2）膨胀率策略消融实验分析

通过消融实验结果可以看出，本节所采用的膨胀率策略能够达到更高的分割精度。重复序列膨胀率会在特征提取过程中形成始终未被采样的空白区域，导致分割结果中出现"Grid Effect"，而顺序序列膨胀率在膨胀卷积层数较少时能够达到的感受野范围的扩张十分有限。本节中设计采用的斐波那契数序列膨胀率能够通过较少的膨胀卷积层达到较大的感受野范围，适用于模型结构小巧且层数不多的实时轻量网络模型。

3）扩展辅助连接消融实验分析

消融实验结果表明，具有扩展辅助连接分支的 MDF 模块能够获得更高的分割精度，相较于无点卷积插入的纯逐点相加残差连接，具有扩展辅助连接分支的 MDF 模块提升了近 2.5% 的分割精度。逐点卷积的扩展辅助连接分支提供了特征在模块中流动的动态信息，提高了 MDF 模块的特征表达能力。

4）下采样策略消融实验分析

为了验证尺度变化的下采样策略的有效性，本节以不变尺度的下采样卷积核大小 3，3，3 作为对比进行消融实验，结果如表 4.7.8 所示。从实验结果中可以看出，变尺度的下采样策略能够提升近 1.3% 的分割精度。下采样卷积核尺度的变化能够在特征从低维向高维不断抽象的过程中形成更大范围的感受野，进而有效捕获更广范围的上下文信息。

5）编解码策略消融实验分析

为了验证所设计结构的有效性，本节进行了对比实验，将跳跃连接和转置卷积取消，仅通过一次 8 倍上采样的双线性插值来恢复特征图的分辨率。对比实验结果如表 4.7.8 所示，实验结果表明具有跳跃连接和转置卷积的编解码结构能够在参数量少量增加的情况下对分割精度有一定的提升，证明了所设计结构的有效性。

4.7.4　小结

本节设计了一种用于道路场景理解的高效语义分割网络 MDFNet。首先基于对现有语义分割方法的研究设计了 MDF 模块，该模块具有双分支结构，且利用不同大小卷积核实现多尺度范围特征的捕获，分解卷积和深度卷积的联合使用在减少参数量的同时降低了计算复杂度，有利于提高特征提取网络的运行效率。此外，MDF 模块在残差连接中加入了点卷积用以实现对主分支特征流动的动态信息的描述，进一步增强网络结构的特征表达能力。通过将 MDF 模块按照不同数量分块堆叠，并结合深度膨胀卷积层实现感受野的进一步扩张，搭建网络模型的编码器部分。其中膨胀卷积的膨胀率策略经过设计实现了感受野范围的有效扩张。在解码器中，采用转置卷积和双线性插值结合的方式进行上采样，以减少参数量和计算量，编解码器之间通过跳跃连接进行特征传递和恢复，进而构建完整的 MDFNet。最后在 Cityscapes 数据集和 CamViD 数据集上对 MDFNet 的性能进行测试并进行了充分的消融实现。实验结果表明，设计的多尺度深度分解卷积语义分割网络能够在保持一定分割速度的情况下实现分割精度的进一步提升，定性和定量实验结果均说明了所提出方法的可行性。

参 考 文 献

［1］梁少敏. 基于图像的 Snake 模型轮廓提取与跟踪［D］. 北京：北京理工大学，2009.

［2］于任琪，刘瑞祯. 学习 OpenCV［M］. 北京：清华大学出版社，2009.

［3］LOWE D G. Object Recognition from Local Scale-invariant Features［C］. IEEE International Conference on Computer Vision, Corfu, Greece, 1999.

［4］LOWE D G. Distinctive Image Features from Scale-invariant Keypoints［J］. International Journal of Computer Vision, 2004, 60(2): 91–110.

［5］傅卫平，秦川，刘佳，等. 基于 SIFT 算法的图像目标匹配与定位［J］. 仪器仪表学报，2011，32(1): 163–169.

［6］BAY H, TUYTELAARS T, GOOL L. SURF: Speeded up Robust Features［C］. European Conference on Computer Vision, 2006.

［7］RUBLEE E, RABAUD V, KONOLIGE K, BRADSKI G. ORB: an Efficient Alternative to SIFT or SURF［C］. IEEE International Conference on Computer Vision, 2011.

［8］DALAL N, TRIGGS B. Histograms of Oriented Gradients for Human Detection［C］. IEEE Computer Society Conference on Computer Vision & Pattern Recognition, 2005.

［9］CORTES C, VAPNIK V. Support-vector Networks［J］. Machine Learning, 1995, 20(3): 273–297.

［10］周志华. 机器学习［M］. 北京：清华大学出版社，2016.

［11］李航. 统计学习方法［M］. 北京：清华大学出版社，2012.

［12］阿丘科技，刘昌祥，吴雨培，等. 学习 OpenCV 3（中文版）［M］. 北京：清华大学出版社，2018.

［13］ALEX K, ILYA S, GEOFFREY E H. Imagenet Classification with Deep Convolutional Neural Networks［J］. Advances in Neural Information Processing Systems, 2017, 60(6): 84-90.

［14］HEI L, JIA D. CornerNet: Detecting Objects as Paired Keypoints［C］. In Proceedings of the European Conference on Computer Vision (ECCV), 2018.

［15］XAVIER G, ANTOINE B, YOSHUA B. Deep Sparse Rectifier Neural Networks［C］. In

Proceedings of the Fourteenth International Conference on Artificial Intelligence and Statistics, JMLR Workshop and Conference Proceedings, 2011.

［16］ HE K M, ZHANG X Y, REN S Q, SUN J. Delving Deep into Rectifiers: Sur passing Human-level Performance on Imagenet Classification ［C］. In Proceedings of the IEEE Inter national Conference on Computer Vision, 2015.

［17］ HE K M, ZHANG X Y, REN S Q, SUN J. Spatial Pyramid Pooling in Deep Convolutional Networks for Visual Recognition ［C］. IEEE Transactions on Pattern Analysis and Machine Intelligence, 2015.

［18］ JONATHAN L, EVAN S, TREVOR D. Fully Convolutional Networks for Semantic Segmentation ［C］. In Proceedings of the IEEE Conference on Computer Vision and Pattern Recognition, 2015.

［19］ ANDREW G H, ZHU M L, CHEN B, et al. MobileNets: Efficient Convolutional Neural Networks for Mobile Vision Applications ［J］. arXiv preprint arXiv: 1704. 04861, 2017.

［20］ TSUNG Y L, PRIYA G, ROSS G, et al. Focal Loss for Dense Object Detection ［C］. In Proceedings of the IEEE International Conference on Computer Vision, 2017.

［21］ GIRSHICK R, DONAHUE J, DARRELL T, MALIK J. Rich Feature Hierarchies for Accurate Object Detection and Semantic Segmentation ［C］. Computer Vision and Pattern Recognition(CVPR), IEEE, 2014(1): 580－587.

［22］ GIRSHICK R. Fast R-CNN［C］. IEEE International Conference on Computer Vision(ICCV), 2015(1): 1440－1448.

［23］ REN S, HE K, GIRSHICK R, et al. Faster R-CNN: Towards Real-time Object Detection with Region Proposal Networks ［J］. IEEE Transactions on Pattern Analysis & Machine Intelligence, 2015, 39(6): 1137－1149.

［24］ LUO W J, LI Y J, URTASUN R, et al. Understanding the Effective Receptive Field in Deep Convolutional Neural Networks(NIPS) ［C］. Curran Associates, 2016: 4898－4906.

［25］ 杨子木. 基于多传感器的无人平台全天候环境下道路场景理解算法研究 ［D］. 北京：北京理工大学，2020.

［26］ HE K, ZHANG X, REN S, SUN J. Delving Deep into Rectifiers: Surpassing Human-level Performance on ImageNet Classification ［C］. International Conference on Computer Vision(ICCV), IEEE, 2015: 1026－1034.

［27］ MARIUS C, MOHAMED O, SEBASTIAN R, et al. The Cityscapes Dataset for Semantic Urban Scene Understanding［C］. In Proceedings of the IEEE Conference on Computer Vision and Pattern Recognition, 2016.

［28］ GABRIEL J B, JAMIE S, JULIEN F, et al. Segmentation and Recognition Using Structure from Motion Point Clouds ［C］. In Proceedings of the European Conference on Computer Vision, Springer, 2008.

［29］ GABRIEL J B, JULIEN F, ROBERTO C. Semantic Object Classes in Video: A High-definition Ground Truth Database ［J］. Pattern Recognition Letters, 2009, 30(2): 88－97.

［30］ HE K M, ZHANG X Y, REN S Q, SUN J. Deep Residual Learning for Image Recognition

〔C〕. In Proceedings of the IEEE Conference on Computer Vision and Pattern Recognition, 2016.

[31] ZHANG X Y, ZHOU X Y, LIN M X, SUN J. ShuffleNet: an Extremely Efficient Convolutional Neural Network for Mobile Devices〔C〕. In Proceedings of the IEEE Conference on Computer Vision and Pattern Recognition, 2018.

[32] EDUARDO R, JOSÉ M A, LUIS M B, ROBERTO A. ERFNet: Efficient Residual Factorized Convnet for Real-time Semantic Segmentation〔J〕. IEEE Transactions on Intelligent Transportation Systems, 2017, 19(1): 263－272.

[33] SERGEY I, CHRISTIAN S. Batch Normalization: Accelerating Deep Network Training by Reducing Internal Covariate Shift〔C〕. In International Conference on Machine Learning, PMLR, 2015.

[34] FISHER Y, VLADLEN K. Multi-scale Context Aggregation by Dilated Convolutions〔J〕. arXiv preprint arXiv: 1511. 07122, 2015.

[35] WANG P Q, CHEN P F, YUAN Y, et al. Understanding Convolution for Semantic Segmentation〔C〕. In 2018 IEEE Winter Conference on Applications of Computer Vision, 2018.

[36] ADAM P, SAM G, FRANCISCO M, et al. PyTorch: An Imperative Style, High-performance Deep Learning Library〔J〕. arXiv preprint arXiv: 1912. 01703, 2019.

[37] CHEN L C, GEORGE P, IASONAS K, et al. DeepLab: Semantic Image Segmentation with Deep Convolutional Nets, Atrous Convolution, and Fully Connected CRFS〔J〕. IEEE Transactions on Pattern Analysis and Machine Intelligence, 2017, 40(4): 834－848.

[38] ZHAO H S, SHI J P, QI X J, et al. Pyramid Scene Parsing Network〔C〕. In Proceedings of the IEEE Conference on Computer Vision and Pattern Recognition, 2017.

[39] DIEDERIK P K and JIMMY B. Adam: A Method for Stochastic Optimization〔J〕. arXiv preprint arXiv: 1412. 6980, 2014.

[40] VIJAY B, ALEX K, ROBERTO C. SegNet: a Deep Convolutional Encoder-Decoder Architecture for Image Segmentation〔J〕. IEEE Transactions on Pattern Analysis and Machine Intelligence, 2017, 39(12): 2481－2495.

[41] ADAM P, ABHISHEK C, SANGPIL K, et al. ENet: A Deep Neural Network Architecture for Real-time Semantic Segmentation〔J〕. arXiv preprint arXiv: 1606. 02147, 2016.

[42] SACHIN M, MOHAMMAD R, ANAT C, et al. ESPNet: Efficient Spatial Pyramid of Dilated Convolutions for Semantic Segmentation〔C〕. In Proceedings of the European Conference on Computer Vision, 2018.

[43] WU T Y, TANG S, ZHANG R, et al. CGNet: a Light-Weight Context Guided Network for Semantic Segmentation〔J〕. IEEE Transactions on Image Processing, 2020, 30: 1169－1179.

[44] YU C Q, WANG J B, PENG C, et al. BiSeNet: Bilateral Segmentation Network for Real-time Semantic Segmentation〔C〕. In Proceedings of the European Conference on Computer Vision, 2018.

[45] ZHAO H S, QI X J, SHEN X Y, et al. ICNet for Real-time Semantic Segmentation on High-resolution Images〔C〕. In Proceedings of the European Conference on Computer Vision, 2018.

第5章
图像目标跟踪

目标跟踪是计算机视觉领域中的经典问题，广泛应用于视频监控、人机交互、视频会议系统等领域。现有方法往往通过提取目标的不变性特征，如颜色、纹理、轮廓等，与运动预测的方法相结合进行跟踪，在较好的跟踪环境中能够很好地跟踪目标。但是这些特征往往对光照变化以及复杂背景比较敏感，在目标的特征发生剧烈变化或周围环境有较大的变化时，这些算法通常不能较好地观测目标的运动，从而限制了其应用范围。在这种环境中也可以通过较丰富的目标描述、有效的预测等综合方案来改善，如利用形状和颜色相结合的混合模型等；预测方案大都采用粒子滤波、概率数据联合滤波器等，这些算法通常首先需建立或学习目标的模型，然后用来跟踪，如果有较大幅度的姿态变化，或环境发生变化的情况，模型则不会适应目标特征的变化。此外，还有很多算法都假设图像是通过静止的摄像机采集得到的。因此易导致跟踪算法性能不稳定，在建立鲁棒的视觉跟踪器时都需要考虑这些问题。

目标跟踪的主要问题可归结为难于处理目标的外观变化。内在的变化包括姿态和形状变化，而外在的变化则主要有光照变化、摄像机视场变化和遮挡等。由于跟踪问题的特性，有必要研究一种鲁棒的算法来适应这种变化。

5.1 基于 Camshift 的目标跟踪

Camshift 算法是 Meanshift 算法的修改，其基本原理是以跟踪目标的色彩信息为特征，将这些信息计算处理后投影到下一帧图像中，计算出

CAMSHIFT 目标跟踪

该图中的目标，然后用该图作为新的源图，分析下一帧图像，重复这个过程就可实现目标跟踪。在每次搜索前，将搜寻窗口的初始值设为移动目标当前的位置和大小，由于搜寻窗就在移动目标可能出现的区域附近，搜索时可以节省大量时间，所以 Camshift 算法具有良好的实时性。同时 Camshift 算法通过颜色匹配找到运动目标，在运动过程中，颜色信息变化不大，所以 Camshift 算法具有良好的鲁棒性。

5.1.1 Meanshift 算法

1. 颜色直方图

常见的颜色空间有：RGB、CMYK、YCrCb（YUV）、HSV。在 Meanshift 算法中用到了 HSV 空间，下面重点介绍 HSV 空间。

HSV 空间将亮度（V）、色度（H）及饱和度（S）分开。当需要对彩色图像进行分析时，直接利用能够反映颜色本质特征的色度和饱和度比较好。HSV 颜色空间的模型如图 5.1.1 所示。

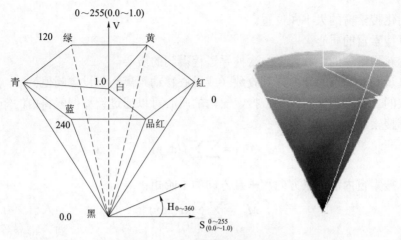

图 5.1.1　HSV 颜色空间示意图

　　Meanshift 算法是一种无参的根据目标颜色进行聚类分析的算法，处理的对象一般是视频图像，受外界光照影响较大，所以在 HSV 空间内计算颜色直方图是一个比较好的选择[2]。

　　2. 直方图的反向投影

　　将原始视频图像通过颜色直方图转换到颜色概率分布图像的过程称为直方图反向投影（Histogram Back Projection）。

　　设 $\{x_i\}_{i=1,2,\cdots,n}$ 为目标所在区域的点集。m 为颜色分辨率，$\hat{q}_u$（$u=1,2,\cdots,m$）表示颜色在目标模式中出现的概率，定义映射 $c:R^2 \rightarrow \{1,2,\cdots,m\}$，它表示的意义是：对于像素点 x_i^*，对应颜色值的索引值为 $c(x_i^*)$，则对于每种颜色值在目标区域出现的概率为：

$$\hat{q}_u = \sum_{i=1}^{n} \delta(c(x_i^*) - u) \tag{5.1.1}$$

式中，δ 是 Kornecker 函数。

　　将 $\hat{q}_u$ 归一化到 0～255，公式表示如下：

$$\left\{ \hat{p}_u = \min\left(\frac{255}{\max(\hat{q})} \hat{q}_u, 255 \right) \right\}_{u=1,2,\cdots,m} \tag{5.1.2}$$

　　这样就将颜色值在目标区域出现的概率值 $\hat{q}_u$ 从 $[0,\max(q)]$ 映射到 $[0,255]$。用 $\hat{p}_u$ 代替对应图像中的像素值，就形成直方图反向投影，即颜色概率分布图像。在颜色概率分布图像中的像素被用来度量某种可能性的值，这种可能性表示的是运动目标出现在此像素所在位置的概率。

　　3. Meanshift 算法的实现

　　在起始帧，Meanshift 算法需要通过鼠标确定一个包含目标特征的区域，称之为被跟踪的目标区域。对初始帧中目标区域内所有的像素点，需要计算特征空间中每个特征值的概率，称之为候选目标模型的描述。以后每帧图像中可能存在目标的候选区域中对每个特征值的计算就是对候选模型的描述。一般选择使用 Bhattacharyya 系数作为相似性函数，利用相似性函数度量目标模型与候选模型的相似性，通过反复迭代最终在当前候选帧中得到目标最优位置。

　　Meanshift 算法的实现过程包括以下几个步骤：

（1）初始化搜索窗的大小和位置。

（2）计算搜索窗的质心。

（3）设置新搜索窗的中心为上一次搜寻过程得到的质心。

（4）重复步骤（2）和（3）直到收敛（或质心移动距离小于设定阈值）。

对于离散的二维概率分布图像，搜索窗内的质心可以通过计算搜索窗内的矩来获得。

（1）计算搜索窗内的 0 阶矩：

$$M_{00} = \sum_x \sum_y I(x, y) \tag{5.1.3}$$

（2）计算搜索窗内沿水平方向和垂直方向的 1 阶矩：

$$\begin{cases} M_{10} = \sum_x \sum_y x I(x, y) & (5.1.4) \\ M_{01} = \sum_x \sum_y y I(x, y) & (5.1.5) \end{cases}$$

（3）搜索窗的质心：

$$\begin{cases} x_c = \dfrac{M_{10}}{M_{00}} \\ y_c = \dfrac{M_{01}}{M_{00}} \end{cases} \tag{5.1.6}$$

式中，$I(x, y)$ 表示色彩概率分布图像中位于 (x, y) 的像素的值。搜寻过程结束时，质心所在的位置就是被跟踪目标这一时刻所在的位置。

5.1.2 基于高斯建模和 Camshift 的目标跟踪

1. Camshift 算法原理

Meanshift 算法作用于静态概率分布，而 Camshift 算法作用于动态概率分布。在连续的视频图像中，运动目标的大小和位置变化导致相应概率分布的动态变化。

（1）计算搜索窗的 2 阶矩：

$$\begin{cases} M_{20} = \sum_x \sum_y x^2 I(x, y) \\ M_{02} = \sum_x \sum_y y^2 I(x, y) \\ M_{11} = \sum_x \sum_y xy I(x, y) \end{cases} \tag{5.1.7}$$

（2）假设：

$$\begin{cases} a = \dfrac{M_{20}}{M_{00}} - x_c^2 \\ b = 2\left(\dfrac{M_{11}}{M_{00}} - x_c y_c \right) \\ c = \dfrac{M_{02}}{M_{00}} - y_c^2 \end{cases} \tag{5.1.8}$$

（3）下一帧搜索窗的宽度 w 和高度 h 分别为：

$$\begin{cases} w = \sqrt{\dfrac{(a+c) - \sqrt{b^2 + (a-c)^2}}{2}} \\ h = \sqrt{\dfrac{(a+c) + \sqrt{b^2 + (a-c)^2}}{2}} \end{cases}$$

（5.1.9）

搜索窗移动的方向 θ 为：

$$\theta = \frac{1}{2}\arctan\left(\frac{b}{a-c}\right)$$

（5.1.10）

2. Camshift 算法实现步骤

Camshift 算法流程如图 5.1.2 所示，步骤如下：

（1）初始化二维搜索窗位置。

（2）使用 Meanshift 算法进行目标检测，保存最后搜索窗的位置和质心。

（3）在下一帧图像中，使用（2）中保存的值重新初始化搜索窗大小和位置。

（4）重复步骤（2）和（3），直到收敛（或质心移动距离小于设定的阈值）。

用 Camshift 算法对特定颜色的目标进行跟踪时，不必计算所有像素点的颜色概率分布，只需计算比搜索窗大一些的区域内像素点的概率分布，因此可以减少计算量，提高了 Camshift 算法处理过程中的运算速度，保证跟踪过程中的实时性。

3. 基于高斯建模和 Camshift 算法的目标跟踪

对于目标跟踪的算法，很多是通过手动选取初始的跟踪目标，这对自动化要求越来越高的今天，采用手工选取跟踪目标的方法在实用性方面受到很大限制，目标跟踪方法应该具有自动选取目标、自动跟踪的能力。

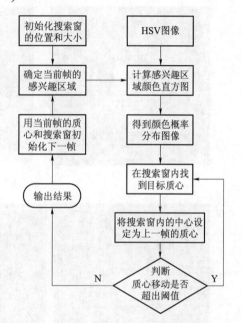

图 5.1.2　Camshift 算法流程图

据此，本节提出了结合高斯建模和 Camshift 算法的复合算法。该算法分为两部分：第一部分是在前两帧图像中利用高斯建模的方法，识别出运动目标，找到轮廓后，用矩形框标识，然后提取出感兴趣区域的颜色直方图，这样就避免了手工选取跟踪目标；第二部分是利用 Camshift 算法对后面连续帧中的目标进行跟踪。

5.1.3　实验结果分析

由于只在第 1 帧和第 2 帧间进行高斯建模，得到的模型还不准确。目标运动变化的区域是两个位置的或区域，对青蛙玩具视频检测得到的结果如图 5.1.3 所示。

对图 5.1.3 中的三个区域跟踪效果进行对比分析，结果如图 5.1.4～图 5.1.7 所示。

（1）区域一的跟踪效果如图 5.1.4 所示。

（2）区域二的跟踪效果如图 5.1.5 所示。

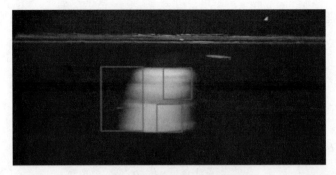

图 5.1.3　建模得到的感兴趣区域图

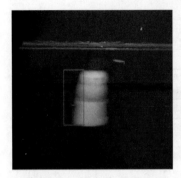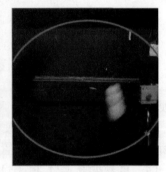

图 5.1.4　区域一的跟踪效果图

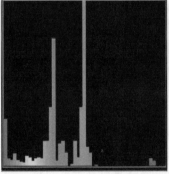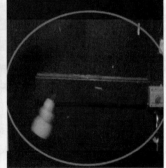

图 5.1.5　区域二的跟踪效果图

（3）区域三的 H 分量直方图如图 5.1.6 所示，跟踪效果如图 5.1.7 所示。

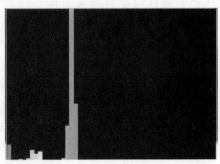

图 5.1.6　区域三的 H 分量直方图

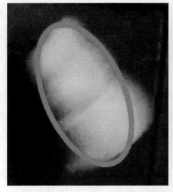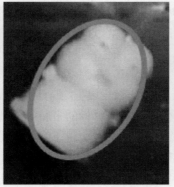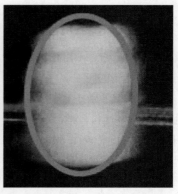

图 5.1.7　区域三的跟踪效果图（附彩插）

从跟踪效果来看，区域一、区域二之所以会跟踪失败，是因为这两个区域的 H 分量中红色分量太多，绿色分量太少，不能代表运动目标的颜色特征。第三个区域绿色分量的比例很大，基本可以代表运动目标的颜色特征。所以为了有效地提取能够代表运动目标的颜色分量，这三个矩形框中选择第三个最小框作为感兴趣区域，用来提取 H 分量，跟踪效果良好。

第 1 帧中感兴趣区域的获取对这个算法的成功与否起到决定性的作用。从效果来看，当目标发生变形或者角度发生改变的时候，Camshift 算法均可以较好地跟踪。

5.2　基于多特征综合与前景概率的目标跟踪

在基于特征搜索的图像跟踪框架中，最核心的问题之一就是目标特征的选择。如何构造一个稳定而有效的特征模板已经成为当前研究的热点问题。尽管在一些跟踪环境中，这些特征都能取得比较好的跟踪效果，但是在实际的复杂跟踪场景中，光照条件、目标尺度和姿态、拍摄角度等因素都在持续变化中，基于单个视觉特征的跟踪算法往往适应能力有限，难以取得良好的跟踪性能。近年来，研究人员提出了利用多种视觉信息融合进行目标跟踪，充分利用不同特征在不同条件下的互补性，更好地适应了场景及光照条件的变化，可实现更为稳定的跟踪结果。

大量的研究成果表明，多种特征相互融合的目标跟踪算法也确实是提高跟踪性能的一种有效途径。Isard 等[3]将肤色特征与人手的局部轮廓相结合，并应用到了 ICONDENSATION 算法中，使得跟踪算法在目标快速运动时更为稳定；Li 等[4]利用目标的颜色、结构和边缘信息构建粒子滤波算法中的似然模型，并实现了跟踪；Xu 等[5]在人的头部跟踪中同时利用了颜色及梯度特征；Leichter 等[6]站在更高的角度，建立了一种概率融合机制，可以用来融合多种独立的跟踪算法，只要这些算法是建立在概率密度估计的前提下，大量的眼、人体、头部跟踪等实验验证了其融合机制的有效性；Spengler 等[7]将一种基于多特征自组织的跟踪算法与粒子滤波相结合，形成了初步的自适应融合策略，实现了多假设跟踪；Shen 等[8]则建立了一种多特征权重自适应调节算法，并将其应用到了粒子滤波算法中。

上述的研究成果中，大多数是将特征融合与概率性定位方法相结合，实现目标跟踪。因为概率跟踪算法可以独立计算每个特征的似然度，并分别为不同的粒子赋予不同的权重，最后估计出目标状态的概率密度估计，所以算法结构简单，易于实现。然而在确定性定位算法中，需要根据目标特征模板构造唯一的消耗函数，因而在确定性跟踪算法中实现特征融合相对而言要复杂一些。Collins 等[9]将一种多特征选择机制嵌入在 Meanshift 跟踪算法中，在 RGB 颜色空间中通过不同的组合构造了 49 种颜色特征，通过在线选择的方式，动态选择对目标及背景区分度高的特征，并应用到 Meanshift 跟踪算法中。虽然本质上只利用了目标的颜色信息，但其思想可用于多特征融合。王永忠等[10]提出了一种基于多特征自适应融合的 Meanshift 跟踪框架，利用目标特征的子模型集合构造目标的多特征描述，并通过线性加权的方法将多个目标的特征集成在 Meanshift 算法中。虽然实现了特征权重的自适应调整，但调整过程中需要参照目标区域周围的颜色分布差异，增加了额外的计算量。Jaideep 等[11]将颜色直方图与边缘直方图进行组合，实现了光强变化条件下目标的稳定跟踪，但还是采用了直接融合的方式，没有考虑各种特征的权重。

本节在已有的研究成果基础上，设计了一种基于 Sigmoid 函数的自适应特征融合的目标跟踪算法。将目标特征向量统一代入目标消耗函数中，并进行泰勒展开，将与目标坐标有关的项提取出来，利用 Meanshift 算法进行优化计算，最终迭代收敛至消耗函数最大处，即认为是目标所在位置。利用收敛位置对应不同特征的相关系数，引入 Sigmoid 函数，动态调整不同特征的权重，实现目标的自适应融合。另外，为了解决不规则目标跟踪时目标特征模板中背景像素的干扰，提出了前景概率函数，并将其应用于 Meanshift 跟踪框架中，分析前景概率函数对跟踪收敛性的影响，实现了基于前景概率函数的目标尺度调整及特征更新。

5.2.1　特征选择

颜色特征作为使用最多的一种特征，在描述形变目标时非常适合，更重要的是它对于平面旋转、非刚体和部分遮挡很稳定，但是颜色特征不包含目标像素的任何空间信息。为了弥补颜色特征的不足，本节采用了纹理特征来补充描述目标的形状信息。在图像处理和计算机视觉领域，纹理已被普遍认为是一种重要的视觉特征，它描述了图像具有的局部不规则而全局又呈现某种规律的物理现象。纹理特征相对于边缘特征，其抗干扰能力更强，同样不受全局灰度变化影响。因此本节选择颜色特征与纹理特征来共同描述目标。

1. 颜色特征

为了选择最理想的颜色特征，Maggio 等[12]对 8 个常用的颜色空间进行了评估，分别包括 RGB、rgb、rg、CIELab、XYZ、YCbCr、HSV−D、HSV−UC。将每个维度分为 10 柱，总柱数为 1 000 的特征模型包括 RGB、rgb、CIELab、XYZ、YCbCr、HSV−D；110 柱的特征模型为 HSV−UC；100 柱的特征模型为 rg。因为 Meanshift 算法的参数不相关性，被选作收敛工具。被用作测试的数据样本包括人脸、机车、监控视频等。为了量化各种特征跟踪结果差异，定义：

$$OD(i) = 1 - \frac{2TP(i)}{Card(A_c(i)) + Card(A_{gt}(i))} \qquad (5.2.1)$$

式中，TP(i) 为每一帧中真实目标像素个数；$A_{gt}(i)$ 和 $A_c(i)$ 分别为背景区域与备选区域；OD(i) 越高则表示跟踪准确性越低，反之则表示跟踪性能越好。针对同一目标跟踪实验，各种颜色特征跟踪精度比较结果如图 5.2.1 所示。

虽然在部分实验中，HSV−D 及 HSV−UC 接近甚至好于 RGB 模型，但是考虑到颜色空

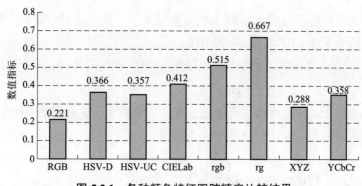

图 5.2.1　各种颜色特征跟踪精度比较结果

间转换的计算量，以及总的跟踪效果，RGB 仍然是最优的选择。特别要指出的是，RGB 跟踪器在所有实验中没有出现丢失目标的现象。因而，本节选择 RGB 空间中的颜色直方图来描述目标颜色特征。

2. 纹理特征

在纹理特征上，本节选择了 Ojala 等[13]提出的 LBP 纹理。LBP 纹理是一种简单的灰度纹理统计特征，通过比较中心像素与其相邻像素灰度值的大小来描述目标纹理。LBP 的基本模式是对像素点与四邻域点的灰度值进行比较，获取四位二进制码来表示其纹理特征。LBP 的定义也易扩展[14]，常用的是八位 LBP 纹理特征，也就是将中心像素与八邻域的点进行比较，生成八位二进制码，如图 5.2.2 所示。

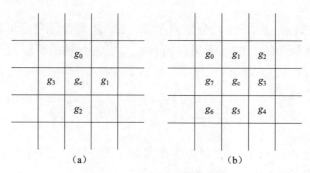

图 5.2.2　两种常用 LBP 模式

（a）四位 LBP；（b）八位 LBP

图像的 LBP 纹理特征计算公式如下：

$$\text{LBP}_{P,R}(y_{\text{c}}) = \sum_{p=1}^{P-1} s(g_p - g_{\text{c}}) 2^p \tag{5.2.2}$$

$$s(g_p - g_{\text{c}}) = \begin{cases} 1, |(g_p - g_{\text{c}})| \geqslant \text{th} \\ 0, |(g_p - g_{\text{c}})| < \text{th} \end{cases} \tag{5.2.3}$$

式中，R 为中心像素与其相邻像素的距离；P 为邻域像素的数目；g_{c} 为中心点 y_{c} 的灰度值；g_p 表示以 y_{c} 为中心点、半径为 R 的领域内第 p 个相邻点的灰度值；th 为阈值，用来控制噪声。

为了获得更高的分辨率，本节选择了八位 LBP 纹理。但是式（5.2.2）只具有尺度不变性，为了使纹理同时具有旋转不变性，可对上述二值模式按一定规律进行旋转，即将其二进制串码按位右移。旋转不变性 LBP 可表示为 $\mathrm{LBP}_{P,R}^{ri}$：

$$\mathrm{LBP}_{P,R}^{ri} = \min\{\mathrm{ROR}(\mathrm{LBP}_{P,R},i)\,|\,i=0,1,\cdots,P-1\} \qquad (5.2.4)$$

式中，$\mathrm{ROR}(\mathrm{LBP}_{P,R},i)$ 表示对 $\mathrm{LBP}_{P,R}$ 右移 i 位。

$\mathrm{LBP}_{P,R}^{ri}$ 将原来的 256 种纹理模式合并成 36 种，其中频率出现最高的 9 种模式称为 Uniform 模式，对应的模式值为 $0\sim 8$，记为 $\mathrm{LBP}_{s,1}^{uni}$，定位为：

$$\mathrm{LBP}_{s,1}^{uni}(x_c,y_c) = \begin{cases} \displaystyle\sum_{p=0}^{7} s(g_p-g_c), & U(\mathrm{LBP}_{s,1}) \leqslant 2 \\ 9, & \text{其他} \end{cases} \qquad （5.2.5）$$

式中，$U(\mathrm{LBP}_{s,1}) = |s(g_7-g_c)-s(g_0-g_c)| + \displaystyle\sum_{p=1}^{7}|s(g_p-g_c)-s(g_{p-1}-g_c)|$，表示跳变次数。本节选择柱数为 9 的 $\mathrm{LBP}_{P,R}^{ri}$ 直方图来描述目标局部空间特征。

5.2.2　基于 Sigmoid 函数的特征融合跟踪算法

1. 目标特征建模

本节选择了 RGB 空间中的颜色直方图来描述目标的颜色特征，$\mathrm{LBP}_{P,R}^{ri}$ 用来描述目标的局部特征。

1）RGB 特征模型

颜色直方图的柱数 $m = 8\times 8\times 8$，分别表示 R、G、B 每个颜色通道的等级。设目标中心为 $x_0 = (x,y)$，目标区域中所有的像素集合为 $\{x_i\}_{i=1,2,\cdots,n}$，目标的特征值为直方图中每一柱的值，记为：

$$q_{c,u} = C_{c,h}\sum_{i=1}^{n} k\left(\left\|\frac{x_i-x_0}{h}\right\|^2\right)\delta(b(x_i)-u_c) \qquad （5.2.6）$$

式中，函数 $b(x):\mathbf{R}^2 \to \{1,2,\cdots,m\}$ 用于将每个像素划分到不同的柱中；$C_{c,h}$ 为归一化常数；δ 为 Delta 函数；$k(x)$ 为高斯核函数，定义为：

$$k(x) = \begin{cases} \mathrm{e}^{-\beta\left\|\frac{x}{h}\right\|^2}, & \|x\| < h \\ 0, & \|x\| \geqslant h \end{cases} \qquad （5.2.7）$$

2）$\mathrm{LBP}_{s,1}^{uni}$ 特征模型

正如前文所述，采用柱数为 9 的 $\mathrm{LBP}_{s,1}^{uni}$ 直方图来描述目标局部结构信息。计算纹理特征之前将彩色图像转换为灰度图像，计算方法如式（5.2.5）所示。与 RGB 特征相同，为了削弱边界中背景像素的干扰，同样采用高斯核函数对直方图进行加权，加权后 $\mathrm{LBP}_{s,1}^{uni}$ 特征模型为：

$$q_{l,u} = C_{l,h}\sum_{i=1}^{n} k\left(\left\|\frac{x_i-x_0}{h}\right\|^2\right)\delta(b(x_i)-u_l) \qquad （5.2.8）$$

2. 松耦合特征融合

设 $p_{c,u}(y)$、$p_{l,u}(y)$ 为目标备选区域的颜色特征向量与纹理特征向量，其计算方法与特征模板相同，即

$$p_{c,u}(y) = C_{c,h} \sum_{i=1}^{n_h} k\left(\left\|\frac{x_i^s - y}{h}\right\|^2\right) \delta(b(x_i^s) - u_c) \tag{5.2.9}$$

$$p_{l,u}(y) = C_{l,h} \sum_{i=1}^{n_h} k\left(\left\|\frac{x_i^s - y}{h}\right\|^2\right) \delta(b(x_i^s) - u_l) \tag{5.2.10}$$

式中，x_i^s 为候选区域中的像素集合。

定义：

$$\rho(y) = \rho(p(y), q) = \sum_{u=1}^{m} \sqrt{p_u(y) q_u} \tag{5.2.11}$$

设 ρ_c、ρ_l 分别为颜色特征与纹理特征模板与备选区域的 Bhattacharyya 相关系数，令 $\rho(y)$ 为组合特征的 Bhattacharyya 相关系数，则：

$$\rho(y) = \frac{1}{2}\rho_c(y) + \frac{1}{2}\rho_l(y) \tag{5.2.12}$$

即

$$\rho(y_0) = \frac{1}{2}\left(\sum_{u_c} \sqrt{p_{c,u}(y_0) q_{c,u}} + \sum_{u_l} \sqrt{p_{l,u}(y_0) q_{l,u}}\right) \tag{5.2.13}$$

将式（5.2.13）在 y_0 处进行泰勒展开，并忽略 3 阶以上项，得：

$$\rho(y) \approx \frac{1}{2}\left(\frac{1}{2}\sum_{u=1}^{u_c} \sqrt{p_{c,u}(y_0) q_c} + \frac{1}{2}\sum_{u=1}^{u_c} p_{c,u}(y)\sqrt{\frac{q_c}{p_{c,u}(y_0)}}\right) + \\ \frac{1}{2}\left(\frac{1}{2}\sum_{u=1}^{u_l} \sqrt{p_{l,u}(y_0) q_l} + \frac{1}{2}\sum_{u=1}^{u_l} p_{l,u}(y)\sqrt{\frac{q_l}{p_{l,u}(y_0)}}\right) \tag{5.2.14}$$

将式（5.2.14）中与 y 无关的项提取出来，令 $\rho'(y)$ 表示剩余的与 y 相关的各项之和，得：

$$\rho'(y) = \frac{1}{4}\sum_{u=1}^{u_c} p_{c,u}(y)\sqrt{\frac{q_c}{p_{c,u}(y_0)}} + \frac{1}{4}\sum_{u=1}^{u_l} p_{l,u}(y)\sqrt{\frac{q_l}{p_{l,u}(y_0)}} \tag{5.2.15}$$

令 $K(\cdot) = k\left(\left\|\frac{x_i^s - y}{h}\right\|^2\right)$，式（5.2.9）和式（5.2.10）可表示为：

$$p_{c,u}(y) = C_{c,h} \sum_{i=1}^{n_h} K(\cdot) \delta(b(x_i^s) - u_c) \tag{5.2.16}$$

$$p_{l,u}(y) = C_{l,h} \sum_{i=1}^{n_h} K(\cdot) \delta(b(x_i^s) - u_l) \tag{5.2.17}$$

将 $p_{c,u}(y)$、$p_{l,u}(y)$ 代入式（5.2.15）得：

$$\rho'(y) = \frac{1}{4}\sum_{u=1}^{u_c} p_{c,u}\sum_{i=1}^{n_h} K(\cdot)\,\delta(b(x_i^s) - u_c)\sqrt{\frac{q_c}{p_{c,u}(y_0)}} +$$

$$\frac{1}{4}\sum_{u=1}^{u_1} p_{l,u}\sum_{i=1}^{n_h} K(\cdot)\,\delta(b(x_i^s) - u_c)\sqrt{\frac{q_1}{p_{l,u}(y_0)}} \qquad (5.2.18)$$

令 $w_i^c = \sum_{u_c}\delta(b(x_i^s) - u_c)\sqrt{\dfrac{q_{c,u}}{p_{c,u}(y_0)}}$ ， $w_i^1 = \sum_{u_1}\delta(b(x_i^s) - u_1)\sqrt{\dfrac{q_{l,u}}{p_{l,u}(y_0)}}$ ，式（5.2.18）可写为：

$$\rho'(y) = \frac{C_{c,h}}{4}\sum_i w_i^c K(\cdot) + \frac{C_{l,h}}{4}\sum_i w_i^1 K(\cdot) \qquad (5.2.19)$$

或

$$\rho'(y) = \sum_i w_i K(\cdot) \qquad (5.2.20)$$

其中

$$w_i = \frac{w_i^c C_{c,h}}{4} + \frac{w_i^1 C_{l,h}}{4} \qquad (5.2.21)$$

求取目标区域的问题转换为求取最大化公式（5.2.14）中的 $\rho(y)$ 的问题，即最大化 $\rho'(y)$ 。通过求取 $\rho'(y)$ 的 Meanshift 向量，逐步将 y 迁移到 $\rho(y)$ 最大化区域。 $\rho'(y)$ 的均值迁移向量为：

$$m_{h,G}(y) = y_1 - y_0 = \frac{\sum_{i=1}^{n_h} x_i w_i g\left(\left\|\dfrac{y_0 - x_i}{h}\right\|^2\right)}{\sum_{i=1}^{n_h} w_i g\left(\left\|\dfrac{y_0 - x_i}{h}\right\|^2\right)} - y_0 \qquad (5.2.22)$$

即

$$y_1 = \frac{\sum_{i=1}^{n_h} x_i w_i g\left(\left\|\dfrac{y_0 - x_i}{h}\right\|^2\right)}{\sum_{i=1}^{n_h} w_i g\left(\left\|\dfrac{y_0 - x_i}{h}\right\|^2\right)} \qquad (5.2.23)$$

式中， $g(x) = -k'(x)$ 。

3. 基于 Sigmoid 函数的特征权重自适应

上面提出的直接特征融合策略中颜色特征与纹理特征的权重输出相互独立，相互之间没有影响。虽然这种融合策略充分考虑到目标的表观特征与内部结构特征对目标的描述更为准确，但是当一种特征失效时，其所占权重并未受到影响，也就是说一种特征失效对目标定位精度的影响没有得到抑制。为了提高融合算法的稳定性，本节提出一种基于 Sigmoid 函数与 Bhattacharyya 系数的自适应融合策略，根据两类特征在当前帧中的可靠性动态调整对应特征的权重，可靠性高的特征获得更大的权重，反之亦然。

如式（5.2.21）所示，每个像素的权重 w_i 为两类特征权重之和，这里为两种特征分别引入可靠性指数 λ_c 和 λ_1 ，且满足：

$$\lambda_c + \lambda_1 = 1 \tag{5.2.24}$$

组合特征的 Bhattacharyya 相关系数重新定义为：

$$\rho(y) = \lambda_c \rho_c(y) + \lambda_1 \rho_1(y) \tag{5.2.25}$$

式（5.2.21）可写为：

$$w_i = \lambda_1 \frac{w_i^1 C_{1,h} \rho_1(y_0)}{2} + \lambda_c \frac{w_i^c C_{c,h} \rho_c(y_0)}{2} \tag{5.2.26}$$

显然，通过调整特征可靠性指数 λ_c 和 λ_1 可改变颜色特征与纹理特征的影响力。

在目标跟踪过程中，通常满足一个假设，目标状态的变化在短时间内是缓慢的，在此基础之上，本节通过比较在上一帧中收敛处两类特征的 Bhattacharyya 系数来调整其各自的可靠性指数：在前一时刻相关系数高的特征在当前帧进行定位时获得更大的权重，反之亦然。

设 rh_{k-1}^c、rh_{k-1}^1 分别为 $k-1$ 时刻颜色特征与纹理特征的 Bhattacharyya 系数，令

$$\gamma_k = \lg \frac{\mathrm{rh}_{k-1}^c}{\mathrm{rh}_{k-1}^1} \tag{5.2.27}$$

γ_k 的取值反映了两种特征可靠性大小的比值：当颜色特征可靠性与纹理特征相同时，$\gamma_k = 0$；若前者可靠性高于后者，$\gamma_k > 0$；若前者可靠性低于后者，$\gamma_k < 0$。但很显然 γ_k 的取值是无界的，而可靠性指数 λ_c、λ_1 的取值范围为 $[0,1]$，为此本节引入 Sigmoid 函数来对 γ_k 进行加权，其取值即为颜色特征的可靠性指数：

$$\lambda_{c,k} = 1 - \frac{1}{1 + e^{\frac{\lambda k}{b}}} \tag{5.2.28}$$

式中，b 用来控制斜率，其影响如图 5.2.3 所示。

在得到 $\lambda_{c,k}$ 与 $\lambda_{1,k}$ 后，将其代入式（5.2.18）得：

$$\rho'(y) = \frac{1}{2} \lambda_c \sum_{u=1}^{u_c} C_{c,h} \sum_{i=1}^{n_h} K(\cdot) \delta(b(x_i^s) - u_c) \sqrt{\frac{q_c}{p_{c,u}(y_0)}} +$$
$$\frac{1}{2} \lambda_1 \sum_{u=1}^{u_1} C_{1,h} \sum_{i=1}^{n_h} K(\cdot) \delta(b(x_i^s) - u_c) \sqrt{\frac{q_1}{p_{1,u}(y_0)}} \tag{5.2.29}$$

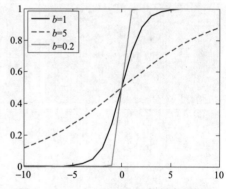

图 5.2.3　b 对 Sigmoid 函数斜率的影响

可得出式（5.2.19）的扩展形式为：

$$\rho'(y) = \lambda_1 \frac{C_{1,h}}{2} \sum_i w_i^1 K(\cdot) + \lambda_c \frac{C_{c,h}}{2} \sum_i w_i^c K(\cdot) \tag{5.2.30}$$

以式（5.2.29）为目标函数进行 Meanshift 迭代，最终可得到位移序列 y 的收敛位置，在 k 时刻跟踪结束。在跟踪收敛后，重新计算 k 两种特征的相关系数 rh_k^c、rh_k^1 以及可靠性指数 $\lambda_{c,k+1}$、$\lambda_{1,k+1}$，作为下一时刻两种特征的权重代入 Meanshift 迭代。

4. 算法流程

在上述内容的基础上得出完整的跟踪算法流程：

（1）在第 1 帧中初始化选择目标位置 y_0，并根据式（5.2.6）和式（5.2.8）目标区域计算

其 RGB 特征模板 $q_{c,u}$ 和 $\text{LBP}_{s,1}^{uni}$ 特征模板 $q_{l,u}$。

（2）令 $\lambda_c = \lambda_1 = 0.5$。

（3）迭代过程：

① 获取新的一帧图像，并在上一时刻收敛点 y_k 处利用式（5.2.9）和式（5.2.10）计算目标备选特征向量 $p_{c,u}(y_0)$、$p_{l,u}(y_0)$；② 按照样本权重定义计算目标备选区域像素权重 w_i^c、w_i^l；③ 通过式（5.2.26）对两种权重进行自适应融合，得到 w_i；④ 通过式（5.2.22）和式（5.2.23）计算出下一备选区域，中心为 y_1；⑤ 利用式（5.2.25）计算 y_1 处相关系数 $\rho(y_1)$；⑥ 若 $\rho(y_1) < \rho(y_0)$，则令 $y_1 = \dfrac{1}{2}(y_0 + y_1)$，并再次计算 $\rho(y_1)$；⑦ 若满足收敛条件，则结束当前帧中的跟踪，并且计算 λ_c、λ_1；否则令 $y_0 = y_1$，返回步骤②。

5.2.3　前景概率函数

在跟踪过程中，通常使用矩形或椭圆搜索窗来覆盖目标。当目标外观对称时，能够较好地覆盖目标；但当目标外形不规则时，由于跟踪窗口内包含部分背景像素导致特征模型不准确，匹配过程中跟踪窗内也会包含大量非目标的像素点。空中目标种类繁多，其外观难以用常规的核窗口覆盖，如图 5.2.4 所示。目前，几乎所有跟踪器的设计都只关注了前景区域的像素特征，而没有利用背景信息[15–17]。

图 5.2.4　空中目标

针对这类问题，本节提出一种基于前景概率函数的目标跟踪算法。利用图像中的前景区域及附近背景的颜色概率分布建立前景概率函数，对目标区域中所有的像素点反向投影加权，削弱跟踪窗口中背景像素的作用。在均值迁移算法的框架上引入前景概率权重，目标特征模板更准确，在迭代过程中收敛速度更快，提高了跟踪器的性能。并且，可以根据前景窗口中像素的权重分布，在一个跟踪单元结束之后，通过直接计算对跟踪窗口的尺度进行调整，并同时修正目标特征模板。

1. 前景概率函数定义

视觉跟踪中，所跟踪的目标必须在视觉上能够与背景区分开。在所选择的两种特征中，$\text{LBP}_{s,1}^{uni}$ 特征模板主要用来描述目标的结构特征，而且其特征值只有 9 个，因而本节选择在 RGB 颜色空间下利用目标前景与背景区域的差异构造前景概率函数。

首先计算出目标区域与其邻域背景区域的颜色直方图，分别为 H_o 和 H_b，目标区域中每个像素颜色在 H_o 和 H_b 中所占比重为：

$$p_o(x_i) = \frac{h_o(u\delta(b(x_i - u)))}{\sum_{i=0}^{\text{Bins}} h_o(i)}$$

$$p_b(x_i) = \frac{h_b(m\delta(b(x_i - m)))}{\sum_{i=0}^{\text{Bins}} h_b(i)} \tag{5.2.31}$$

式中，h_o、h_b 分别为两个直方图中的柱；Bins 为直方图柱数；$\delta(x)$ 用来判断像素属于直方图中的哪一柱；$p_o(x_i)$ 和 $p_b(x_i)$ 分别为像素 x_i 的颜色在前景背景直方图中所占的比重。目标区域中的像素属于目标的概率，即前景概率函数定义为：

$$L(x_i) = \lg \frac{p_o(x_i)}{p_b(x_i)} \tag{5.2.32}$$

前景概率函数 $L(x_i)$ 能够客观地反映一个像素点属于前景的概率，若数值越大则表明该像素属于目标的可能性越高。但很明显，计算出的概率系数有可能出现负数，并且是无界的，若直接用其对前景区域进行加权会对计算带来诸多不便。为此，同样引入了 Sigmoid 函数对前景像素进行加权，假设 $L(x_i)$ 为某一个像素点的前景概率，则该像素权重为：

$$\lambda(x_i) = 1 - \frac{1}{1 + \exp\frac{-[L(x_i) - a]}{b}} \tag{5.2.33}$$

$\lambda(x_i)$ 是一个连续的单调增函数，式（5.2.33）中 a 用来控制前景像素概率的置信区间，b 用来控制加权函数的斜率。

图 5.2.5 中被跟踪的目标为直升机，实线矩形为目标跟踪窗口，虚线矩形与目标窗口之间的区域为背景区域，图 5.2.5（b）中白色表示前景概率高的像素，该实验中，$a = 0$，$b = 1$。

当目标与背景差别较大时，前景概率函数能够有效地剔除前景区域中的背景点，而实际跟踪环境中很有可能出现干扰目标，甚至与背景接近的情况，导致的结果就是前景颜色概率分布与背景区别不大，即 $p_o(x_i) \approx p_b(x_i)$。此时前景概率 $L(x_i) \to 0$，前景区域中像素的权重 $\lambda(x_i)$ 也都趋向于同一个值，基于前景概率函数的目标特征模板则退化为普通的基于核函数的

（a） （b）

图 5.2.5　前景概率分布图

（a）跟踪目标图；（b）跟踪目标前景概率分布图

颜色概率分布，跟踪器的性能趋近于传统的目标跟踪算法。在跟踪过程中，权重参数 a、b 确定之后，样本加权的准则始终保持一致，不会影响跟踪算法的收敛性。

在得到了跟踪窗口内像素的前景概率权重 $\lambda(x_i)$ 后，将其代入目标颜色特征模板，得：

$$q_{c,u} = C_{c,h} \sum_{i=1}^{n} \lambda(x_i) k\left(\left\|\frac{x_i - x_0}{h}\right\|^2\right) \delta(b(x_i) - u_c)\qquad(5.2.34)$$

假设目标候选位置的中心为 y，则候选区域特征向量为：

$$p_{c,u}(y) = C_{c,h} \sum_{i=1}^{n_h} \tilde{\lambda}(x_i) k\left(\left\|\frac{y - y_i}{h}\right\|^2\right) \delta(b(y_i) - u_c)\qquad(5.2.35)$$

式中，参数 $C_{c,h}$、h 等定义与式（5.2.6）中相同；$\tilde{\lambda}(x_i)$ 为候选区域像素的前景概率权重。

在得到了目标特征模板向量与候选目标特征向量后，可直接将式（5.2.34）与式（5.2.35）代入式（5.2.29）中，得：

$$\begin{aligned}\rho'(y) = &\frac{1}{2}\lambda_c \sum_{u=1}^{u_c} C_{c,h} \sum_{i=1}^{n_h} \tilde{\lambda}(x_i) K(\cdot) \delta(b(x_i^s) - u_c) \sqrt{\frac{q_c}{p_{c,u}(y_0)}} + \\ &\frac{1}{2}\lambda_l \sum_{u=1}^{u_l} C_{l,h} \sum_{i=1}^{n_h} K(\cdot) \delta(b(x_i^s) - u_c) \sqrt{\frac{q_l}{p_{l,u}(y_0)}}\end{aligned}\qquad(5.2.36)$$

利用 Meanshift 迭代流程，求取最大化 Bhattacharyya 区域，即目标区域。

2. 跟踪窗口的尺度调整与特征更新

在跟踪过程中，目标的尺度、姿态都会发生变化，目标特征也会发生相应的变化，因此需要同步地对跟踪窗口的尺寸以及目标的特征模型进行调整。为了调整跟踪窗口大小，通常采用三次迭代，比较相关系数大小，选出最佳的尺度，三次迭代中跟踪窗口的尺度分别为 $0.9h$、h、$1.1h$，这样做缺点很明显，计算量增加了两倍左右。在特征更新算法中，几乎所有更新算法都难以避免背景像素的干扰。

1）跟踪窗口尺度调整

在进行尺度调整时，通常认为目标在短时间内尺度、形态、光照条件是有限的。在这样的前提下，一个跟踪单元结束后，跟踪窗口完全覆盖或大部分覆盖了所跟踪的目标。按照前文所述，重新计算跟踪窗口周围的背景颜色分布以及前景概率函数 $L'(x_i)$，并按式（5.2.33）

计算前景区域中像素的前景概率权重 $\lambda'(x_i)$。设 c 为目标的概率质心，s 为概率分布图的尺度，则有：

$$c = \frac{1}{\sum_{i=1}^{n}\lambda'_i}\sum_{i=1}^{n}x_i\lambda'_i \qquad (5.2.37)$$

$$s = \sqrt{\frac{1}{\sum_{i=1}^{n}\lambda'_i}\sum_{i=1}^{n}(x_i-c)^2} \qquad (5.2.38)$$

新的窗口尺度可以调整为：

$$h' = h \times \frac{s_{\mathrm{n}}}{s_{\mathrm{o}}} \qquad (5.2.39)$$

式中，h' 为新的窗宽；s_{n} 和 s_{o} 分别为相邻两个时刻的尺度。

通过窗口内加权像素坐标的均值还能得到更精确的目标位置。

2）模板更新策略

大多数目标跟踪任务中，由于尺度、姿态、光照等变化的影响，无法保证目标的初始特征模板在一段时间之后依然准确。因此，必须对目标的特征模型进行调整。在得到了新的目标尺寸后，利用本节定义的前景概率函数对新的窗口内所有像素加权，并且计算目标的加权直方图，如式（5.2.34），假设 p_t 为 t 时刻目标特征向量，q_t 为 t 时刻目标特征模板，则新的模板定义为：

$$q_{t+1} = \begin{cases} \beta q_t + \mathrm{e}^{-\alpha[1-\rho(q_t,p_t)]}p_t, & \rho(q_t,p_t) > \mathrm{th}_0 \\ q_t, & \text{其他} \end{cases} \qquad (5.2.40)$$

式中，q_{t+1} 为新的特征模板；$\beta = 1 - \mathrm{e}^{-\alpha[1-\rho(q_t,p_t)]}$；$\alpha$ 为正实数，决定了特征模板的更新率，实验中取 10；th_0 为更新阈值，即当 q_t 与 p_t 之间的相关系数小于某个值时则不更新模板，实验中取 0.6。

通过式（5.2.15）可知，若两个特征向量相关性越高，则更新越快，反之亦然。这在一定程度上实现了自适应的调整特征模板，避免了固定阈值造成的问题[18]。

5.2.4　实验结果分析

本节主要涉及两方面的工作：颜色与纹理的自适应融合以及基于前景概率函数的目标跟踪。为了验证本节算法的有效性，设计的实验主要包括光照条件变化、目标尺度变化、混杂背景下目标跟踪。选择的测试视频主要来源于 SPEI 数据库（Surveillance Performance Evaluation Initiative Datasets）、欧洲 CANTATA 项目数据库（Content Aware Networked systems Towards Advanced and Tailored Assistance Datasets）、PETS 数据库（Performance Evaluation of Tracking and Surveillance），以及一些高校的测试视频库。另外，为了验证对空中目标跟踪的有效性，选用的测试视频为历届亚洲航展及欧洲范保罗航展的视频。

1. 光照变化下的目标跟踪实验

在进行光照变化下目标跟踪实验之前，对 RGB 特征与 $\mathrm{LBP}_{s,1}^{\mathrm{uni}}$ 对光照的影响进行了定量分析，实验中以阿帕奇视频中一帧图像为例，实验结果如图 5.2.6 所示，图 5.2.6（a）中矩形内为所跟踪目标。光照的变化在图像上的反应可以用所有像素值乘以一个系数来模拟，图 5.2.6（b）为收敛区域 Bhattacharyya 相关系数与光亮系数之间的关系。$LBP_{s,1}^{uni}$ 特征的最小值为 0.92，而 RGB 模型的匹配程度随着光照变化衰减较严重。

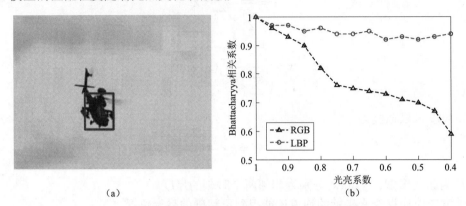

（a）　　　　　　　　　　　　　（b）

图 5.2.6　光照变化对 Bhattacharyya 相关系数的影响

（a）被测图片；（b）实验曲线

1）女主持眼睛跟踪

视频共 300 帧，分辨率为 352×288。在视频的第 100～210 帧加入随机亮度干扰，所跟踪目标为女主持的左眼，实验选取了视频中第 79、103、121、145、163、187、205、247 帧，分别采用基于颜色、纹理以及两种特征自适应融合的方法对目标进行跟踪。实验中核函数选择了高斯核。

单独采用颜色特征与纹理特征的跟踪结果如图 5.2.7 所示，其中白色矩形为颜色特征跟踪结果，黑色矩形为纹理特征跟踪结果。在前 100 帧中，目标的运动范围比较小，室内的光照也没发生变化，颜色特征与纹理特征都能较好地跟踪目标；而在第 100～210 帧加入随机亮度干扰后，颜色特征的稳定性受到影响，基于颜色的跟踪算法丢失了目标，而基于纹理的跟踪算法工作更为稳定。本节提出的基于两类特征自适应融合的跟踪算法实验结果如图 5.2.8

（a）　　　　　　　　　（b）　　　　　　　　　（c）　　　　　　　　　（d）

（e）　　　　　　　　　（f）　　　　　　　　　（g）　　　　　　　　　（h）

图 5.2.7　基于颜色特征与纹理特征的目标跟踪结果

（a）第 79 帧；（b）第 103 帧；（c）第 121 帧；（d）第 145 帧；（e）第 163 帧；（f）第 187 帧；（g）第 205 帧；（h）第 247 帧

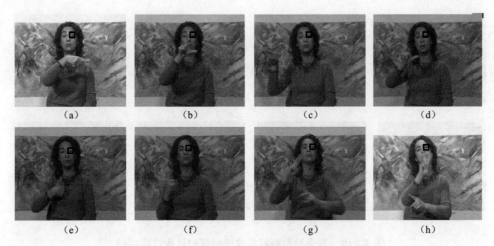

图 5.2.8 基于两类特征自适应融合的目标跟踪结果

（a）第 79 帧；（b）第 103 帧；（c）第 121 帧；（d）第 145 帧；（e）第 163 帧；（f）第 187 帧；（g）第 205 帧；（h）第 247 帧

所示，图中黑色矩形为跟踪窗口。可以看出，两类特征自适应融合后，跟踪更为稳定，跟踪器始终能够锁定目标。

　　为了表明融合算法自适应调节特征权重的特性，图 5.2.9 描绘了跟踪过程中两类特征的 Bhattacharyya 相关系数及权重变化。显然当光照条件发生变化时，颜色特征的匹配程度急剧降低，而纹理特征依然稳定，在自适应权重调节的作用下，纹理特征获得更高的权重，跟踪也没有丢失；当光照条件复原后，颜色特征的权重也恢复到初始水平。

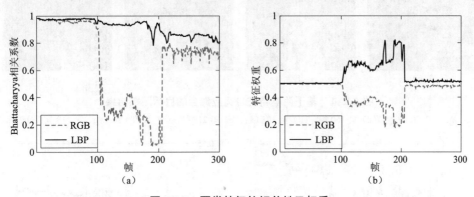

图 5.2.9 两类特征的相关性及权重

（a）Bhattacharyya 相关系数曲线；（b）特征权重曲线

　　2）室内男子脸部跟踪

　　视频序列共 909 帧，分辨率为 720×576，所跟踪目标为男子的脸部。实验选取了视频中第 60、90、160、198、213、288、318、379 帧，分别采用颜色、纹理及本节提出的融合方法对目标进行跟踪实验。视频中目标光照条件始终处于变化中，并且伴随着非平面转动。

　　单独采用颜色特征与纹理特征的跟踪结果如图 5.2.10 所示，白色矩形为颜色特征跟踪结果，黑色矩形为纹理特征跟踪结果。采用基于两类特征自适应融合的跟踪算法实验结果如图 5.2.11 所示，显然该算法的跟踪效果更理想。跟踪过程中 Bhattacharyya 相关系数曲线与特征权重分配如图 5.2.12 所示。

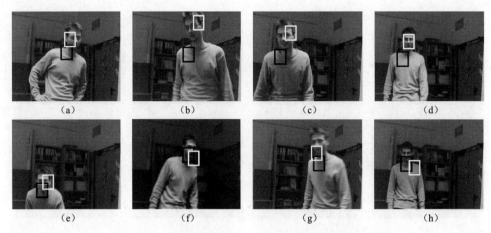

图 5.2.10　基于颜色特征与纹理特征的目标跟踪结果

（a）第 60 帧；（b）第 90 帧；（c）第 160 帧；（d）第 198 帧；（e）第 213 帧；（f）第 288 帧；（g）第 318 帧；（h）第 379 帧

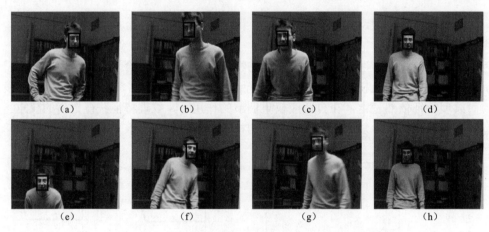

图 5.2.11　基于两类特征自适应融合的目标跟踪结果

（a）第 60 帧；（b）第 90 帧；（c）第 160 帧；（d）第 198 帧；（e）第 213 帧；（f）第 288 帧；（g）第 318 帧；（h）第 379 帧

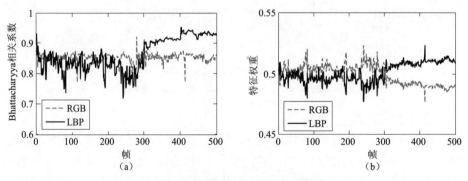

图 5.2.12　两类特征的相关性及权重

（a）Bhattacharyya 相关系数曲线；（b）特征权重曲线

3）空中目标跟踪

为了验证组合特征目标跟踪算法的有效性，对范保罗航展中一段直升机视频进行实验。

视频共 101 帧，实验选取了其第 13、24、35、46、57、68、79、90 帧。为了模拟跟踪算法在光照变化中对空中目标的跟踪效果，与第一个实验相同，在跟踪过程中加入了 0.3～0.8 的光照变化系数。图 5.2.13 为单独采用颜色特征与纹理特征的跟踪结果，图中白色矩形为颜色特征跟踪窗，黑色矩形为纹理特征跟踪窗。目标在运动过程中没有发生旋转运动，纹理特征较为稳定，因此相比之下纹理特征跟踪结果更稳定。图 5.2.14 为基于组合特征自适应融合的目标跟踪算法的跟踪结果，显然跟踪精度有较大提高。

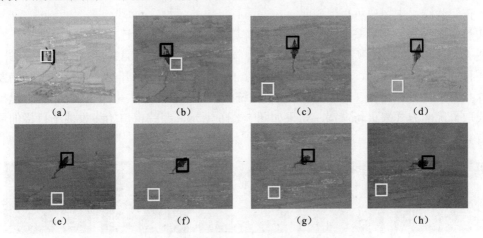

图 5.2.13　基于颜色特征与纹理特征的目标跟踪结果

（a）第 13 帧；（b）第 24 帧；（c）第 35 帧；（d）第 46 帧；（e）第 57 帧；（f）第 68 帧；（g）第 79 帧；（h）第 90 帧

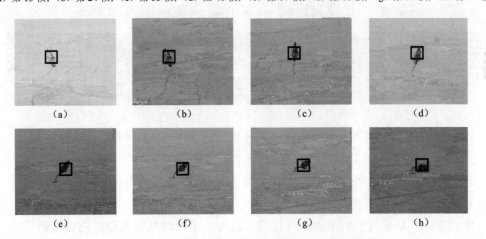

图 5.2.14　基于两类特征自适应融合的目标跟踪结果

（a）第 13 帧；（b）第 24 帧；（c）第 35 帧；（d）第 46 帧；（e）第 57 帧；（f）第 68 帧；（g）第 79 帧；（h）第 90 帧

2. 基于前景概率函数的目标跟踪实验

在上一小节的实验中，目标外形相对规则，且尺度变化范围较小，因而采用了固定的窗口对目标进行跟踪。而在更多的跟踪场景中，目标外观并不规则，且尺度容易发生变化，为了在对不规则目标进行跟踪时得到更精确的目标模型，并且在跟踪过程中自适应地调节跟踪窗口尺度及目标特征模板，本小节提出了基于前景概率函数的目标跟踪算法。

为了验证基于前景概率函数的目标跟踪算法的有效性，在多组视频中进行了测试，并与传统的均值迁移算法进行了对比。在测试视频中，选择了目标与背景区分度较好的橄榄球视频来验证该算法在尺度变化与更新方面的优越性，另外选择了一组目标频繁受到干扰的视频来验证算法的收敛性。

1）跟踪橄榄球运动员

橄榄球比赛测试视频分辨率为 480×320。在目标初始化时，手动选取目标，图 5.2.15 中的黑色矩形框为跟踪窗口，也就是当前帧的结果。实验中，背景区域为环绕目标的 30 个像素范围，在实验结果中用白色矩形表示。

实验中，将基于前景概率函数的目标跟踪算法与传统的均值迁移算法进行比较，实验结果如图 5.2.15 和图 5.2.16 所示，图中包含了视频的第 177、221、333、389、479 帧。在前 150 帧中，目标运动幅度很小，两个跟踪器都运行正常；从第 210 帧开始，目标尺度开始发生变化，并且有干扰目标出现（另一名球员），传统的均值迁移算法中采用了 Collins[19]提出的三组迭代取最优的方式来更新窗宽，结果如图 5.2.16 所示，跟踪窗口始终收敛于目标的局部，而没有完全覆盖目标。

图 5.2.15　基于前景概率函数的跟踪结果（附彩插）

（a）第 177 帧；（b）第 221 帧；（c）第 333 帧；（d）第 389 帧；（e）第 479 帧

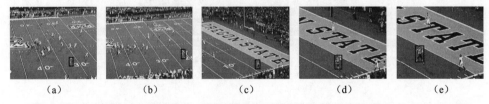

图 5.2.16　Collins 带宽更新算法的跟踪结果（附彩插）

（a）第 177 帧；（b）第 221 帧；（c）第 333 帧；（d）第 389 帧；（e）第 479 帧

图 5.2.15 中黑色跟踪框内的图像为目标前景概率的反向投影图，其中黑色区域的前景概率低于 0.2，白色区域由前景概率高的像素组成，从图中可以看出大部分属于背景的像素被排除了，因此跟踪的结果也更为精确，并且当目标尺度变大时跟踪窗口也能较好地覆盖目标，如第 389、479 帧。

采用前景概率反向投影后排除了大部分背景像素，目标的模型也更为准确。图 5.2.17 为采用前景概率反向投影前后 Bhattacharyya 相关系数分布。图 5.2.17（a）为所跟踪目标与跟踪窗位置，右下角是放大的目标；图 5.2.17（b）为直接计算目标模板后对应的相关系数分布图；图 5.2.17（c）为采用前景概率反向投影加权后目标特征模板对应的相关系数分布。图中，红色区域为相关系数高的区域，蓝色区域为相关系数较小的区域。很明显，图 5.2.17（c）中相关系数高的区域更为集中，并且非目标区域的相关系数得到抑制，目标周围梯度更大，在有些情况下，也能排除一些相似目标的干扰。

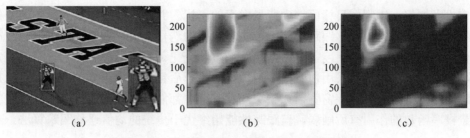

图 5.2.17　目标特征相关系数分布图（附彩插）

（a）测试图像；（b）投影前相关系数分布；（c）投影后相关系数分布

2）航展直升机视频跟踪

为了验证基于前景概率的目标跟踪算法在空中目标跟踪中的效果，以亚洲航展中阿帕奇直升机的一段视频进行实验。视频序列共 259 帧，实验选取了视频中的第 10、22、37、51、65、74、85、97 帧，实验结果如图 5.2.18 所示。图中黑色矩形为基于前景概率权重的目标跟踪窗口，白色矩形为背景区域的选择范围。跟踪窗口内像素值代表了其前景概率的高低，其中黑色区域为前景概率值较低的区域。实验结果表明，前景概率目标跟踪算法有效，并且能够有效地调整跟踪窗口的尺度。

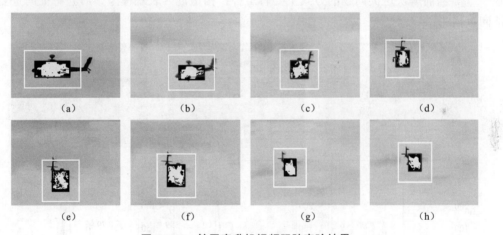

图 5.2.18　航展直升机视频跟踪实验结果

（a）第 10 帧；（b）第 22 帧；（c）第 37 帧；（d）第 51 帧；（e）第 65 帧；（f）第 74 帧；（g）第 85 帧；（h）第 97 帧

本节的主要工作是从两方面提高跟踪器的性能：多特征融合以及精确的特征模型提取。针对光照条件变化下的目标跟踪时，单一视觉特征描述目标不充分、不稳定的特点，提出了一种基于多特征自适应融合的跟踪方法。该算法利用目标的颜色特征与纹理特征描述目标，利用两类特征之间的互补性，提高了光照变化场景下目标跟踪的可靠性。在跟踪过程中，对两类特征分别赋予一个权重系数，并利用上一时刻收敛位置两类特征的相关系数调整其权重，实现了特征权重的自适应调整。实验结果表明：当光照条件发生剧烈变化及目标发生平动或转动时，跟踪器依然能够稳定地覆盖目标。

另外，针对不规则目标跟踪，目标特征初始化时难以去除背景像素干扰，导致特征模板不准确的问题，提出了一种前景概率函数，以及基于前景概率函数的目标跟踪算法。根据目标区域及其周围背景区域的颜色概率分布建立前景概率函数，对目标区域中所有像素点进行概率反向投影加权，以削弱目标区域中背景像素的干扰。并将反向投影加权后的前景像素所构成的目标特征引入均值迁移跟踪框架中，实现目标的迭代定位。收敛后利用反向投影图尺度的变化动态调整跟踪窗口尺度，并根据相关系数的变化调整目标模型，为长时间稳定跟踪提供保障。实验结果表明：采用前景概率函数反向投影后目标模型更为准确，当目标尺度发生变化时能够有效地调整跟踪窗宽，在整个测试过程中都能准确地覆盖目标。虽然在复杂环境中前景概率函数的作用有所削弱，但跟踪性能始终优于传统的均值迁移跟踪算法。

5.3　基于滤波器组的特征估计与模型更新的目标跟踪

在短时跟踪任务中，大都假设目标外观在跟踪过程中保持不变。在跟踪过程中，利用先验知识或者从第1帧图像中提取出目标的表观模型，并且在后续的图像序列中搜寻与该模型最匹配的区域，从而实现跟踪的目的。当目标的表观模型非常稳定，或者其特征模型参数非常明确时，这样做能够取得较好的跟踪效果，但是在长时间的跟踪任务中，目标表观模型的变化是不可避免的，形变、视角变化、遮挡、光照变化等都会影响其表观特征，如图 5.3.1 所示，因此无论采用何种跟踪算法，设计一种目标外观模型的更新方法成为共同关注的热点问题[35–37]。当前解决这类问题的方式主要有三种：构造混合表观模型、后验特征向量更新、特征向量预测。

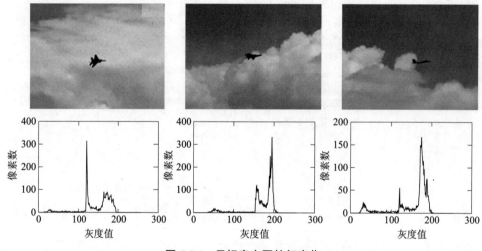

图 5.3.1　目标直方图特征变化

Torre 等[38]提出利用奇异值分解（SVD）构造目标的表观特征基，他们采用了最近观测值相似的训练图像构造特征基。与其相同，Hager 等[39]建立了一种灰度表面模型，利用多种光照条件下的目标表观特征构造一组流明基（Illumination Base），用于反映光照的变化，这种方法在光照变化时有较好的效果，但需要大量的训练样本，并且难以跟踪旋转运动的目标。Lim 等[40]提出了一种改进方案，他们利用扩展奇异值分解调整表观特征基，并将其线性组合起来以反映表观的最新变化，他们在形变、光照变化、尺度变化时都取得了较好的跟踪结果。但这类算法有个共同的缺点，就是容易出现"模板漂移"。模板漂移是指当目标受到遮挡或干扰物的影响时，噪声信息会融入目标的表观信息中，导致目标模板不准确。Jepson 等[41]提出一种自适应纹理表观模型（WSL 模型），他们利用三个混合分量 W、S 和 L 来描述目标表面的变化。其中，W 分量描述目标外观快速变化的特征，S 分量描述目标外观的稳定特征，它的变化是缓慢的，L 分量描述目标外观的异常变化量。这三个分量构成了一个混合高斯模型，其参数用 EM 算法进行更新。这类算法在处理光照变化、姿态变化时都取得了较好的结果，但这些基于单个像素点建模的方法不能反映像素点之间的空间关系，也就是说表观模型不能"辨别"被跟踪目标，因此这类方法有利于建模背景而不利于目标跟踪。

后验特征向量更新是最简单而直观的方法，通过比较当前时刻目标特征向量与特征模板之间的相似程度，修正目标特征模板。Ross 等[42]提出了一种同时维护两个目标模板的更新算法。他们在更新目标模板的同时保留原始的目标模板，在发生模型漂移后，利用原始目标模板重新搜索目标。这类算法的问题在于当目标外观发生变化后，利用原始目标模型也无法找到目标的位置。本节内容受目标模板自适应更新算法启发，这类算法对非刚性目标进行跟踪时能够取得较好的效果，但同样难以摆脱"模型漂移"的困扰，并且算法对所有像素一视同仁，显然这种更新方法是不完善的。

在上述算法中，都有一个共同的特点，就是在跟踪后对目标特征模板进行统一的更新。虽然在 Jepson[41]和 Zhang 等[43,44]提出的混合表观模型中，混合高斯模型的参数能够在线计算出来，具有一定的自适应能力，但是在其跟踪框架中也需要对目标特征模板进行整体更新。近几年来，研究人员开始将预测滤波算法用于目标特征模板的更新中。Nguyen[45]首次将卡尔曼滤波用于图像上的模板更新，他对模板中每个像素赋予一个卡尔曼滤波器来修正像素值的变化，每个像素都独立更新，最后获得最优的目标特征模板，但在他的论文中只是简单讨论了模板更新算法，而没有提及跟踪算法，若将其用于 Meanshift 跟踪算法，其实时性难以满足。在此基础上，Chang[46]与 Peng[47,48]提出了基于卡尔曼滤波器组的 Meanshift 模板更新算法：将目标在特征空间中特征值的概率作为模板信息，用滤波器估计特征子空间中每个特征值概率的变化，并依据滤波器残差的变化确定相应的模板更新策略。实验证明，该算法在目标姿态变化、光照变化下依然取得了较好的跟踪效果。但考虑到卡尔曼滤波对系统模型及滤波参数的依赖性较强，场景不断变化，难以得到一个精确的系统状态方程，本节提出一种基于粒子滤波器组的核直方图模型更新策略。

在目标的特征直方图中共包含了 m 个柱，将每一柱的值在整个跟踪过程中的变化看作一个随机过程，每个特征值之间不相关，通过对每个特征值单独赋予一个滤波器来估计其变化，并参照目标的"特征模型"及"观测模型"输出一个可供下次收敛中使用的"当前模型"。利用"当前模型"与"观测模型"之间的滤波残差动态调整粒子滤波器中的噪声参数，目的在于提高估计精度。在跟踪过程中，目标难免会遭遇到遮挡等突发干扰的影响，若不做任何判断，持续更新模型，势必会将干扰物的表观特征引入目标"当前模型"中，影响跟踪精度。为此，本节利用滤波残差与观测相关系数来判断目标是否发生异常突变，并在表观突变情况下停止目标特征模板的更新。

5.3.1　粒子滤波理论

粒子滤波（Particle Filter，PF）是一种离散逼近贝叶斯后验概率密度的计算方法。通常粒子代表传播过程中的一种可能情况，也就是一种状态；而滤波是估计目标的当前状态。在估计理论中，粒子滤波是指利用目标的观测数据及前一时刻的后验概率来估计目标的当前后验概率密度。

粒子滤波的叫法很多，如条件概率密度传播算法（Condensation Conditional Density Propagation）、SIS、SIR，一种更为普遍的叫法为序列蒙特卡罗方法（Sequential Monte Carlo Methods），也就是通过非参数化的蒙特卡罗模拟方法来实现递推贝叶斯滤波，适用于任何能用状态空间模型表示的非线性系统，以及传统滤波方法，如卡尔曼、EKF 等无法表示的非线性系统，其估计精度可以逼近最优估计。一般来说，PF 以蒙特卡罗模拟方法来实现递推贝叶斯滤波的计算量大于卡尔曼滤波等数学方程求解形式，但 PF 可以并行计算，并且随着计算机硬件性能的提高，PF 逐渐成为一种更具实用价值的滤波技术。

本节首先介绍求解目标状态后验概率密度的贝叶斯滤波理论，随后引出 PF 算法。

1. 贝叶斯滤波原理

贝叶斯滤波原理是利用系统状态转移模型预测状态的先验概率密度，再使用观测值来进行修正，得到后验概率密度。这样，通过观测数据 $z_{1:k}$ 来推测系统状态 x_k 取不同值时的置信度 $p(x_k | z_{1:k})$，由此获得状态的最优估计，其基本步骤分为预测和更新。

假设已知概率密度的初始值 $p(x_0 | z_0) = p(x_0)$，递推过程分为以下两个步骤。

1）预测

根据系统状态转移模型，推导先验概率，即实现 $p(x_{k-1} | z_{k-1}) \rightarrow p(x_k | z_{k-1})$。

设在 $k-1$ 时刻，$p(x_{k-1} | z_{k-1})$ 是已知的，对于 1 阶马尔可夫过程，有

$$p(x_k | z_{1:(k-1)}) = \int p(x_k | x_{k-1}) p(x_k | z_{1:(k-1)}) \mathrm{d}x_{k-1} \tag{5.3.1}$$

式（5.3.1）所得到的是 k 时刻的先验概率，其中不包含 k 时刻的观测值，通过状态转移概率 $p(x_k | x_{k-1})$ 得到。

2）更新

根据系统观测模型，在获得 k 时刻的观测值 z_k 后，实现先验概率密度至后验概率密度的推导，即 $p(x_k | z_{1:(k-1)}) \rightarrow p(x_k | z_{1:k})$。

获得观测值 z_k 后，由贝叶斯公式 $p(b|a) = \dfrac{p(a|b)p(b)}{p(a)}$ 有：

$$p(x_k | z_{1:k}) = \frac{p(z_{1:k} | x_k) p(x_k)}{p(z_{1:k})} \tag{5.3.2}$$

式中，$p(z_{1:k} | x_k) = p(z_k, z_{1:(k-1)} | x_k)$，$p(z_{1:k}) = p(z_k, z_{1:(k-1)})$。

代入式（5.3.2）得：

$$p(x_k | z_{1:k}) = \frac{p(z_k, z_{1:(k-1)} | x_k) p(x_k)}{p(z_k, z_{1:(k-1)})} \tag{5.3.3}$$

另外，由条件概率定义 $p(a,b) = p(a|b)p(b)$ 得：

$$p(z_k, z_{1:(k-1)}) = p(z_k | z_{1:(k-1)}) p(z_{1:(k-1)}) \tag{5.3.4}$$

由联合分布概率公式 $p(a,b|c) = p(a|b,c)p(b|c)$ 得：

$$p(z_k, z_{1:(k-1)} | x_k) = p(z_k | z_{1:(k-1)}, x_k) p(z_{1:(k-1)} | x_k) \tag{5.3.5}$$

又由贝叶斯公式得：

$$p(z_{1:(k-1)} \mid x_k) = \frac{p(x_k \mid z_{1:(k-1)}) p(z_{1:(k-1)})}{p(x_k)}$$ （5.3.6）

将式（5.3.4）～式（5.3.6）代入式（5.3.3）得：

$$p(x_k \mid z_{1:k}) = \frac{p(z_k \mid z_{1:(k-1)}, x_k) p(x_k \mid z_{1:(k-1)})}{p(z_k \mid z_{1:(k-1)})}$$ （5.3.7）

由观测量相互独立得：

$$p(z_k \mid z_{1:(k-1)}, x_k) = p(z_k \mid x_k)$$ （5.3.8）

将式（5.3.8）代入式（5.3.7）得：

$$p(x_k \mid z_{1:k}) = \frac{p(z_k \mid x_k) p(x_k \mid z_{1:(k-1)})}{p(z_k \mid z_{1:(k-1)})}$$ （5.3.9）

式中，$p(z_k \mid x_k)$ 表示系统状态转移前后的相似程度，称为似然（Likelihood）；$p(x_k \mid z_{1:(k-1)})$ 为先验概率，一般是个归一化常数。

贝叶斯递推通过预测和更新构成了一个由先验概率 $p(x_{k-1} \mid z_{1:(k-1)})$ 推导至后验概率 $p(x_k \mid z_{1:k})$ 的递推过程，是一种理论上的求解后验概率的递推方法，实际上由于预测的积分难以实现，因此在某些限制条件下，产生了一些可实现的方法。PF 就是使用最为广泛的一种离散贝叶斯递推方法。

2. 粒子滤波

粒子滤波的核心思想是采用足够多的随机样本来逼近真实概率分布，是一种线性系统的蒙特卡罗采样方法。相比于 EKF 与 UKF，其优势在于可以处理非线性、非高斯的问题，对状态变量没有限制。一般来说，粒子滤波的步骤主要包括三步：蒙特卡罗离散化、重要性采样以及序列重要性采样。

1）蒙特卡罗离散化

蒙特卡罗离散化的本质就是用随机状态近似积分逼近真实概率分布，即从后验概率密度 $p(x_k \mid z_{1:k})$ 中进行 N 次随机采样，得到 N 个粒子，后验概率密度近似表达式为：

$$\hat{p}(x_k \mid z_{1:k}) \approx \frac{1}{N} \sum_{i=1}^{N} \delta(x_k - x_k^i)$$ （5.3.10）

根据蒙特卡罗仿真离散化原理，函数 $g(\bullet)$ 的数学期望为：

$$E(g(x_{0:k})) = \int g(x_{0:k}) p(x_{0:k} \mid z_{1:k}) \mathrm{d}x_{0:k}$$ （5.3.11）

可以用

$$\bar{E}(g(x_{0:k})) = \frac{1}{N} \sum_{i=1}^{N} g(x_{0:k}^i)$$ （5.3.12）

来近似。显然，根据大数定理，当 N 足够大时，$\bar{E}(g(x_{0:k}))$ 收敛于 $E(g(x_{0:k}))$。

2）重要性采样

蒙特卡罗离散化说明任意概率密度都可以通过采样与该密度分布的粒子逼近，并且当采样数足够大时，积分概率密度能满足任意精度的逼近。但在实际中，由于真实的后验概率密度是不可知的（如当前的气候，因为任意温度计都存在误差），因此在计算中通常从一个近似的后验概率密度中采样粒子，而这个已知的概率密度被称为建议分布（Proposal Distribution）$q(x_{0:k} \mid z_{1:k})$。

由式（5.3.11）得：

$$E(g(x_{0:k})) = \int g(x_{0:k}) \frac{p(x_{0:k} \mid z_{1:k})}{q(x_{0:k} \mid z_{1:k})} q(x_{0:k} \mid z_{1:k}) \mathrm{d}x_{0:k} \qquad (5.3.13)$$

由贝叶斯公式得：

$$p(x_{0:k} \mid z_{1:k}) = \frac{p(z_{1:k} \mid x_{0:k}) p(x_{0:k})}{p(z_{1:k})} \qquad (5.3.14)$$

将式（5.3.14）代入式（5.3.13）得：

$$\begin{aligned} E(g(x_{0:k})) &= \int g(x_{0:k}) \frac{p(z_{1:k} \mid x_{0:k}) p(x_{0:k})}{p(z_{1:k}) q(x_{0:k} \mid z_{1:k})} q(x_{0:k} \mid z_{1:k}) \mathrm{d}x_{0:k} \\ &= \int g(x_{0:k}) \frac{w_k(x_{0:k})}{p(z_{1:k})} q(x_{0:k} \mid z_{1:k}) \mathrm{d}x_{0:k} \end{aligned} \qquad (5.3.15)$$

式中，$w_k(x_{0:k}) = \dfrac{p(z_{1:k} \mid x_{0:k}) p(x_{0:k})}{q(x_{0:k} \mid z_{1:k})}$。

$p(z_{1:k})$ 可以表示为：

$$\begin{aligned} p(z_{1:k}) &= \int p(z_{1:k}, x_{0:k}) \mathrm{d}x_{0:k} \\ &= \int \frac{p(z_{1:k} \mid x_{0:k}) p(x_{0:k}) q(x_{0:k} \mid z_{1:k})}{q(x_{0:k} \mid z_{1:k})} \mathrm{d}x_{0:k} \\ &= \int w_k(x_{0:k}) q(x_{0:k} \mid z_{1:k}) \mathrm{d}x_{0:k} \end{aligned} \qquad (5.3.16)$$

将式（5.3.16）代入式（5.3.15）得：

$$E(g(x_{0:k})) = \frac{\int [g(x_{0:k}) w_k(x_{0:k})] q(x_{0:k} \mid z_{1:k}) \mathrm{d}x_{0:k}}{\int w_k(x_{0:k}) q(x_{0:k} \mid z_{1:k}) \mathrm{d}x_{0:k}} \qquad (5.3.17)$$

采样后数学期望表示为：

$$\bar{E}(g(x_{0:k})) = \frac{\dfrac{1}{N} \sum_{i=1}^{N} g(x_{0:k}^{(i)} w_k(x_{0:k}^{(i)}))}{\dfrac{1}{N} w_k(x_{0:k}^{(i)})} = \sum_{i=1}^{N} g(x_{0:k}^{i}) \tilde{w}_k(x_{0:k}^{i}) \qquad (5.3.18)$$

式中，$\tilde{w}_k(x_{0:k}^{i}) = \dfrac{w_k(x_{0:k}^{(i)})}{\sum\limits_{i=1}^{N} w_k(x_{0:k}^{(i)})}$ 为归一化权值；$x_{0:k}^{(i)}$ 是从 $q(x_{0:k} \mid z_{1:k})$ 中抽取出来的。

3）序列重要性采样

为了序列估计后验密度，将建议分布分解为：

$$q(x_{0:k} \mid z_{1:k}) = q(x_k \mid x_{0:(k-1)}, z_{1:k}) q(x_{0:(k-1)} \mid z_{1:k}) \qquad (5.3.19)$$

假设状态转移是一个马尔可夫过程且观测独立于状态，即

$$\begin{cases} p(x_{0:k}) = p(x_0)\prod_{j=1}^{k} p(x_j \mid x_{j-1}) \\ p(z_{1:k} \mid x_{0:k}) = \prod_{j=1}^{k} p(z_j \mid x_j) \end{cases}$$ (5.3.20)

将式（5.3.19）代入 $w_k(x_{0:k})$ 得：

$$w_k = \frac{p(z_{1:k} \mid x_{0:k})p(x_{0:k})}{q(x_k \mid x_{0:(k-1)}, z_{1:k})q(x_{0:(k-1)} \mid z_{1:(k-1)})}$$ (5.3.21)

又由 $w_k(x_{0:k}) = \dfrac{p(z_{1:k} \mid x_{0:k})p(x_{0:k})}{q(x_{0:k} \mid z_{1:k})}$ 得：

$$w_{k-1} = \frac{p(z_{1:(k-1)} \mid x_{0:(k-1)})p(x_{0:(k-1)})}{q(x_{0:(k-1)} \mid z_{1:(k-1)})}$$ (5.3.22)

由式（5.3.21）和式（5.3.22）得：

$$\begin{aligned} w_k &= w_{k-1}\frac{p(z_{1:k} \mid x_{0:k})p(x_{0:k})}{p(z_{1:(k-1)} \mid x_{0:(k-1)})p(x_{0:(k-1)})}\frac{1}{q(x_k \mid x_{0:(k-1)}, z_{1:k})} \\ &= w_{k-1}\frac{p(z_k \mid x_k)p(x_k \mid x_{k-1})}{q(x_k \mid x_{0:(k-1)}, z_{1:k})} \end{aligned}$$ (5.3.23)

式（5.3.23）表明，只要选择合适的建议采样分布 $q(x_k \mid x_{k-1}^i, z_k)$ 获得采样粒子，就可以迭代计算粒子权重。显然，最优的建议采样分布选取方法是：

$$q(x_k \mid x_{k-1}^i, z_k)_{\text{opt}} = p(x_k \mid x_{k-1}^i, z_k)$$ (5.3.24)

此时，建议采样分布 $q(x_k \mid x_{k-1}^i, z_k)$ 等同于真实分布，对于任意粒子 x_{k-1}^i 都有相同的权重 $w_k^i = 1/N$。因此，最理想的情况是采样先验密度作为建议采样分布：

$$q(x_k \mid x_{k-1}^i, z_k) = p(x_k \mid x_{k-1}^i)$$ (5.3.25)

5.3.2　基于粒子滤波器组的目标特征状态估计

目标的特征模板为在初始帧中目标区域得到的核直方图。对于每一帧图像，跟踪收敛处所得的核直方图称为"观测模型"；对于当前帧在迭代时采用的目标特征模板称为"当前模型"；而根据"当前模型"状态转移后，并利用"观测模型"进行修正后，输出的滤波后模型称为"候选模型"。对目标特征的状态估计就是要采用 PF 算法根据目标特征的先验知识与观测量输出一个最优的"候选模型"。

在核直方图中，每一柱称为一个分量，显然，每个分量的数值随时间的变化与其他分量是无关的，为直方图中每个分量分配一个滤波器，用于预测该分量随时间的变化，这样设计一个滤波器组就可以获得所有分量的变化，也就得到了整个模板的估计值。并且无论目标的大小如何变化，直方图的柱数保持不变，这也就克服了 Nguyen[45]方法难以适应尺度变化目标跟踪的问题。下面介绍核直方图分量 u 的 PF 设计方法，其他分量与此相同。

1. 直方图特征值的特征状态方程与观测方程

设 k 为帧序号，y_k 为目标的中心坐标，$p_u(k)$ 为第 k 帧中特征分量 u 的概率值，即估计状态量，集合 $\{p_u(k)\}_{u=1,2,\cdots,m}$ 为 k 时刻的目标候选模型。k 帧中 Meanshift 迭代收敛位置 y_k 处的特征向量为滤波器的观测值，记为 $o_u(k)$。由于目标特征的状态转移不确定，但满足一个假设：绝大多数情况下，相邻帧间目标的特征变化较小，因此得到状态转移方程与观测方程为：

$$\begin{cases} p_u(k) = p_u(k-1) + h(k-1) \\ o_u(k) = p_u(k) + q(k) \end{cases} \tag{5.3.26}$$

式中，$h(k-1)$ 为状态误差，$q(k)$ 为观测误差，均为零均值高斯噪声，其方差分别为 σ_w^2、σ_v^2。

设粒子数为 N，先验概率分布 $p_u(k)$ 采样后第 i 个粒子状态表示为 $x_u^i(k)$，粒子状态转移方程与观测方程为：

$$\begin{cases} x_u^i(k) = x_u^i(k-1) + h(k-1) \\ z_u(k) = x_u^i(k) + q(k) \end{cases} \tag{5.3.27}$$

式中，$z_u(k)$ 为观测值。

2. 特征值估计

特征值估计的本质就是计算后验概率的过程。根据式（5.3.27），粒子状态传播之后得到 k 时刻的粒子集合 $x_u^i(k)$，则 k 时刻的后验概率密度为：

$$p_u(x_k \mid z_{1:k}) = \sum_{i=1}^{N} w_u^i(k) x_u^i(k) \tag{5.3.28}$$

式中，$w_u^i(k)$ 为观测后的权重，根据式（5.3.23）有：

$$w_u^i(k) \propto w_u^i(k-1) \frac{p(z_k \mid x_{k-1}^i) p(x_k^i \mid x_{k-1}^i)}{q(x_k^i \mid x_{k-1}^i, z_k)} \tag{5.3.29}$$

显然 $w_u^i(k)$ 的计算对后验概率密度的计算至关重要，它体现了每个粒子进行状态转移后所代表的目标状态值与真实状态之间的相似程度，接近目标真实状态的粒子赋予较大的权重，反之则权值较小。为了获得可观的粒子权重，定义粒子观测残差为：

$$r_u^i(k) = \left\| z_u(k) - x_u^i(k) \right\| \tag{5.3.30}$$

$r_u^i(k)$ 能可观地反映出单个粒子状态与观测值 $z_u(k)$ 之间的偏差，观测值可以通过计算收敛区域的特征直方图得到。由于目标特征模板为归一化核直方图，因此 $r_u^i(k)$ 的取值在 $(0,1)$ 区间，第 i 个粒子的权重为：

$$w_u^i(k) = w_u^i(k-1) e^{-\frac{r_u^i(k)}{\beta}} \tag{5.3.31}$$

式中，β 为斜率参数。

得到粒子权重后，对其归一化，得 $w_u^i(k) = \mathrm{norm}(w_u^i(k))$。根据式（5.3.28）就可以得到在 k 时刻的目标特征后验概率。

3. 基于滤波残差的采样半径自适应

前两小节的内容已经基本实现了根据目标特征的先验概率向后验概率递推的过程，并能对目标的特征进行估计。但在实际操作中，显然式（5.3.27）中 $h(k)$ 与 $q(k)$ 的噪声参数 σ_w^2、

σ_v^2 的选择对估计精度影响较大。其中，由于观测值 $z_u(k)$ 是通过计算收敛区域核直方图得到的，已经包含了观测噪声项 $q(k)$，因此 σ_v^2 的选择无须考虑。

状态转移噪声 $h(k)$ 的方差 σ_w^2 控制着粒子的传播半径，理论上状态转移半径越大，粒子数越多，则估计精度越高，但由于实时性的要求，往往需要在估计精度与采样密度之间进行选择。理想的 σ_w^2 计算方法应该是在粒子数目固定的前提下，当特征分量变化剧烈时，增加采样半径以覆盖更广的概率范围；当特征分量变化稳定时，缩小采样半径以获得更高的估计精度。Maybeck[49] 与 Nguyen[45] 等通过对卡尔曼滤波残差方差与理论方差的关系进行对比来估算滤波噪声，受其启发，本节也采用滤波残差来动态调整粒子的采样半径。

设 $p_u(x_k \mid z_{1:k})$ 为 k 时刻滤波输出的后验概率，设 $\delta_u^i(k)$ 为 k 时刻第 i 个粒子与后验概率之间的估计误差：

$$\delta_u^i(k) = x_u^i(k) - p_u(x_k \mid z_{1:k}) \tag{5.3.32}$$

令 k 时刻每个粒子的加权方差之和为：

$$\gamma_u(k) = \sum_{i=1}^{N} w_u^i(k) \left\| \delta_u^i(k) \right\|^2 \tag{5.3.33}$$

令 $\sigma_w^2(k) = \gamma_u(k)$。当模板内像素值变化较快时，$\gamma_u(k)$ 的值增加，采样半径也随之增加，覆盖的概率范围也更广，但精度会有所降低；当模板内像素变化趋于平稳时，较小的采样半径也能满足要求，并且能够提高估计精度。

4. 有效粒子数重采样判据

粒子滤波算法有一个共同的缺陷：经过若干次迭代递推后，就会出现粒子退化现象（Particle Degeneracy Problem），即大部分粒子的权重变得非常小，可以忽略不计，只有少数几个粒子具有较大的权值。当退化现象发生后，粒子集不能有效地覆盖后验概率密度，并且权重小的粒子占用的计算时间与权重大的粒子相同，Godsill[50] 指出权重的方差随着时间增大，因此退化现象是不可避免的。

为了解决退化问题，一般采用重采样策略（Re-Sampling）。重采样的核心思想是对后验概率密度分布重新采样，产生新的支撑点集，繁殖权重大的粒子并淘汰权重小的粒子。研究人员对重采样技术也做了大量的研究，提出了许多重采样策略，如重要性采样（SIR）[51]、残差重采样（Residual Re-Sampling）[52]、最小方差采样[53] 等。

本节采用重要性重采样策略，其核心思想是由原权重样本集映射到等权重样本集的过程，即 $\{x_{0:k}^i, w_k(x_{0:k}^i)\} \rightarrow \{x_{0:k}^i, N^{-1}\}$，其中 N 为粒子数目。重要性重采样原理如图 5.3.2 所示。图中，圆点代表粒子，圆点半径的大小表示粒子的权重，曲线为后验概率密度。重要性粒子重采样主要包括三步：有效粒子统计、有效粒子选择与权重再分配。

淘汰权重小的粒子虽然有助于提高有效运算量，但减小了粒子的多样性，对于后验概率密度表达不利，因此要设定一个准则来确定是否要实施重采样。定义有效粒子数为 N_{eff}：

$$N_{\text{eff}} = \frac{1}{\sum\limits_{i=1}^{N} w_k(x_{0:k}^i)} \tag{5.3.34}$$

通过定义一个阈值 N_{th}，若 $N_{\text{eff}} < N_{\text{th}}$，则需要重采样；否则表示粒子权重衰减没有达到重采样要求，可以继续传播。

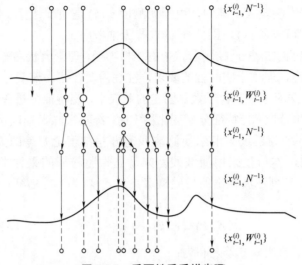

图 5.3.2　重要性重采样步骤

顾名思义，有效粒子选择就是在需要重新采样时选择权重满足要求的粒子进行繁衍。可以通过设定权重阈值 w_{th}，若 $w_k(x_{0:k}^i) > w_{\text{th}}$，则保留；反之，则丢弃。根据保留的粒子权重重新归一化后，将大权重粒子重新采样，采样权重分配为 $1/N$。

5. 特征估计算法流程

根据上述内容得出单个特征分量 u 的估计流程如下。

（1）初始化：令 $k = 0$，根据先验分布 $p_u(0)$ 中采样初始化粒子集 $\{x_u^i(0)\}_{i=1,2,\cdots,N} \sim p_u(0)$，初始化粒子权重 $w_u^i(k) = 1/N$。

（2）跟踪过程：$k = 1,2,\cdots$。

① 粒子传播：根据式（5.3.27），从建议分布中采样粒子集 $x_u^i(k)$。

② 重要性加权：获取观测量 $z_u^i(k)$ 之后，根据式（5.3.31）计算粒子权重 $w_u^i(k)$，并且进行归一化 $\overline{w_u^i(k)} = w_u^i(k)[\sum_{i=1}^{N} w_u^i(k)]^{-1}$。

③ 特征状态估计：根据式（5.3.28）计算 k 时刻分量 u 的后验概率 $p_u(x_k \mid z_{1:k})$。

④ 采样半径（方差）调整：根据式（5.3.32）和式（5.3.33）重新调整采样半径 σ_w^2。

⑤ 粒子重采样：根据式（5.3.34）判断是否需要重采样，若需要则根据设定的权重阈值选出有效粒子进行重采样，并重新分配权重。

5.3.3　模板更新判据设计

通过引入一个粒子滤波器组对每个特征分量进行估计可以得到整个模板所有特征值的概率分布。在目标特征平稳变化时，上述的特征估计方法能够稳定地更新目标特征模板，从而达到长时间稳定跟踪的目的。但在实际跟踪过程中，目标表观特征有可能受到干扰而发生突变，导致目标特征观测量的突变，如遮挡。此时如果持续对目标特征模板进行修正则会造成模型漂移，使更新后的特征模板融入干扰物的特征，影响目标特征模板的准确性，甚至造成跟踪失败。本节综合考虑当前观测模型的预测残差与 Bhattacharyya 相关系数变化来判别是否发生了突变。

1. 平均滤波残差判据

根据式（5.3.33），$\gamma_u(k)$ 为分量 u 在 k 时刻的加权平均残差，令 $\gamma(k)$ 为 k 时刻 m 个分量中正常工作滤波器 M 的平均残差，即：

$$\gamma(k) = \frac{1}{M}\sum_{u=1}^{M}\gamma_u(k) \tag{5.3.35}$$

式中，M 为正常工作滤波器的数目。

从 k 时刻起，向前连续取 L 帧 $\gamma(k)$ 进行平均：

$$\overline{\gamma}_L = \frac{1}{L}\sum_{i=k-L}^{L}\gamma(k) \tag{5.3.36}$$

当 k 时刻第 u 个分量的加权平均残差满足 $\gamma_u(k) > \alpha\overline{\gamma}_L$ 时，则认为当前滤波器没有正常工作，其中 α 为常数，实验中取 3；反之，则接受当前滤波器的估计值，并对模板进行更新。

2. Bhattacharyya 相关系数判据

Bhattacharyya 作为当前窗口区域核直方图与目标直方图的相似判据已经在前文中使用了多次，在此，本节再次以此作为整个滤波器组是否需要更新的重要依据。图 5.3.3 为遮挡下目标区域示意图；图 5.3.4 为目标发生遮挡前后 Bhattacharyya 相关系数的变化曲线。

图 5.3.3　遮挡下目标区域

显然，当目标进行正常跟踪时，Bhattacharyya 相关系数在一定的范围内波动，而当目标发生遮挡或发生突变时，Bhattacharyya 相关系数急剧减少，因此可以以 Bhattacharyya 相关系数作为判断目标是否发生突变的准则。设定一个阈值 th_0，则有：

$$p_u(k) = \begin{cases} p_u(x_k \mid z_{1:k}), & \rho \geqslant \text{th}_0 \\ p_u(k-1), & \rho < \text{th}_0 \end{cases} \tag{5.3.37}$$

式中，$p_u(k-1)$ 为 $k-1$ 时刻后验概率；ρ 为收敛区域与备选模板之间的 Bhattacharyya 相关系数。式（5.3.37）表明当 ρ 大于阈值时则更新，否则保持。

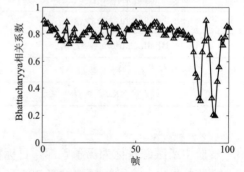

图 5.3.4　Bhattacharyya 相关系数曲线

5.3.4　算法流程

将本节所述的模型更新策略融入 Meanshift 跟踪算法中，跟踪算法流程如下：

1）初始化

（1）在目标初始位置 y_0 处初始化跟踪窗口，并计算目标特征模板 $\{p_u(y_0)\}_{u=1,2,\cdots,m}$。

（2）初始化采样粒子，对于第 u 个分量得到一组粒子集，令 $\{x_u^i(0)\}_{i=1,2,\cdots,N} \sim p_u(0)$，令采样权重 $w_u^i(k)=1/N$。

2）第 k 帧跟踪过程

（1）利用 $k-1$ 帧中目标特征模板的后验概率 $\{p_u(x_{k-1} \mid z_{1:(k-1)})\}_{u=1,2,\cdots,m}$ 与目标候选区域特征直方图 $q(k)$ 对候选像素进行加权，并通过 Meanshift 迭代收敛到当前目标区域 y_k。

（2）计算收敛区域的特征直方图 $\{z_u(k)\}_{u=1,2,\cdots,m}$，并计算当前区域 Bhattacharyya 相关系数 ρ。根据模板更新判别依据确定是否需要更新模板。

（3）当 ρ 满足要求时，采用上述策略计算 k 时刻后验概率 $\{p_u(x_k \mid x_{1:k})\}_{u=1,2,\cdots,m}$，并根据式（5.3.36）计算平均残差 $\overline{\gamma}_L$。若满足更新要求则更新特征模板，反之亦然。

（4）根据式（5.3.34）对粒子进行重采样。

（5）获取新的一帧图像，令 $k \to k+1$，开始下一帧迭代。

5.3.5 实验结果分析

本节的主要工作是提出了一种基于粒子滤波的目标特征估计与模板更新策略，用于对当前目标特征模板进行实时更新，以达到长时间稳定跟踪的目的。为了验证本节提出的更新策略的有效性，分别对人脸、航展目标进行跟踪，并且对采用目标特征更新算法前后 Bhattacharyya 系数的变化情况，以及采样半径和滤波残差曲线进行分析。在实验中的所用参数如表 5.3.1 所示。

表 5.3.1　实验参数列表

粒子数 N	20
初始权重 $w_u^i(k)$	0.05
初始采样半径 σ_w^2	0.1
残差判定参数 α	3
Bhattacharyya 参数 th_0	0.5
有效粒子判定参数 N_{th}	0.4
权重斜率参数 β	5

1. 人脸跟踪

实验中所跟踪目标为男子脸部，目标特征模型为 256 柱 RGB 核直方图，核函数为高斯核。实验结果中包含了视频中的第 385、388、391、396、398、403、408、415 帧，如图 5.3.5 与图 5.3.6 所示。目标从第 385 帧开始转动，固定模板特征跟踪器没能适应目标表观特征的变化而收敛到了错误的区域。

为了说明预测模型的作用，以直方图中第 35 柱为例，其估计值与当前帧中的观测值如图 5.3.7（a）所示，图中圆点为观测值，实线为滤波估计值，虚线为两者之间的误差。显然，特征分量的后验概率充分相信观测值，但同样参考了前一时刻的后验概率。图 5.3.7（b）为第 396 帧中观测模型与预测模型之间的对比。

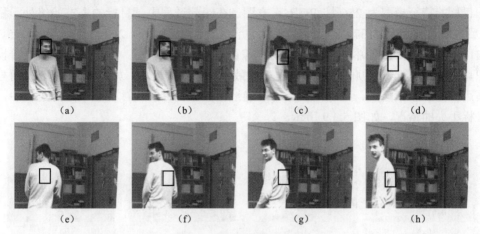

图 5.3.5　固定模板跟踪结果

（a）第 385 帧；（b）第 388 帧；（c）第 391 帧；（d）第 396 帧；（e）第 398 帧；（f）第 403 帧；（g）第 408 帧；（h）第 415 帧

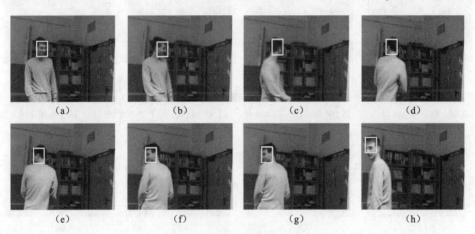

图 5.3.6　自适应模板跟踪结果

（a）第 385 帧；（b）第 388 帧；（c）第 391 帧；（d）第 396 帧；（e）第 398 帧；（f）第 403 帧；（g）第 408 帧；（h）第 415 帧

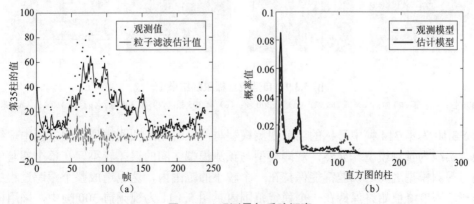

图 5.3.7　观测量与后验概率

（a）$u = 35$ 时的预测曲线与观测曲线；（b）第 396 帧观测模型与预测模型

2. 空中目标跟踪 I

视频选自珠海航展，包含了 729 帧。视频中目标表观运动相对比较平稳，所跟踪目标为飞机，目标的特征模型为 256 柱 RGB 直方图。在跟踪过程中，目标的姿态始终处于稳定变化中，跟踪窗口的尺寸为 37×27，实验结果包含了视频中第 196、240、269、300、305、308、310、314 帧。在前 240 帧中，固定模型的跟踪窗口能够覆盖目标，但精度较低，随着模型变化的积累，最终从第 305 帧开始，跟踪窗口收敛到了错误的区域，如图 5.3.8 所示。而与此相比，采用模型更新策略后，跟踪模板始终准确地覆盖在目标区域，在整个跟踪过程中，并未出现目标丢失的情况，如图 5.3.9 所示。

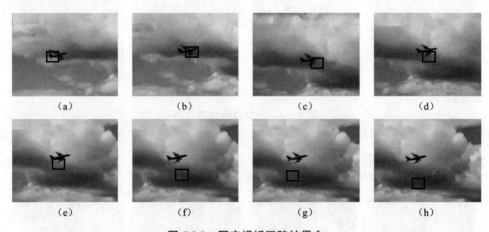

图 5.3.8　固定模板跟踪结果 I

（a）第 196 帧；（b）第 240 帧；（c）第 269 帧；（d）第 300 帧；（e）第 305 帧；（f）第 308 帧；（g）第 310 帧；（h）第 314 帧

图 5.3.9　自适应模板跟踪结果 I

（a）第 196 帧；（b）第 240 帧；（c）第 269 帧；（d）第 300 帧；（e）第 305 帧；（f）第 308 帧；（g）第 310 帧；（h）第 314 帧

图 5.3.10 为第 314 帧中目标的当前观测模型与前一时刻的预测模型对比，图中虚线为观测模型，实线为预测模型。显然，观测模型与预测模型之间的误差较小，在整个实验中，预测模型与观测模型之间的误差都能保持在一个较小的范围内，这也造成整个跟踪过程中目标区域的概率密度峰值始终保持在一个稳定范围内。图 5.3.11 为视频前 300 帧中，采用模板更新前后 Bhattacharyya 相关系数的分布曲线，图中实线为固定模板相关系数曲线，虚线为自适

应模板相关系数曲线。显然采用模板更新机制后相关系数始终保持在较高的水准,提高了跟踪的稳定性。

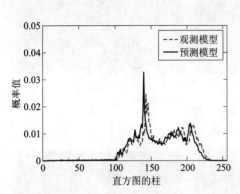 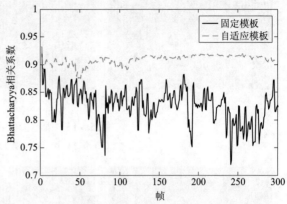

图 5.3.10　第 314 帧的目标观测模型与预测模型　　图 5.3.11　采用模板更新前后 Bhattacharyya 相关系数分布

图 5.3.12 为状态传播前后,$u=155$ 时粒子集的平均传播噪声方差与滤波噪声方差对比,图中,方块虚线为每一帧中粒子集的状态传播噪声方差,点实线为滤波噪声方差。显然,当目标状态平稳变化时,虽然状态传播噪声较大,但滤波噪声始终保持在较低的水平,这也说明直方图中这一柱状态变量的变化比较平稳,滤波器工作正常。

3. 空中目标跟踪Ⅱ

在空中目标实验中,选择了亚洲航展的一段视频进行验证。实验中采用固定带宽的跟踪器对目标进行跟踪,结果包含了视频中第 101、113、121、131、133、137 帧。视频中,目标在运动过程中一直在翻滚,导致目标特征模板与目标特征向量的匹配系数时高时低,采用固定特征模板对目标进行跟踪的结果如图 5.3.13

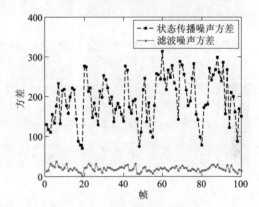

图 5.3.12　第 155 柱状态传播噪声方差与滤波噪声方差

所示,在第 133 帧附近,跟踪窗口收敛到了错误的区域。而采用模板更新机制后,搜索窗口始终稳定地覆盖在目标区域,实验结果如图 5.3.14 所示。

  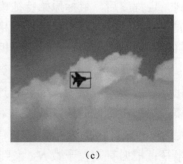

|（a）|（b）|（c）|

图 5.3.13　固定模板跟踪结果Ⅱ

（a）第 101 帧;（b）第 113 帧;（c）第 121 帧

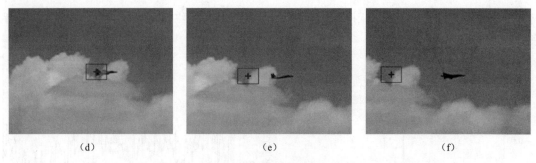

图 5.3.13 固定模板跟踪结果 II（续）

(d) 第 131 帧；(e) 第 133 帧；(f) 第 137 帧

图 5.3.14 模板更新跟踪结果 II

(a) 第 101 帧；(b) 第 113 帧；(c) 第 121 帧；(d) 第 131 帧；(e) 第 133 帧；(f) 第 137 帧

　　在跟踪某一确定目标时，通常假设目标表观特征在整个跟踪过程中保持稳定。但空中目标由于姿态、视角、光照等条件的变化，其表观特征可能始终处于变化过程中，当变化积累到一定程度后，目标原始特征模板与目标当前特征向量的差距可能越来越大，最终导致跟踪失败。因此，在对表观特征不稳定的目标进行长时间跟踪时，有必要建立一种目标特征更新机制，实时地调整目标特征模板。

　　本节将粒子滤波算法应用到目标特征模板的更新中。由于目标直方图中每一柱随时间变化可以看作是互不相关的随机过程，因此对每个特征值单独赋予一个滤波器，根据目标历史模型与当前收敛处的观测模型对目标特征值进行更新，所有的滤波器最终组成了一个滤波器组。在粒子滤波的处理过程中，利用每个粒子传播前后的残差动态调整状态转移方程的传播半径；根据有效粒子数 N_{eff} 来判定是否需要对粒子进行重采样，保持了粒子的多样性。针对目标发生遮挡或干扰时造成目标特征突变的问题，建立了两个目标更新判据：Bhattacharyya 相关系数判据用于判断整个特征模板是否需要更新；平均残差判据用于判定哪个特征值需要更新。整个模型系统无须输入参数，兼顾了跟踪系统对稳健性、实时性的要求。实验结果表明，当目标存在尺度变化、场景遮挡、光照变化等因素的影响下，仍然能够对目标进行稳健而有效地跟踪。

5.4　基于视觉上下文信息的目标检测与跟踪

5.4.1　引言

基于视觉的运动目标检测与跟踪，是指在一段图像序列或视频的每幅图像中，实时地找到所感兴趣的运动目标。为了解决目标跟踪算法在复杂环境中鲁棒性较差的问题，本节提出了一种基于上下文信息的运动目标检测与跟踪算法。上下文区域由目标所在位置及其当前邻域构成。对于每一帧图像，该算法将长期跟踪任务分解为四个模块：跟踪器、检测器、综合器以及学习器。其中，跟踪器在连续的图像帧之间利用目标的时空上下文信息，计算目标位置的后验概率来估计目标状态；同时，检测器结合跟踪器的上下文信息在独立图像帧之中搜索目标，并在跟踪失败时自动重新初始化跟踪器；然后，综合器通过一种优化策略融合跟踪器和检测器的结果，输出一个最佳的目标位置；最后，学习器根据跟踪器和检测器的输出结果，产生训练样本在线更新检测器。

使用多个公开测试视频对本节算法进行定量评估，实验结果表明，与当前先进的跟踪算法相比，本节算法在跟踪准确性、抗干扰性等方面性能明显提升。

5.4.2　基于闭环控制的跟踪与检测算法架构

在详细地介绍本节算法的实现过程之前，首先系统地介绍对目标进行长期跟踪的算法架构[62]。基于控制系统的闭环控制思想，该算法主要包含跟踪器、检测器、综合器、学习器四部分，检测器和跟踪器并行运行，学习器在每一帧跟踪结束后更新在线目标模型和检测器相关参数，算法结构图如图 5.4.1 所示。

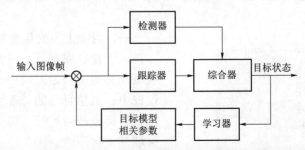

图 5.4.1　基于闭环控制的跟踪与检测算法架构

其中，输入图像帧可以来自录制视频，或者图像序列，或者摄像头实时采集的数据。当在第 1 帧中选定目标后，算法开始运行并给出在每一帧中得到的跟踪结果，即目标状态，包含目标在图像中的位置及其尺度大小。

跟踪器假设目标在相邻帧之间的运动距离有限并且目标可见，在连续帧之间估计目标的状态。然而，类似于传统的短时跟踪算法，如果运动目标被严重遮挡或者运动出了视频边界，跟踪器将会失败，并且在运动目标再次出现时也不能自行恢复对目标的跟踪。

检测器使用一个在线更新的目标模型库来检测目标，目标模型中包含通过初始化和学习得到的目标外观信息；检测器将每一帧视为独立的，并在其中进行全局搜索，寻找与目标模型中相似的目标外观。检测器的加入一方面可以提高整个算法的跟踪准确率；另一方面，在目标消失并再次出现时，检测器可以再次捕获目标并使用自己的输出结果重新初始化跟踪器。

综合器的作用是融合跟踪器和检测器输出的目标跟踪结果，输出得到一个最优的跟踪框。在每帧图像中，跟踪器的结果最多只有一个，但是基于模板匹配的检测器却可能得到多个结果。综合器首先将检测器的多个结果进行聚类，然后将满足条件的聚类结果与跟踪器结果进行加权，以得到最终结果。如果跟踪器和检测器都没有输出结果，则认为目标消失而不返回跟踪框。

学习器作为反馈，主要任务是修正检测器，检测器使用已知的目标模板来搜索目标，因此当目标外观发生变化时很可能失败。学习器根据跟踪器和检测器的输出结果来评估检测器的错误，产生训练样本去更新检测器在线目标模型和相关参数，以避免在以后的跟踪过程中发生相同的错误。这样，当跟踪器发现目标新的外观，就可以为检测器带入新的数据。

目标模型 M 是一个数据结构，存储着目标正模板（目标模板）和目标负模板（目标周围背景模板），M 定义为：

$$M = \{p_1^+, p_2^+, \cdots, p_m^+, p_1^-, p_2^-, \ldots, p_n^-\}$$

其中，p_m^+ 和 p_n^- 分别表示目标图像块和背景图像块。在初始化时，根据第 1 帧选定的跟踪目标，目标模型 M 中会添加一个正模板和少量负模板。在跟踪过程中，目标的外观不可避免地会发生变化。为了扩充目标模型以适应这些变化，学习器会根据条件产生正样本和负样本来更新目标模型 M。p_1^+ 表示添加到目标模型的第一个正图像块，p_m^+ 表示最后一个正图像块。

5.4.3　算法实现

根据前述算法架构，本节详细介绍算法各个模块的实现过程，包括目标上下文信息的描述、基于上下文信息的目标跟踪、基于上下文信息的目标检测、综合器算法实现及目标学习等内容。

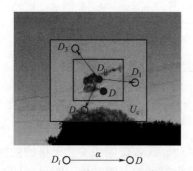

图 5.4.2　目标及其上下文空间关系描述（附彩插）

（红色框内为局部上下文区域 U_c，包括蓝色框中的目标区域；D_0 为跟踪结果中心点，D 为可能的目标中心点，D_i（$i \in \mathbf{Z}^+$）为上下文区域中的点）

一、目标上下文信息的描述

对于视觉跟踪，上下文区域包含目标所在区域及其周围一定范围内的背景。在目标运动过程中，虽然目标的外观可能发生较大变化，比如目标被严重遮挡，但是目标的局部上下文区域却变化不大。因此，当前帧的局部上下文信息有助于预测目标在下一帧中的状态。

如图 5.4.2 所示，蓝色矩形框内为目标所在区域，红色的矩形框内则为目标的上下文区域。目标空间上下文信息可以用上下文区域 U_c 中点的位置 $D_i(x, y)$（如点 D_1、D_2、D_3 等）及其灰度值 $I(D_i)$ 来表示。向量 $\boldsymbol{\alpha}$ 起点为上下文区域

中的点 D_i、终点为目标中心点 D，表征了上下文中点与目标相对距离与方向的关系。

在贝叶斯框架下，目标跟踪可以看作一个根据上下文先验概率来计算后验概率 $P(D)$ 的问题，即：

$$P(D) = \sum_{D_i(x,y) \in U_c} P(D \mid (I(D_i), D_i)) \cdot P(I(D_i), D_i) \tag{5.4.1}$$

先验概率 $P(I(D_i), D_i)$ 使用高斯加权函数对已知目标局部上下文外观信息进行建模，且离目标越近的点权值也越大，因此先验概率 $P(I(D_i), D_i)$ 表达式定义为：

$$P(I(D_i), D_i) \triangleq I(D_i) \cdot \omega(D_i - D_0)$$
$$= I(D_i) \cdot k_1 e^{-\frac{|D_i - D_0|^2}{\sigma^2}} \tag{5.4.2}$$

式中，$\omega(\cdot)$ 为高斯加权函数；k_1 为归一化系数，它将 $P(I(D_i), D_i)$ 限制在 0～1 的范围内以满足概率的定义。

后验概率 $P(D)$ 描述了上下文区域 U_c 中的任何一点 D 成为目标中心的似然，当目标位置 D_0 已知，$P(D)$ 的定义为：

$$P(D) \triangleq k_2 e^{\left| \frac{D - D_0}{\gamma} \right|^\beta} \tag{5.4.3}$$

式中，k_2 为一个归一化系数，γ 为尺度因子，β 为后验概率形状参数。

条件概率 $P(D \mid (I(D_i), D_i))$ 定义为 $P(D \mid (I(D_i), D_i)) \triangleq O_{sc}(D - D_i) = O_{sc}(\alpha)$，它是一个关于向量 α 的函数，对目标及其空间上下文信息的空间关系进行建模。当目标位置已知，$O_{sc}(\alpha)$ 可以通过先验概率和后验概率学习得到。

将第 t 帧的空间上下文模型 $O_{sc}(\alpha, t)$ 和时空上下文模型 $O_{stc}(\alpha, t)$ 加权可以更新下一帧中的时空上下文模型 $O_{stc}(\alpha, t+1)$（ρ 为加权因子）：

$$O_{stc}(\alpha, t+1) = (1 - \rho)O_{stc}(\alpha, t) + \rho O_{sc}(\alpha, t) \tag{5.4.4}$$

由式（5.4.2）可知，先验概率 $P(I(D_i), D_i)$ 只与在上一帧中预测的目标位置有关，当已经得到目标在第 t 帧中的位置 $D_0(t)$ 后，第 $t+1$ 帧中的先验概率 $P_{t+1}(I(D_i), D_i)$ 也就随之确定。因此，只要跟踪器能计算出第 $t+1$ 帧中的条件概率（即时空上下文模型 $O_{stc}(\alpha, t+1)$），根据式（5.4.1）便可求出目标在第 $t+1$ 帧中的位置。

二、基于上下文信息的目标跟踪

目标跟踪的主要任务是根据第 t 帧的目标位置 $D_0(t)$ 及其上下文 $U_c(t)$ 信息学习得到 $O_{sc}(\alpha, t)$ 和 $O_{stc}(\alpha, t+1)$，然后结合下一帧的先验概率 $P_{t+1}(I(D_i), D_i)$ 计算目标后验概率 $P_{t+1}(D)$，从而将概率最大的点作为目标位置。跟踪器流程图如图 5.4.3 所示。

为了得到空间上下文模型 $O_{sc}(D)$，将先验概率公式（5.4.2）和后验概率公式（5.4.3）代入贝叶斯公式（5.4.1）中得到：

$$P(D) = k_2 e^{\left| \frac{D - D_0}{\gamma} \right|^\beta}$$
$$= \sum_{D_i(x,y) \in U_c} O_{sc}\left((D - D_i) \cdot \left(I(D_i) \cdot k_1 e^{-\frac{|D_i - D_0|^2}{\sigma^2}}\right) \right)$$
$$= O_{sc}(D) \otimes \left(I(D) \cdot k_1 e^{-\frac{|D - D_0|^2}{\sigma^2}} \right) \tag{5.4.5}$$

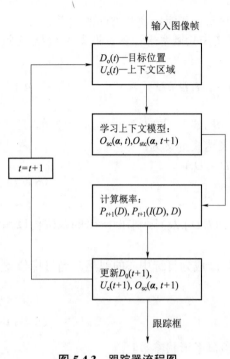

输入图像帧

$D_0(t)$—目标位置
$U_c(t)$—上下文区域

学习上下文模型：
$O_{sc}(\alpha, t), O_{stc}(\alpha, t+1)$

$t = t+1$

计算概率：
$P_{t+1}(D), P_{t+1}(I(D), D)$

更新 $D_0(t+1)$,
$U_c(t+1), O_{sc}(\alpha, t+1)$

跟踪框

图 5.4.3 跟踪器流程图

其中 $\otimes$ 为卷积算子，因此上式可以转换到频域中计算，并使用快速傅里叶变换（FFT）来快速求解 $O_{sc}(D)$，即：

$$F\left(\left|\frac{D-D_0}{\gamma}\right|^\beta\right) = F(O_{sc}(D)) \cdot F(I(D) \cdot \omega(D-D_0))$$

（5.4.6）

其中 F 表示 FFT 函数，因此可以得到：

$$O_{sc}(D) = F^{-1}\left(\frac{F\left(\left|\frac{D-D_0}{\gamma}\right|^\beta\right)}{F(I(D) \cdot \omega(D_i - D_0))}\right)$$

（5.4.7）

结合式（5.4.4）得到的时空上下文模型 $O_{stc}(D, t+1)$，则第 $t+1$ 帧后验概率 $P_{t+1}(D)$ 为：

$$P_{t+1}(D) = F^{-1}\left(F(O_{stc}(D, t+1)) \cdot F(I_{t+1}(D) \cdot \omega(D-D_0(t)))\right)$$

（5.4.8）

新的后验概率 $P_{t+1}(D)$ 取最大值的点被认为是 $t+1$ 帧目标位置 $D_0(t+1)$，并相应地更新目标上下文区域 $U_c(t+1)$ 和空间上下文模型 $O_{sc}(D, t+1)$。

跟踪器根据上述流程循环运行，但是当目标消失（例如，目标被完全遮挡或运动出了视界）时，跟踪器必然会失败，输出结果也必然是错误的或没有意义的。为了识别上述特殊情形，跟踪器必须具备失败检测功能，具体实现方法如下：

首先，获取目标在上一帧的实际位置 $U_c(t)$ 及其在当前帧的预测位置 $U_c(t+1)$，并计算两者的欧氏距离。如果该值大于预定阈值 d，即：

$$|U_c(t+1) - U_c(t)| > d$$

（5.4.9）

那么，跟踪器此次跟踪结果将被认为无效。

其次，在上述欧氏距离小于阈值的条件下，评估跟踪器跟踪结果与在线模板库的相似度作为跟踪置信度 T_{conf}，相似度的计算将在后文详细介绍。如果 $S(p_i, p_j)$ 小于设定阈值，跟踪器的结果同样被认为是不可靠的，因而跟踪器不会返回跟踪框。通过这种方法，当目标被完全遮挡或运动出了视界时，跟踪器能够可靠确认目标的消失而不会在此时返回错误的跟踪框。

三、基于上下文信息的目标检测

检测器结合跟踪器的上下文信息在独立图像帧之中搜索目标，在此之前，需要在当前帧图像中产生大量的图像块作为搜索对象。检测器根据初始目标框的大小，以 1.2 尺度步长产生 21 个不同尺度的方框，每个方框分别以长和高的 10% 为步长沿水平和垂直方向遍历整张图像，得到所有可能包含目标的图像块。

跟踪器中的后验概率分布 $P_t(D)$ 由时空上下文信息推导而来，不仅给出了目标所在位置信息，还描述了上下文区域中任何一点成为目标中心的可能性。当跟踪失败时，检测器必须在所有图像块中搜索目标；当跟踪有效时，检测器得到后验概率分布 $P_t(D)$ 的中值 $P_m = \text{Median}(P_t(D))$，将搜索范围减小为那些中心点后验概率大于中值 P_m 的图像块，因此提高了检测效率。

检测器使用级联的分类器检测目标，包括方差分类器、集合分类器、最近邻分类器。检测器的三个分类器都可以独立地判断每个图像块是否含有目标，检测器的流程图如图 5.4.4 所示。首先，输入图像块被重采样到一个归一化的分辨率（15×15 像素），然后三个分类器分别决定是排除该图像块还是将其传递到下一级，依次通过三个分类器的图像块即是检测器所获得的跟踪目标。

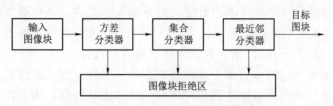

图 5.4.4　TLD 检测器流程图

方差分类器是串联分类器的第一级，输入图像块的灰度值方差图像块 p 的方差 C 计算公式如下：

$$C = E(p^2) - E^2(p) \tag{5.4.10}$$

其中，$E(p)$ 表示图像块 p 灰度值的期望，可以通过积分图算法进行快速计算。方差阈值设定为第 1 帧选定的初始跟踪框内图像块方差的 50%，方差分类器淘汰方差小于阈值的图像块。

集合分类器是串联分类器的第二级，由 T 个基本分类器合并而成，其中每个基本分类器都基于一组 m 个二进制特征。为了提取这些特征，每个基本分类器在输入图像块上分别执行一组 m 个"像素值比较"。这些"像素值比较"的离散像素坐标在初始化时随机生成，然后均匀地分配给每个基本分类器，并在算法运行过程中保持不变。每个基本分类器为树形结构（随机蕨分类器），每层的节点的判断准则相同，即在图像块中任意选取两点 A 和 B，比较这两点的亮度值，若 A 的亮度大于 B，则特征值为 1，否则为 0。将这 m 个特征值 0 或 1 串联起来，便可以得到一个 m 位的二进制值编码 x。图 5.4.5 是 $T=10$，$m=13$ 时每个基本分类器的结构图。

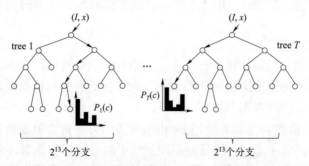

图 5.4.5　基本分类器结构图（$T=10$，$m=13$）

同时，每个基本分类器与一个关于图像块是否包含目标的后验概率分布 $P_i(y|x)$ 相关联，其中 x 为进行像素值比较之后得到的二进制编码，$i \in [1, T]$ 表示基本分类器序号，$y=1$ 或 0 表示图像块是否为正样本。如果每个基本分类器进行 k 组像素值比较，那么每个后验概率分

布将会有 2^k 个分支。这些后验概率分布初始值设定为 0，并在初始化和学习过程中按照下列公式来更新：

$$P_i(y\,|\,x) = \frac{\mathrm{PC}}{\mathrm{PC} + \mathrm{NC}} \tag{5.4.11}$$

其中，$y=1$ 表示判定为正样本，PC 和 NC 分别表示训练和学习过程中由特征值串联而成的二进制编码 x 对应的正样本和负样本的数量。对于输入图像块，每个基本分类器均会求取一个二进制编码 x 并查询对应的后验概率值 $P_i(y\,|\,x)$。在此之后，对所求得的 T 个后验概率值求取平均值，若该平均值大于 0.5，则认为输入图像块含有目标。

最近邻分类器用来对通过以上两个分类器的图像块进行分类。通过归一化相关性方法，分别计算输入图像块与在线模板库中的正样本和负样本的相似度，由此决定每个图像块的类别属性及其对应的置信度。除此之外，最近邻分类器还被用于评估跟踪器结果的置信度 T_{conf}。两个图像块 p_i、p_j 的相似度定义为：

$$S(p_i,p_j) = \frac{k_n(p_i,p_j)+1}{2} \tag{5.4.12}$$

式中，$k_n(p_i,p_j)$ 是一个归一化相关性系数，其取值范围为 [0，1]，因此 $S(p_i,p_j)$ 的取值范围也就在 [0，1] 区间。

输入图像块与在线模板库中的正样本最近邻相似度定义为：

$$S^+(p,m) = \max_{p_i^+ \in M} S(p,p_i^+) \tag{5.4.13}$$

输入图像块与在线模板库中的负样本最近邻相似度定义为：

$$S^-(p,m) = \max_{p_i^- \in M} S(p,p_i^-) \tag{5.4.14}$$

相对相似度定义为：

$$S^r = \frac{S^+}{S^+ + S^-} \tag{5.4.15}$$

相对相似度 S^r 的取值范围在 [0,1] 之间，值越大代表与正样本的相似度越高，如果大于 0.6 则认为是正样本。

四、综合器算法实现

跟踪器和检测器独立同步并行运行，各自输出预测到的目标框。跟踪器每帧输出至多一个跟踪框，而检测器的输出结果很可能不唯一。综合器的目的是根据跟踪器和检测器得到的多个结果，获得一个最优的跟踪框。

为了实现这个目标，综合器首先使用 k-均值聚类的方法将检测器输出的多个跟踪框进行聚类，得到 n 个类别 $\{C_1,\cdots,C_n\}$；然后使用检测器中的最近邻分类器评估每个类别 C_i 的置信度 D_{conf}。如果存在某个类别 C_i 的置信度 D_{conf} 大于跟踪器的结果置信度 T_{conf}，综合器将会丢弃跟踪器的结果，并对类别 C_i 中的跟踪框求取平均值作为最终输出结果；否则，跟踪器选取置信度 D_{conf} 最高的一个类别 C_j，将其中的跟踪框与跟踪器获得的跟踪框的加权平均值作为最终的输出结果。综合器算法如表 5.4.1 所示。

表 5.4.1　综合器算法

算法 5.4.1 综合器算法
检测器输出跟踪框聚类，得到 n 个类别 $\{C_1,\cdots,C_n\}$； 评估每个类别 C_i 的置信度 D_{conf}； IF 跟踪器有效 　IF 存在 C_i 的 D_{conf} 大于 T_{conf} 跟踪器 　　对 C_i 中的跟踪框求取平均值，输出结果； 　ELSE 　　选取 D_{conf} 最高的一个类别 C_j； 　　计算 C_j 跟踪框和跟踪器获得的跟踪框的加权平均值，输出结果； 　END ELSE 　　选取 D_{conf} 最高的一个类别 C_j，输出结果； 　　重新初始化跟踪器； END

五、目标学习

学习模块的任务是在第 1 帧中初始化目标检测器，并在运行过程中使用 PN 学习算法来更新检测器。PN 学习算法是一种半监督的学习算法[63]，它使用少量的带标签样本初始化检测器，并在跟踪运行过程中产生已标注的样本来更新检测器中的集合分类器和最近邻分类器。

1. 初始化检测器

在第 1 帧中，学习模块使用已标注的样本初始化目标检测器，样本产生方式如下：

正样本由第 1 帧中的初始跟踪框来产生。首先，选取 10 个离初始跟踪框最近的扫描网格，对每个扫描网格进行 20 种几何变换（平移±1%，尺度变换±1%，面内旋转±10°），这样便可以得到 200 个正样本图像块。负样本从初始跟踪框的周围背景中选择，并且无须进行变换。正负样本产生之后，按照式（5.4.10）来更新检测器。初始化之后，检测器进入运行状态并使用 P 约束和 N 约束进行更新。

2. 检测器更新

当跟踪轨迹可靠的时候，即跟踪器结果置信度 T_{conf} 大于设定阈值时，该结果就可用作样本选择的基础，在线生成训练样本更新集合分类器和目标模型。

对于集合分类器，学习器在综合器输出结果的邻域内选取一定数量的已标注样本，与该结果重叠度大于 0.8 的作为正样本，而小于 0.2 的作为负样本。正样本和负样本选择完成之后，使用集合分类器对其进行分类。如果分类结果与标签不同，则认为分类错误并相应地更新对应的 PC 和 NC 值，同时更新相关联的后验概率值 $P_i(y|x)$。相反，如果分类正确，则保持对应的 PC 和 NC 值不变。

对于目标模型，训练样本来自所有通过集合分类器的图像块。正样本只包含一个图像块，即综合器输出的最终结果，而负样本来自被最近邻分类器排除的图像块。类似地，使用最近邻分类器对这些选择的样本进行分类，如果分类错误，该图像块将会被添加到在线模板库中。通过这种方法，跟踪器一旦发现了目标新的外观，便能够为检测器带入新的样本并更新检测器。

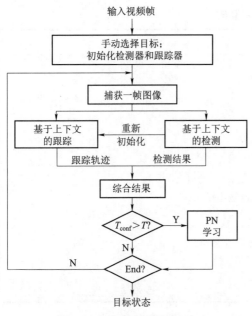

输入视频帧
→ 手动选择目标；初始化检测器和跟踪器
→ 捕获一帧图像
基于上下文的跟踪 ← 重新初始化 → 基于上下文的检测
跟踪轨迹 检测结果
→ 综合结果
→ $T_{conf} > T$? —Y→ PN 学习
N
End?
N
→ 目标状态

图 5.4.6 本节算法流程图

六、算法总结

本节算法流程图如图 5.4.6 所示。

算法流程如下：

（1）手动选定目标框，初始化检测器和跟踪器。

（2）跟踪器利用目标时空上下文信息得到跟踪结果，并使用检测器中的最近邻分类器计算其置信度 T_{conf}。

（3）如果跟踪器失败，检测器在当前图像帧中全局搜索，获取目标并重新初始化跟踪器；否则，检测器利用跟踪器得到的后验概率缩小检测范围并快速搜索目标。

（4）综合器将检测器结果进行聚类并评估每个类别的置信度 D_{conf}，且使用一种优化策略融合跟踪器和检测器的结果，输出最终的跟踪框；若跟踪器和检测器均没有获得目标，则认为跟踪失败，不返回目标框而直接进入下一帧，重新进入步骤（2）。

（5）若跟踪器跟踪成功并且置信度 T_{conf} 大于阈值 T，则学习器根据跟踪器和检测器的结果产生训练样本，更新检测器中集合分类器的后验概率和最近邻分类器的在线目标模型，否则不进行学习。

（6）如果视频没有结束，则进入下一帧，返回步骤（2）。

5.4.4 实验结果与分析

一、实验结果

在本小节中，使用 4 个典型的公开测试视频序列对本节算法进行测试，这些视频中包括剧烈的光照变化、目标严重遮挡、目标消失、尺度和姿态变化等场景，表 5.4.2 给出了视频序列的详细信息（其中，Frames 表示总帧数，OP 表示目标存在帧数，OCC/DIS 表示目标被遮挡/目标消失帧数，I/P/S 表示是否存在光照/姿态/尺度变化），截图中的方框为所要跟踪的目标。

表 5.4.2　测试视频详细信息

序列	Frames	OP	OCC/DIS	I/P/S
1. David	761	761	0/0	Y/Y/Y
2. Pedestrian	184	156	0/28	N/Y/Y
3. Car	945	945	85/0	N/Y/Y
4. Plane	782	782	290/0	N/Y/Y

将本节算法与其他四种最新的目标跟踪算法进行对比，即 TLD、STC、CT 以及 WMT。图 5.4.7～图 5.4.10 中展示了不同跟踪器算法的部分跟踪结果，其中蓝色框为 TLD 跟踪算法，绿色框为 STC 跟踪算法，浅蓝色框为 CT 跟踪算法，紫色框为 WMT 算法，红色框为本节算法；此外，左上角数字表示视频帧序号，右上角出现的彩色圆点表示对应的算法没有返回跟踪框。

测试视频 David 部分跟踪结果如图 5.4.7 所示，视频中包含剧烈的光照变化（如图中第 100、194、283、338、393 帧）以及逐渐的姿态和尺度变化（见图中第 440、455、473、500 帧）。从图中可以观察到，STC、CT 以及本节算法在此测试视频表现良好，WMT 逐渐偏离目标，而 TLD 在大部分时间里丢失目标或者返回错误的跟踪框。

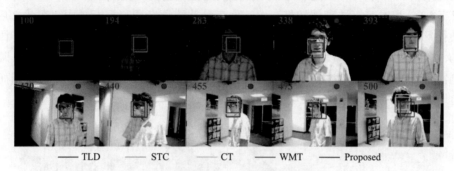

图 5.4.7　视频 David 跟踪截图（附彩插）

测试视频 Pedestrian 部分跟踪结果如图 5.4.8 所示。由于摄像机的运动，目标在第 54 帧消失、在第 80 帧又重新出现（见图中第 54、57、80 帧）。由于 TLD 和本节算法中具有检测模块，因而能够在目标重新出现的时候再次捕获目标；但是其他三种跟踪算法在目标消失后就一直跟踪失败。而且，本节算法能够有效检测目标消失的情况，在目标消失时（第 55～79 帧）没有返回跟踪框，而其他四种算法在此期间则返回了错误的跟踪框。

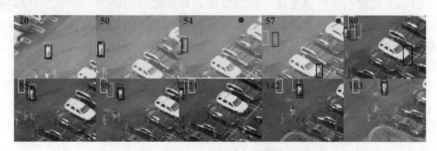

图 5.4.8　视频 Pedestrian 跟踪截图（附彩插）

视频 Car 部分跟踪结果如图 5.4.9 所示，其中包含由目标被部分遮挡或严重遮挡的场景，而且有时还伴随着姿态变化。目标在第 40 帧中部分运动出了视野边界，所有的物种跟踪算法均能够成功跟踪。在后续序列中，在 505 到 507 帧之间（见图中第 512、520、544、550 帧）目标被树林严重遮挡，之后又经历了部分遮挡（见图中第 689、788 帧）。在这种情况下，只有本节算法能够在大部分时间里取得较好的性能。

视频 Plane 部分跟踪结果如图 5.4.10 所示。在此视频中，运动目标经历了平面内旋转和暂时遮挡，而且伴随着背景杂波的干扰。当目标在第 100 帧接近背景杂波时，TLD 和 WMT

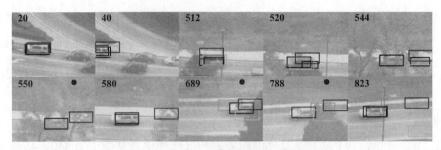

图 5.4.9　视频 Car 跟踪截图（附彩插）

跟踪算法逐渐偏离目标。在后续序列中，目标被短暂地遮挡（见图中第 286、287 帧）。受此影响，只有 STC 和本节算法表现较好，而其他三种算法逐渐漂移至背景中。在此之后，目标进入复杂背景，并伴随着平面内旋转。由于目标的纹理与背景纹理十分相似（见图中第 480、500、530、590、286、287 帧），大部分的跟踪算法都丢失目标。而在本节算法中，跟踪器可以为检测器带入局部上下文背景新的外观信息，并通过学习器不断更新检测器，因而本节算法能稳定地跟踪目标。

图 5.4.10　视频 Plane 跟踪截图（附彩插）

通过观察以上实验结果可以发现，本节算法具有失败检测能力，并且在目标再次出现时具有强大的恢复能力。而且，该算法能够在具有各种挑战因素的复杂环境中（比如剧烈的光照变化、姿态变化、严重遮挡以及背景杂波等）稳定地跟踪目标。

二、定量分析

在本节中，使用"跟踪成功率"（SR）和"中心点误差"（CLE）等指标将本节算法跟踪效果与 TLD、STC、CT、WMT 四种跟踪算法进行定量比较，计算这些指标需要对视频每一帧中目标的真实位置进行手动标注。"重叠度"计算公式为：

$$重叠度 = (\text{RoI}_t \cap \text{RoI}_{gt}) / (\text{RoI}_t \cup \text{RoI}_{gt}) \qquad (5.4.16)$$

式中，RoI_t 和 RoI_{gt} 分别表示目标的跟踪结果和真实位置，如果"重叠度"大于 0.5，则认为跟踪成功；"跟踪成功率"定义为 $\text{SR} = \text{SF} / \text{TF}$，其中 SF 表示跟踪成功的帧数，TF 表示视频的总帧数。"中心点误差"是指跟踪结果 RoI_t 和真实位置 RoI_{gt} 中心点的像素距离。

1. 跟踪成功率比较

考虑到算法中的随机性，每个算法使用每段视频进行多次实验，然后取实验结果的均值作为最终结果。表 5.4.3 给出了各个算法在不同测试视频中多次试验得到的跟踪成功率（SR），表中加粗的数字为性能最佳的实验结果。

表 5.4.3　各个算法在测试视频中的跟踪成功率　　　　%

算法 序列	TLD[64]	STC[65]	CT[66]	WMT[67]	本节算法
1. David	15.4	**97.5**	61.8	65.8	76.2
2. Pedestrian	**78.8**	29.5	25.5	45.2	75.5
3. Car	89.3	71.4	43.7	32.8	**98.0**
4. Plane	48.5	66.5	52.7	13.3	**85.2**

由表 5.4.3 中数据观察可知，本节算法在所有四段测试视频中得到的跟踪成功率均高于 CT 和 WMT 跟踪算法，而在有的测试视频中成功率低于 STC 或者 TLD。

与 TLD 相比，本节算法在视频 2 中跟踪成功率略低，但在视频 1、3、4 中跟踪成功率明显高于 TLD。由于在测试视频 2 中存在目标消失的场景，STC、CT 和 WMT 跟踪算法在目标消失并再次出现时没有目标再检测能力，因而得到的跟踪成功率远低于 TLD 和本节算法。

与 STC 相比，本节算法跟踪成功率在视频 1 中较低，而在视频 2、3、4 中明显较高。因为测试视频 1 中存在剧烈的光照变化，STC 利用上下文信息辅助跟踪目标，并且将上下文区域灰度值减去其均值以减小光照的影响，因而跟踪效果最好；而本节算法中基于目标外观的检测器受光照变化的影响较大，故跟踪成功率低于 STC 跟踪器。

综上所述，本节算法在两段测试视频中取得最高跟踪成功率，而在另外两段测试视频中取得次高的成功率，因此可以认为本节算法具有最高的综合性能，这可以归功于本节算法对目标上下文信息的充分利用。在以上测试视频中，尽管因为各种不确定因素造成目标的外观变化较大，而目标的局部上下文背景在连续图像帧中变化很小。因此，这些背景信息有助于预测目标在下一帧中的状态。

2. 跟踪误差比较

表 5.4.4 为各个算法在不同测试视频中目标跟踪结果与目标真实位置的平均中心点误差（CLE）。类似于表 5.4.3，表中加粗的数字表示每段视频的最佳性能。从表 5.4.3 和表 5.4.4 可以看出，跟踪成功率基本上与平均中心点误差呈负相关。

表 5.4.4　各个算法在测试视频中的平均重叠度和平均中心点误差　　　　像素

算法 序列	TLD[64]	STC[65]	CT[66]	WMT[67]	本节算法
1. David	20.0	**4.8**	12.5	14.5	12.7
2. Pedestrian	**4.8**	24.0	53.2	11.1	7.8
3. Car	6.1	23.8	62.4	35.8	**5.3**
4. Plane	22.6	20.8	14.3	55.7	**7.2**

为了直观地表现跟踪过程中跟踪误差的变化情况，选取跟踪得到的中心点误差和重叠度变化曲线绘制在图中。由于 STC、TLD 以及本节算法表现较好，而且视频 3 和视频 4 的帧数

更多，运动目标所遭遇的挑战也更加复杂，因此选择以上三种算法在视频 3 和视频 4 中的实验数据作为比较对象。图 5.4.11 和图 5.4.12 分别展示了各个算法在视频 3 和视频 4 中每一帧跟踪结果的平均中心点误差和平均重叠度曲线图（根据实验结果，将跟踪失败时的中心点误差和重叠度分别规定为 150 和 0；红色、蓝色、绿色曲线分别表示本节算法、TLD 和 STC 算法。

在测试视频 3 中得到的误差曲线图如图 5.4.11 所示。目标在区间 1 被严重遮挡，尽管本节算法和 STC 跟踪误差略有增加，但依然能够捕获目标，与此同时 TLD 由于目标遮挡而跟踪失败；目标在区间 2 和 3 遭遇严重遮挡并伴随姿态变化，受此影响，STC 在区间 2 丢失目标后一直跟踪失败，跟踪误差也随之增大；而本节算法和 TLD 能够在跟踪失败后再次捕获目标，且本节算法在整个跟踪过程波动明显较小。

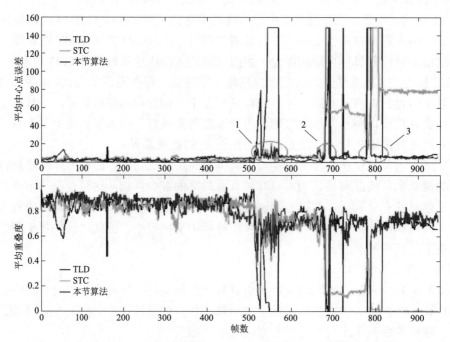

图 5.4.11 视频 **Car** 中跟踪结果的平均中心点误差和平均重叠度（附彩插）

视频 4 跟踪误差如图 5.4.12 所示，运动目标在区间 1 不断接近复杂背景，受此影响，TLD 算法的跟踪误差突然增大；运动目标在区间 2 遭遇严重遮挡，类似于图 5.4.10 中的情况，TLD 算法跟踪失败而 STC 和本节算法仍然能够精确地跟踪目标；在此之后的区间 3，运动目标开始逐渐进入复杂背景（背景纹理与目标纹理相似），TLD 和 STC 算法均开始漂移至背景，两种算法的跟踪误差也随之逐渐增大。受此影响，本节算法的跟踪重叠度也有一定程度的下降，但是跟踪结果的平均中心点误差除了在区间 3 略有增加，之后基本保持小范围的波动。总体而言，在整个跟踪过程中本节算法的鲁棒性较好。

从以上分析可知，本节算法在上述各种挑战中获得较高跟踪成功率的同时跟踪误差也更小。而且本节算法对复杂环境具有较强的抗干扰性，当目标遇到严重遮挡、复杂背景等强烈干扰时，仍能稳定地对目标进行跟踪。

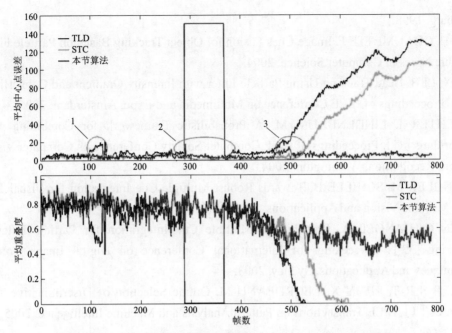

图 5.4.12　Plane 视频中跟踪结果的平均中心点误差和平均重叠度

5.4.5　小结

在本节中，研究了对视频中未知目标的长期跟踪问题。为了解决目跟踪算法在复杂环境中鲁棒性较差的问题，本节研究提出了一种基于上下文信息的运动目标检测与跟踪算法。该算法将长期跟踪任务分为四个同步运行的子模块：跟踪器、检测器、学习器以及综合器，各个部分在之前的章节已经详细描述。选择了四段典型的公开测试视频对本节研究的算法进行测试，并与其他几种最新的算法进行比较。跟踪器在连续帧间利用目标时空上下文信息估计目标状态；检测器结合跟踪器的输出信息在独立帧中搜索目标，并在跟踪器失败时重新初始化跟踪器；学习器根据跟踪器和检测器的输出结果产生训练样本更新检测器。

使用多个典型的公开测试视频进行测试，实验结果表明，本节算法不仅在目标消失后具有较强的恢复能力，而且能够在剧烈的光照变化、严重遮挡、复杂背景等恶劣条件下对目标进行有效跟踪。通过量化比较，本节算法在跟踪准确性、抗干扰性等方面性能明显提升。另外，值得注意的是，本节算法中的学习模块只更新检测模块中的参数，下一步研究可以考虑在学习模块中同时更新跟踪模块的参数。

参 考 文 献

[1] 刘亚利. 背景建模技术的研究与实现 [D]. 北京：北方工业大学，2010.
[2] 周芳芳，樊晓平，叶榛. 均值漂移算法的研究与应用 [J]. 控制与决策，2007，22（8）：841-846.
[3] ISARD M, BLAKE A. Icondensation: Unifying Low-level and High-level Tracking in a Stochastic Framework [C]. Proceedings of 5th European Conference on Computer Vision,

Freiburg, 1998.

［4］ LI P H, CHAUMETTE F. Image Cues Fusion for Object Tracking Based on Particle Filter［J］. Lecture Notes in Computer Science, 2004.

［5］ XU X, LI B. Head Tracking Using Particle Filter with Intensity Gradient and Color Histogram ［C］. Proceedings of IEEE Conference on Multimedia and Expo, Amsterdam, 2005.

［6］ LEICHTER I, LINDENBAUM M. A Probabilistic Framework for Combining Tracking Algorithms ［C］. Proceedings of IEEE Computer Society Conference on Computer Vision and Pattern Recognition, Washington, 2004.

［7］ SPENGLER M, SCHIELE B. Towards Robust Multiple Cue Integration for Visual Tracking ［J］. Machine Vision and Applications, 2003, 14(1): 50−58.

［8］ SHEN C, HANGEL A. Probabilistic Multiple Cue Integration for Particle Filter Based Tracking ［C］. Proceedings of International Conference on Digital Image Computing: Techniques and Applications, Sydney, 2003.

［9］ COLLINS R T, LIU Y X, LEORDEANU M. Online Selection of Discriminative Tracking Features ［J］. IEEE Transactions on Pattern Analysis and Machine Intelligence, 2005, 27(10): 1631−1643.

［10］ 王永忠，梁彦，赵春晖. 基于多特征自适应融合的核跟踪方法 ［J］. 自动化学报，2008，34（1）：393−399.

［11］ JAIDEEP J, VENKATESH R, RAMAKRISHNAN K R. Robust Object Tracking with Background-Weighted Local Kernels ［J］. Computer Vision and Image Understanding, 2008, 112(3): 296−309.

［12］ MAGGIO E, CAVALLARO A. Accurate Appearance-based Bayesian Tracking for Maneuvering Targets ［J］. Computer Vision and Image Understanding, 2009, 113(4): 544−555.

［13］ OJALA T, PIETIKAINEN M, MAENPAA T. Multiresolutiongray-scale and Rotation Invariant Texture Classification with Local Binary Patterns ［J］. IEEE Transactions on Pattern Analysis and Machine Intelligence, 2002, 24(7): 971−987.

［14］ MORENO-NOGUER F. Multiple Cue Integration for Robust Tracking in Dynamic Environments Application to Video Relighting ［D］. Institute of Robotics and Industrial Informatics Technical, University of Catalonia, 2005.

［15］ YILMAZ A. Object Tracking by Asymmetrickernel Meanshift Withautomatic Scale and Orientation Selection ［C］. Computer Vision and Pattern Recognition, CVPR'07, Minneapolis, 2007.

［16］ 周斌. 空中目标图像跟踪关键技术研究 ［D］. 北京：北京理工大学，2010.

［17］ SHEIKH Y, SHAH M. Bayesian Modeling Dynamic Scenes for Object Detection ［J］. IEEE Transactions on Pattern Analysis and Machine Intelligence, 2005, 27: 1778−1792.

［18］ JEYAKAR J, VENKATESH BABU R, RAAKRISHNAN K R. Robust Object Tracking Using Local Kernels and Background Information ［C］. Proceedings of IEEE International Conference on Image Processing, San Antonio, 2007, 5: 49−52.

［19］COLLINS R T. Meanshift Blob Tracking Through Scale Space ［C］. Proceedings of IEEE Computer Society Conference on Computer Vision and Pattern Recognition, Madison, 2003.

［20］COMANICIU D. Nonparametric Information Fusion for Motion Estimation ［C］. Proceedings of IEEE Computer Society Conference on Computer Vision and Pattern Recognition, Madision, 2003.

［21］姚红革，齐华，郝重阳. 复杂情形下目标跟踪的自适应粒子滤波算法 ［J］. 电子与信息学报，2009，31（2）：275-279.

［22］MAGGIO E, CAVALLARO A. Multi-part Target Representation for Color Tracking ［C］. Proceedings of IEEE International Conference on Image Processing, Genoa, 2005.

［23］NING J, ZHANG L, ZHANG D, et al. Robust Meanshift Tracking with Corrected Background-Weighted Histogram ［J］. IET Computer Vision, 2012, 6(1): 62.

［24］朱胜利，朱善安. 基于卡尔曼滤波器组的 Meanshift 模板更新算法 ［J］. 中国图像图形学报，2007，12（3）：460-465.

［25］GEORGESCU B, SHIMSHONI I, MEER P. Meanshift Based Clustering in High Dimensions: a Texture Classification Example ［C］. Proceedings of International Conference on Computer Vision, Nice, 2003.

［26］LINDEBERG T. Scale-space Theory in Computer Vision ［M］. The Netherlands: Kluwer Academic Publishers, 1994.

［27］ZHANG K, KWOK J T, TANG M. Accelerated Convergence Using Dynamic Meanshift ［C］. Proceedings of the 9th European Conference on Computer Vision, New York, 2006.

［28］杨斌，赵颖，樊晓平. 自适应的 Over-relaxed 快速动态均值漂移算法 ［J］. 中南大学学报，2008，39（6）：1296-1302.

［29］CARREIRA-PERPINAN M A. Acceleration Strategies for Gaussian Meanshift Image Segmentation ［C］. Proceedings of IEEE Computer Society Conference on Computer Vision and Pattern Recognition, New York, 2006.

［30］SHEN C, BROOKS M J. Adaptive Over-relaxed Meanshift ［C］. Proceedings of the 8th International Symposium on Signal Processing and Its Applications, Sydney, 2005.

［31］SALAKHUTDINOV R, ROWEIS S. Adaptive Over-relaxed Bound Optimization Methods ［C］. Proceedings of International Conference on Machine Learning, Washington DC, 2003.

［32］FASHING M, TOMASi C. Meanshift is a Bound Optimization ［J］. IEEE Transactions on Pattern Analysis and Machine Intelligence, 2005, 27(3): 471-474.

［33］XU L, JORDAN M I. On Onvergence Properties of the EM Algorithm for Gaussian Mixtures ［J］. Neural Computation, 1996, 8(1): 512-521.

［34］SHEN C, BROOKS M J, HENGEL A. Fast Global Kernel Density Mode Seeking with Application to Localization and Tracking ［C］. Proceedings of International Conference on Computer Vision, Los Alamitos, 2005.

［35］YIN Z, COLLINS R T. Object Tracking and Detection after Occlusion via Numerical Hybrid Local and Global Mode-seeking ［C］. Proceedings of IEEE Conference on Computer Vision and Pattern Recognition (CVPR), Anchorage, 2008.

［36］ ZHOU S H K, CHELLAPPA R, MOGHADDAM B. Visual Tracking and Recognition Using Appearance-Adaptive Models in Particle Filters［J］. IEEE Transactions on Image Processing, 2004, 13(11): 1491－1506.

［37］ SCHINDLER K, SUTER D. Object Detection by Global Contour Shape［J］. Pattern Recognition, 2008, 41: 3736－3748.

［38］ TORRE F D L, GONG S, MCKENNA S. View-based Adaptive Affine Tracking［C］. Proceedings of European Conference on Computer Vision, Freiburg, 1998.

［39］ HAGER G D, BELHUMEUR P N. Efficient Region Tracking with Parametric Models of Geometry and Illumination［J］. IEEE Transactions on Pattern Analysis and Machine Intelligence, 1998, 20(10): 1025－1039.

［40］ LIM J, ROSS D, LIN R S. Incremental Learning for Robust Visual Tracking［J］. International Journal of Computer Vision, 2008, 77: 125－141.

［41］ JEPSON A D, FLEET D J, EL-MARAGHI T F. Robust Online Appearance Models for Visual Tracking［J］. IEEE Transactions on Pattern Analysis and Machine Intelligence, 2003, 25(10): 1296－1311.

［42］ ROSS D, LIM J, YANG M H. Adaptive Probabilistic Visual Tracking with Incremental Subspace Update［C］. Proceedings of European Conference on Computer Vision, Prague, 2004.

［43］ ZHANG B, TIAN W F, JIN Z H. Efficient Hybrid Appearance Model for Object Tracking with Occlusion Handling［J］. Optical Engineering, 2007, 46(8): 1263－1274.

［44］ ZHANG B, TIAN W F, JIN Z H. Probabilistic Tracking of Objects with Adaptive Cue Fusion Mechanism［J］. Journal of shanghai Jiaotong University, 2007, E-12(2): 189－190.

［45］ NGUYEN H T, WORRING M, VAN DEN BOSMAGAARD R. Occlusion Robust Adaptive Template Tracking［C］. IEEE International Conference on Computer Vision, Vancouver, 2001.

［46］ CHANG F L, LIU X, WANG H J.Target Tracking Algorithm Based on Meanshift and Kalmanfilter［J］. Computer Engineering and Applications, 2007, 43 (12): 50－52.

［47］ PENG N S, YANG J, LIU Z. Meanshift Blob Tracking with Kernel Histogram Filtering and Hypothesis Testing［J］. Pattern Recognition Letters, 2005, 26(5): 605－614.

［48］ 彭宁嵩，杨杰，周大可，等. Meanshift 跟踪算法中目标模型的自适应更新［J］. 数据采集与处理，2005，20（2）：125－129.

［49］ MAYBECK P S. Stochastic Models Estimations and Control［M］. New York: Academic Press, 1982.

［50］ GODSILL S. Improvement Strategies for Monte Carlo Particle Filters［D］. England: University of Cambridge, 2005.

［51］ GORDON N J, SALMOND D J, SMITH A F M. Novel Approach to Nonlinear/Non-Gaussian Bayesian State Estimation［J］. IEE Proceedings-F of Radar and Signal Processing, 1993, 140(2): 107－113.

［52］HIGUCHI T. Monte Carlo Filters Using the Genetic Algorithm Operators［J］. Journal of Statistical Computation and Simulation, 1997, 29(1): 1−23.

［53］LIU J S, CHEN R. Sequential Monte Carlo Method for Dynamic System［J］. Journal of the American Statistical Association, 1998, 93(443): 1032−1044.

［54］WEN J, LI J, GAOX B. Adaptive Object Tracing with Incremental Tensor Subspace Learning［J］. Acta Electronica Sinica, 2009, 37(7): 1618−1623.

［55］LI J, WANG J Z. Adaptive Object Tracking Algorithm Based on Eigenbasis Space and Compressive Sampling［J］. IET Image Processing, 2012, 6(8): 1170−1180.

［56］Shlens J. A Tutorial on Principal Component Analysis［J］. International Journal of Remote Sensing, 2014, 51(2): 1−5.

［57］ZHANG X. Matrix Analysis and Applications［M］. Beijing: Tsinghua University Press，2008.

［58］PREDA R O, VIZIREANU D N. Quantisation-based Video Watermarking in the Wavelet Domain with Spatial and Temporal Redundancy［J］. International Journal of Electronics, 2011, 98(3): 393−405.

［59］PREDA R O, VIZIREANU D N. A Robust Digital Watermarking Scheme for Video Copyright Protection in the Wavelet Domain［J］. Measurement, 2010, 43(10): 1720−1726.

［60］LIM J, ROSS D, LIN R S, et al. Incremental Learning for Visual Tracking［C］. Proceedings of Conference on Advances in Neural Information Processing Systems (NIPS), Vancouver, 2004.

［61］REDDY D, SANKARANARAYANAN A C, VOLKAN C, et al. Compressed Sensing for Multi-view Tracking and 3D Voxel Reconstruction［C］. 15th IEEE International Conference on Image Processing, San Diego, 2008.

［62］刘文学. 基于多传感器的无人运动平台可行驶区域探测技术研究［D］. 北京：北京理工大学，2017.

［63］KALAL Z, MATAS J, MIKOLAJCZYK K. P-N Learning: Bootstrapping Binary Classifiers by Structural Constraints［C］. IEEE Conference on Computer Vision and Pattern Recognition, 2010.

［64］KALAL Z, MIKOLAJCZYK K, MATAS J. Tracking-Learning-Detection［J］. IEEE Transactions on Pattern Analysis and Machine Intelligence, 2012, 34(7): 1409−1422.

［65］ZHANG K, ZHANG L, LIU Q. Fast Visual Tracking via Dense Spatio-temporal Context Learning［C］. 13th European Conference on Computer Vision, vol.8693, 2014.

［66］ZHANG K, ZHANG L, YANG M H. Fast Compressive Tracking［J］. IEEE Transactions on Pattern Analysis and Machine Intelligence, 2014.

［67］ZHANG K, SONG H. Real-time Visual Tracking via Online Weighted Multiple Instance Learning［J］. Pattern Recognition, 2013, 46: 397−411.

第6章
图像检测与目标跟踪技术应用

6.1 空中机动目标检测与跟踪系统

6.1.1 系统组成及原理

空中机动目标检测与跟踪系统主要由一体化环境感知系统和信息处理系统组成,其原理框图如图 6.1.1 所示。其中一体化环境感知系统由多源传感器三维激光雷达、可见光摄像机、红外光摄像机和毫米波雷达组成,安装在两自由度跟踪平台上,如图 6.1.2 所示。多源传感器采集目标信息传输到信息处理计算机;两自由度跟踪平台放置在无人运动平台上,包括俯仰、方位两个自由度,其随动系统由交流伺服电动机、高精度减速器、角度传感器等组成。两自由度跟踪平台控制器接收运动参数信号,实时解算出两轴稳定跟踪平台各轴的运动参数,并向单轴运动控制器发送控制指令,从而控制跟踪平台上传感器始终指向被跟踪目标,同时在超出传感器检测范围时,控制无人运动平台跟踪目标。图像信息处理系统是本节研究的核心内容,通过图像处理计算机完成对目标的检测与跟踪,计算出目标的当前位置,然后估计出目标的运动状态,包括目标的位置、速度、加速度等,并将这些信号分解成空间方位、俯仰及距离信息反馈到跟踪平台和无人运动平台控制器中,以实现稳定的目标跟踪。

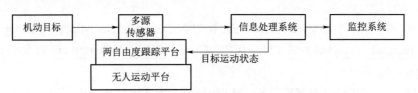

图 6.1.1 空中机动目标检测与跟踪系统原理框图

图 6.1.2 一体化环境感知系统

6.1.2 主要部件选型

1. 多源传感器

多源传感器信息如表 6.1.1 所示。

表 6.1.1 多源传感器信息

传感器	基本参数	生产厂家
三维激光雷达	检测距离：0.5～100 m； 水平视场角：360°； 垂直视场角：−15°～15°； 频率：5～20 Hz； 接口：以太网	Velodyne
可见光摄像机	分辨率：1 280×1 024； 帧率：90 f/s； 接口：千兆以太网	Luster
红外光摄像机	分辨率：384×288； 帧率：50 f/s； 接口：千兆以太网	海康微影
毫米波雷达	频段：76～77 GHz； 检测距离：0.2～70 m/100 m@0°～±45°，0.2～20 m@±60°； 方位角：−9°～9° 远距，−60°～60° 近距； 俯仰角：14° 远距，20° 近距； 周期：72 ms； 接口：CAN 协议	德国大陆

2. 两自由度跟踪平台

两自由度跟踪平台包括方位和俯仰两个自由度，搭载多源传感器。其作用是保证传感器在载体运动的情况下，能够始终保持稳定。两自由度跟踪平台运动参数如表 6.1.2 所示。

表 6.1.2 两自由度跟踪平台运动参数

项目	运动范围/(°)	最大速度/[(°)·s⁻¹]	最大加速度/[(°)·s⁻²]
方位向	−120～+120	90	120
俯仰向	−90～+90	90	120

6.1.3 实验结果分析

实验过程中一体化环境感知系统安装在地面无人运动平台上，由无人机在空中飞行作为空中运动目标，如图 6.1.3 所示。采用摄像机采集无人机图像，通过目标检测方法检测出无人机在图像中的像素坐标，并将目标的运动信息实时发送到主控计算机；主控计算机得到了目标运动信息后，经过运动学解算将控制信号发送至两自由度跟踪平台控制器，控制无人机始终处于摄像机的视场中心，如果目标飞出视场，则控制无人运动平台跟踪无人机运动。无人机目标检测与跟踪结果如图 6.1.4 所示。

图 **6.1.3**　空中机动目标检测与跟踪系统

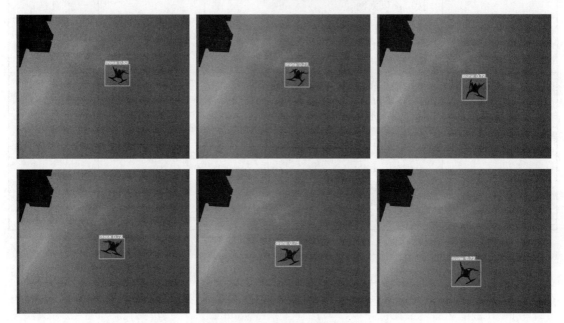

图 **6.1.4**　目标检测与跟踪结果

6.2　基于单目视觉的地面无人运动平台道路场景理解

6.2.1　引言

道路场景理解与道路检测是分不开的。图像语义分割适用于图像前景和背景的分离。因此本节在特征提取网络的基础上，设计了用于道路检测的语义分割网络。然后，以通过基础网络和目标检测解码网络构建多任务网络，实现目标检测与道路检测同时进行。本节在 FCN 的基础上考虑全局信息和特征通道关系对网络结构进行改进。然后联合特征提取和目标检测网络搭建完整的多任务道路场景理解网络，最后在 Kitti 数据集中对所提出的算法进行实验验证和分析。

6.2.2 基于深度学习的道路分割网络

FCN 网络的提出对语义分割的研究起到了极大的推进作用，但是同时还存在诸多问题。使用 CNN 网络提取特征的过程必然需要池化，而这一过程会丧失诸多局部特征。利用转置卷积向上采样不能很好地结合图像的全局特征，因此通常需要整合多尺度空间信息，利用全局上下文来预测和推断像素。本节提出的改进道路分割网络[1]如图 6.2.1 所示，设计思路主要考虑了 3 点：全局信息、特征融合和通道调整。

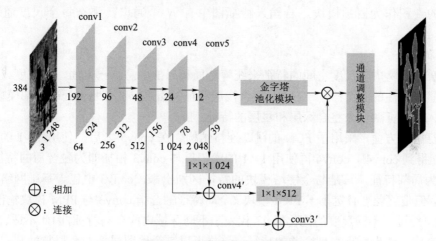

图 6.2.1 改进的道路分割网络

1. 全局信息

经典 FCN 在预测过程中不会关注全局的上下文信息，从而导致分割错误。比如有些船与车的外形相似，可能会把船预测为车辆，然而车不可能停在水面上，如果网络能够捕捉到全局信息，那么可以大大降低错误率。同时，网络很容易忽略小目标，而大目标有时会超过网络的感受野。因此，一个可以先验地表示图像的全局信息的网络具有重大的意义。基于此，本节使用了全局金字塔池化模块（Pyramid Pooling Module，PPM），结构如图 6.2.2 所示。

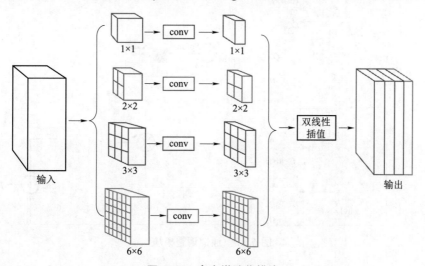

图 6.2.2 金字塔池化模块

金字塔池化模块以基础网络输出的特征图为输入，经过 4 个尺度的特征平均池化后得到 4 种全局特征，特征向量通过双线性插值上采样之后拼接在一起作为模块输出。通过输入特征的全局平均池化可以得到 1×1 的特征，它是图像粗略的全局先验信息。将输入的特征图平均分成 2×2 个区域。每个区域内进行平均池化，获得 2×2 的特征向量，每个值是局部区域的特征表述。为了能够表达不同范围、不同大小的区域特征，同时设计 3×3 和 6×6 的池化大小，组成了 4 种尺度的全局金字塔池化模块。同时考虑到不同尺度的特征权重分配问题，以及基础网络输出的特征图通道过宽会增大后续处理的数据量，在池化后使用 1×1 的卷积作为瓶颈模块，若输入特征图中有 N 个通道，那么每个尺度通道减少为 $1/16N$。

2. 特征融合

语义分割要考虑多尺度空间的特征来统筹全局和局部信息。一方面，细粒度或局部信息是提高像素级标注的关键；另一方面，整合浅层特征的信息，也有助于处理局部模糊的问题。因此，引入了特征融合来整合深层和浅层的特征。

在特征融合方面，采用了 FCN 的跳跃连接结构。在 conv5 之后，使用 1×1 的卷积核与 conv4 相加得到 conv4′。conv4′再使用 1×1 的卷积后与 conv3 相加即为融合后的特征 conv3′。之所以称为局部特征，只是与金字塔模块的特征区别出来，conv3′中包含基础网络的浅层和深层特征，但是感受野必定小于 PPM 模块。全局特征融合指 conv3′与 PPM 模块输出的融合。PPM 的输出经过了不同尺度的池化操作，代表了不同区域内的全局特征，因此不适宜与 conv3′相加。本节将二者串联后得到合并的特征，这样可以完全保留局部与全局特性。

3. 通道调整

全局特征融合只是简单地把两种特征连接起来，合并后特征宽度大。由于目标大小各异，在各个尺度下的表示也不尽相同，所以通道之间相互依赖关联，需要网络能够自适应地调节不同通道之间的权重比例，以便更好表达目标。参照第 3 章中的自注意力机制，本节使用通道调整模块整合融合后特征，刺激有助于分割的通道表达，同时抑制无用通道的权重，模块结构图如图 6.2.3 所示。

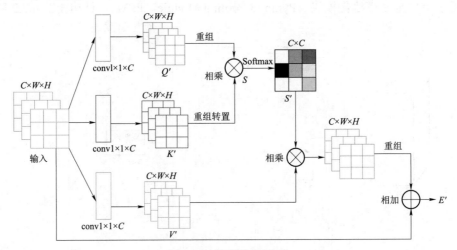

图 6.2.3　通道调整模块

假设输入特征图 I' 大小为 $C \times W \times H$，经过 $1 \times 1 \times C$ 的卷积后，分别得到查询量 Q'、键 K' 和值 V'，Q' 和 K' 经过重组后大小为 $C \times N$，$N = W \times H$。K' 转置后与 Q' 相乘，得到 S'，$S' \in \mathbf{R}^{C \times C}$，$S$ 中的特征按行做 Softmax 处理：

$$s'_{ji} = \frac{\exp(Q'_i \cdot K'_j)}{\sum\limits_{i=1}^{C} \exp(Q'_i \cdot K'_j)} \tag{6.2.1}$$

s'_{ji} 表示第 i 个通道对第 j 个通道的影响，即通道间的相关关系。然后将 V' 与 S' 相乘，根据相关性计算通道得分，为得分赋予权重后与输入相加即为通道调整模块输出 E'，$E' \in \mathbf{R}^{C \times H \times W}$。

$$E' = \eta \sum_{i=1}^{C} (s'_{ji} V'_i) + I'_j \tag{6.2.2}$$

本节采用交叉熵计算损失，如果每次训练批量大小是 N_{seg}，图像中包含的像素点数是 M，$p'(x'_{ij})$ 表示第 i 个图像中第 j 个像素点标签值，$q'(x'_{ij})$ 表示预测值，则语义分割损失可以表示为：

$$L_{\text{seg}} = -\frac{1}{M \times N_{\text{seg}}} \sum_{i=1}^{N_{\text{seg}}} \sum_{j=1}^{M} p'(x'_{ij}) \lg(q'(x'_{ij})) \tag{6.2.3}$$

6.2.3　检测分割联合网络设计

本节设计的检测精度高、实时性好的检测分割联合网络，能够同时完成结构化道路场景中的道路检测和目标检测两种任务。该网络的结构示意图如图 6.2.4 所示。

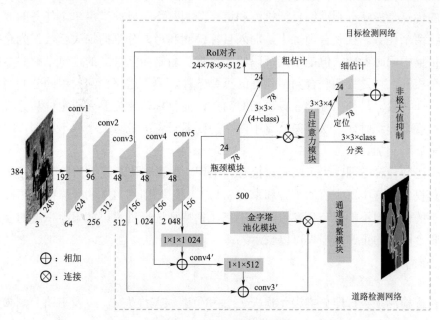

图 6.2.4　多任务网络示意图

特征提取网络作为联合网络的基础网络，被检测和分割任务所共享，可以看作特征编码器（Encoder）。去除网络最后的全连接层，保留 conv1～conv5，设网络的输入图像大小为 $W \times H \times C$，则编码器输出的特征图大小为 $\frac{1}{8}W \times \frac{1}{8}H \times 2\,048$，其中需要特别说明的是由于 conv4 和 conv5 中采用了空洞卷积，因此 conv3～conv5 特征图分辨率均为 $\frac{1}{8}W \times \frac{1}{8}H$。目标检测译码器采用基于自注意力机制的目标检测网络。网络可以直接与共享编码器连接。经过卷积核为 1×1、步长为 2 的瓶颈模块后，特征图的大小为 $\frac{1}{16}W \times \frac{1}{16}H \times 500$，粗估计后，预设框经过 RoI 对齐映射到 conv3 后，得到的特征大小为 $\frac{1}{16}W \times \frac{1}{16}H \times (9 \times 512)$，并将这些特征与瓶颈模块串联起来，然后再进一步做细估计，细估计为粗估计的边界框的补偿值，相加后为最终的包围框坐标。

道路检测解码器（Segmentation Decoder）采用第 4 章中改进的分割网络，同样可以直接与编码器相连。金字塔池化模块得到的特征图大小为 $\frac{1}{8}W \times \frac{1}{8}H \times 512$，而 conv5 和 conv4 的特征图进行 1×1 卷积，并与上一层的特征相加，实现跳跃连接，得到的多尺度特征图大小为 $\frac{1}{8}W \times \frac{1}{8}H \times 512$。将金字塔池化模块输出与多尺度特征串联，得到的特征向量大小为 $\frac{1}{8}W \times \frac{1}{8}H \times 1\,024$，通道调整模块的输入和输出大小相同，最后上采样获得道路分割结果。

在模型训练方面，整体采用精细调整方式。首先用 CIFAR100 数据集训练第 2 章的分类网络，用训练结果初始化共享编码器，需要注意的是分类网络的最后一层全连接层需要去除。联合网络的优点是能够分别训练目标检测和道路分割网络，以此满足单个任务的要求，也能够同时训练两个任务。在联合训练中，加入目标检测和道路分割的损失函数作为总损失，在梯度反向传播中同时考虑。但是不同解码器的权重更新是相互独立的，每个解码器的训练参数也不完全相同，这是保证联合网络建立的重要条件。由于道路检测采用的分割网络实际上是分割道路和背景，只是二分类任务，相对简单，而目标检测需要完成定位和分类，较为困难，因此在联合训练时，一次误差计算中两个解码器设置的批量大小各不相同，损失函数需要赋予权重后再相加。

在损失函数设计方面，为了防止过拟合，采用 L2 正则化对网络的权值进行正则化。L2 正则化是对权值矩阵中每个值的平方和求和。与 L1 损失相比，L2 的计算效率更高，使参数集中到更小的值，但不能稀疏化参数，也没有 L1 特征选择过程。如果卷积层的参数分别为 w_{conv}，则联合网络的正则化损失可以表示为：

$$L_{\text{reg}} = \left\| w_{\text{conv}} \right\|^2 \tag{6.2.4}$$

结合目标检测损失，即分类误差损失 L_{conf} 和位置误差损失 L_{loc} 以及道路分割损失（见式 (6.2.3)），可以得到联合训练的整体损失为：

$$L_{\text{total}} = L_{\text{dec}} + \alpha L_{\text{seg}} + \beta L_{\text{reg}}$$

$$= (L_{\text{conf}} + \gamma L_{\text{loc}}) + \alpha L_{\text{seg}} + \beta L_{\text{reg}}$$

$$= -\frac{1}{N_{\text{dec}}} \left(\sum_{i=0}^{N_{\text{dec}}} p(x_i) \lg(q(x_i)) + \sum_{i=0}^{N_{\text{dec}}} p(x_i) \lg(h(x_i)) \right) + \qquad (6.2.5)$$

$$\gamma \times \frac{1}{N_{\text{dec}}} \sum_{i=0}^{N_{\text{dec}}} \left\{ m_i^p \times \sum_{j \in \{cx,cy,w,h\}} [\, | c_i^j - \hat{c}_i^j | + (l_i^j - \hat{c}_i^j)^2 \,] \right\} -$$

$$\alpha \times \frac{1}{M \times N_{\text{seg}}} \sum_{i=1}^{N_{\text{seg}}} \sum_{j=1}^{M} p'(x'_{ij}) \lg(q'(x'_{ij})) + \beta \times \| w_{\text{conv}} \|^2$$

其中，α、β 和 γ 是分割任务、正则损失和目标位置损失的权重，本节分别取 $\alpha = 1$，$\beta = 2$，$\gamma = 1$。

6.2.4　实验结果及分析

本节介绍了实验使用的数据集、训练学习过程的参数设计以及采用的图像增强方法等。针对改进的道路分割网络，通过对比传统 FCN 网络、加入金字塔池化模块前后、加入通道调整模块前后对应的分割精度和算法速度，验证所提出网络的有效性。在检测分割联合网络的训练方面，利用 Kitti 数据训练模型并进行实验验证。

一、检测分割联合网络训练设置

Kitti 数据集中的道路数据集（road）和二维目标检测数据集（object）用于训练和测试。检测分割网络使用 Nvidia GeForce GTX 1070Ti 显卡进行训练，在 TensorFlow 框架中搭建网络架构，编程采用 Python 语言。在数据增强方面：① 随机剪裁图像，若真实框的中心在图中且图中真实框面积大于 20，则可保留该剪裁图。② 随机水平翻转图像，概率为 0.5。③ 随机调整图像对比度。④ 随机调整图像亮度。与多感受野目标检测网络相同，以第 2 章得到的预训练模型对特征提取网络的参数做初始化，conv5_3 后面的权重 w_{inf} 初始化采用 MSRA 方法。参数优化方式采用 Adam 算法，设置学习速率为 10^{-5}，不同任务设置不同训练参数，其中目标检测 epsilon（极小常数 ε）为 5×10^{-4}，批量大小为 5，道路分割 epsilon 为 1×10^{-4}，批量大小为 1。最大迭代次数为 120 000 次，训练参数设置见表 6.2.1。

表 6.2.1　检测分割联合网络的训练参数设置

参数名称	目标检测	道路分割
批量大小	5	1
epsilon	5×10^{-4}	10^{-4}
学习速率	10^{-5}	
最大迭代次数	120 000	
优化算法	Adam	

经过联合训练，目标检测和道路分割的精度如表 6.2.2 所示。从表中可以看到，与单独训练对比起来，目标检测与道路分割网络的检测精度都有一定程度的提高，这得益于第 2 章设计的特征提取网络，使联合网络得到更好的特征表达。同时，使用了第 2 章的预训练结果，相当于利用迁移学习的思想。由于目标识别与目标检测、语义分割具有很强的相关性，因此促进了联合训练。在训练过程中，目标检测解码器与道路分割解码器的损失相加作为网络总损失，一起参与参数更新误差传递，因此网络的模型参数可以兼顾两个任务，而不会出现一个任务性能优秀，另一个任务精度差的情况。从整体看，网络的帧率能够达到 20 f/s，可以在真实场景中应用。

表 6.2.2　检测分割联合网络的检测性能

目标检测网络		道路分割网络	
车（Car）AP/%	89.76	IoU/%	93.92
行人（Pedestrian）AP/%	86.59	F1/%	94.41
骑自行车的人（Cyclist）AP/%	85.81	PA/%	99.16
时间/ms	42	时间/ms	49
帧率/（f·s^{-1}）	21	帧率/（f·s^{-1}）	20

网络训练学习结果如图 6.2.5 所示。第一组图代表道路空旷场景，路面存在大量阴影；第二组图中道路边缘有车辆，同时路面有阴影斑驳；第三组图中路边车辆遮挡严重，同时道路中存在多种障碍物；第四组图中道路情况十分复杂，车辆拥挤遮挡，路边缘没有明确边界。从检测结果中可以看出，该算法对目标的识别和定位是准确的，对道路的分割是完整和平滑的。在各种复杂场景中均有良好的环境适应性，拥有较强的应用价值。

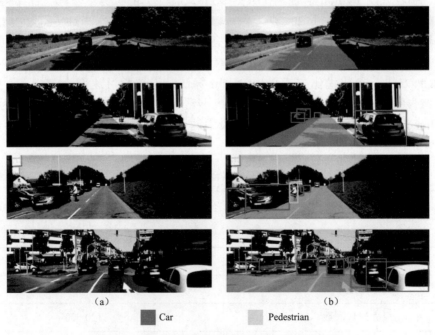

（a）　　　　　　　　　　　　　　（b）

■ Car　　　　■ Pedestrian

图 6.2.5　检测分割联合网络训练学习实验结果图

（a）原图；（b）道路场景理解

二、基于多任务网络的道路场景理解算法实验结果

本节首先单独进行道路分割实验，然后测试联合网络。本节设计的改进 FCN 道路检测网络的检测效果如图 6.2.6 所示。图中第一行、第三行均为原始输入，第二行、第四行是道路检测结果。图 6.2.6（a）为最简单的道路场景，图 6.2.6（b）、（c）中目标稀疏，路面较为空旷；图 6.2.6（d）中路面有大量行人，图 6.2.6（e）、（f）中路面存在光照和阴影变化。从检测结果来看，改进的 FCN 可以基本完全地分割出道路，对于路面大量占用、光照变化等情况也适应良好。

(a)　　　　　　　　　　　(b)　　　　　　　　　　　(c)

(d)　　　　　　　　　　　(e)　　　　　　　　　　　(f)

图 6.2.6　改进的 FCN 道路分割检测结果

在实际运动场景中，使用本节的道路检测网络，实验结果如图 6.2.7 所示。在运动过程中，路面存在占用情况，道路两边车辆复杂。从图中能够看到，本节设计算法可以比较完整地提取出可行驶空间，因此具有较强的实际应用价值。

(a)   (b)   (c)   (d)

(e)   (f)   (g)   (h)

图 6.2.7　实际场景道路分割结果

多任务联合网络检测结果如图 6.2.8 所示，从图中可以看到联合网络很好地结合了目标检测和道路分割任务，图中第一行、第三行均为原始输入，第二行、第四行为联合检测结果。对于图 6.2.8（a）中虽然路面空旷，但是目标小，检测困难；图 6.2.8（b）、（c）、（d）中存在路边占用情况，目标种类繁复，遮挡严重；图 6.2.8（e）、（f）中路面和目标都受到了光照影响。检测结果能够很好地适应多种路面情况，基本完成目标检测任务，也说明本节设计算法的有效性。

（a）　　　　　　（b）　　　　　　（c）

（d）　　　　　　（e）　　　　　　（f）

　Car　　　　　■ Pedestrian　　　　　Cyclist

图 6.2.8　多任务联合网络检测效果

　　在实际运动场景中，使用本节的联合检测网络，实验结果如图 6.2.9 所示。图 6.2.9（c）、（d）中路面有占用的情况，且道路两侧目标堆叠遮挡严重。运动过程中包括多种目标，而从图 6.2.9 的实验结果里能够看出，联合网络可以实现真实环境下的道路场景理解。

6.2.5　小结

　　本节主要介绍了道路分割网络以及联合检测设计的相关内容，首先阐述了全卷积语义分割算法的原理和结构设计思路，简要说明语义分割网络的评价指标。然后在全卷积网络的基础上，考虑全局信息和网络多通道之间的关系，设计了一种改进的道路分割网络，大大提高了语义分割性能。另外，结合第 3 章提出的目标检测以及本节的道路检测算法，设计检测分割联合网络，同时实现两种任务。最后，通过实验验证了本节提出的网络结构的先进性和有效性。

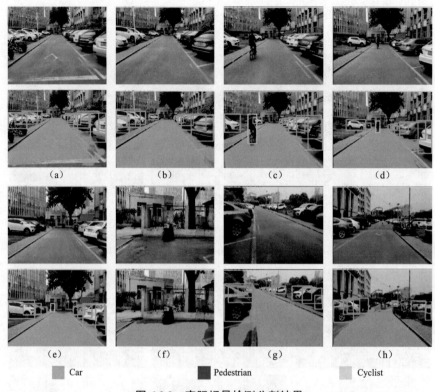

（a）　　　　　　　　（b）　　　　　　　　（c）　　　　　　　　（d）

（e）　　　　　　　　（f）　　　　　　　　（g）　　　　　　　　（h）

■ Car　　　　　　　　■ Pedestrian　　　　　　　　■ Cyclist

图 6.2.9　实际场景检测分割结果

6.3　基于单目视觉的地面无人运动平台轻量化语义分割

随着计算机硬件资源以及图形处理单元（GPU）计算能力的不断提升，当前基于深度卷积神经网络的方法已经被广泛应用到图像语义分割技术中，不断加深的网络模型结构在强大算力设备的支持下能够进一步提升图像分割的性能。然而单层卷积提取而来的特征忽略了不同距离、位置像素之间的空间关系，使得网络模型"视野"受限。为了进一步提升语义分割的性能，有效的上下文信息捕获和建模极为重要。本节设计了 SlimDWF（Slim Depth-Wise Factorized）特征提取模块，进一步优化整体模型的运行效率，并设计 SCA（Spatial and Channel Attention）模块建模全局上下文信息，通过聚合局部和全局信息实现更丰富高效的特征提取，基于这些高效模块搭建了 FACSNet（Fast Attention Contextual based scene Segmentation Network）实现高效语义分割。在城市道路场景公开数据集的 Cityscapes[2]数据集和 CamViD[3,4]数据集上验证了所设计网络模型的有效性。

6.3.1　快速自注意力结构

在 Non-local[5]注意力结构中，将像素之间相关性描述函数定义为 Embedded Gaussian 之后，Non-local 就变成了典型的自注意力机制。自注意力机制中，查询变量 Query 和键 Key 都是来自输入特征图的线性变换，即可学习的 1×1 卷积。在由 Query 和 Key 计算像素位置相似性关系时，需要将二者的点积结果进行 Softmax 归一化处理，再与经过线性变换的特征图 Value 值相乘。这种计算方式计算复杂度为 $O(n^2c)$，其中 n = height × width，是输入特征图的大小，c 是输入特征图的通道维度。由此可以看出经典自注意力机制的计算复杂度与输入特征图的大小成二次方的关系，而与通道维度呈线性关系，即计算复杂度受到输入图像大小的影响更大。语义分割任务属于像素密集任务，为了保证足够的信息，输入图像的分辨率通常都很大，导致自注意力机制在直接应用到语义分割任务中时会带来巨大的计算量，从而限制了其在实时语义分割方面的应用。

　　自注意力机制的引入是为了能够有效地建模上下文信息，进而改善语义分割性能。但是实际上从 Non-local 的研究结果中可以发现，不同位置像素相关性描述函数的选择对注意力的影响相差不大，这意味着自注意力产生效果可以看作是 Non-local 计算方式的作用。因此可以通过优化计算方式来对经典的自注意力机制进行化简[6]，其计算方式如图 6.3.1 所示，其中 Q、K 和 V 分别表示输入特征图经过 1×1 卷积之后得到的查询 Query、键 Key 和值 Value。

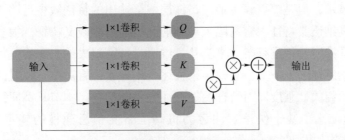

图 6.3.1　快速自注意力计算方式示意图

　　首先将 Softmax 归一化处理移除，像素位置之间的相关性通过点积操作获取，表示如式（6.3.1）：

$$f(Q, K) = Q \cdot K^{\mathrm{T}} \qquad (6.3.1)$$

式中，Q 和 K 分别表示输入特征图经过 1×1 卷积之后得到的查询 Query 和键 Key。

　　直接点积会导致生成的权重掩码存在较大值，影响权重分布，因此利用正则余弦相似性进行计算，得到初步优化的结果如式（6.3.2）：

$$Y = \frac{1}{n} \left(\hat{Q} \cdot \hat{K}^{\mathrm{T}} \right) \cdot V \qquad (6.3.2)$$

式中，n = height × width 是特征图的空间尺寸大小，$\hat{Q}$ 和 $\hat{K}$ 分别为 Q、K 在通道维度进行 L2 归一化的结果。

　　在此基础上，由于没有了 Softmax，矩阵乘法就可以进行结合律运算，以此改变原始自注意力中的运算顺序，计算形式如式（6.3.3）：

$$Y = \frac{1}{n} \hat{Q} \cdot \left(\hat{K}^{\mathrm{T}} \cdot V \right) \qquad (6.3.3)$$

式中，n = height × width 是特征图的空间尺寸大小，$\hat{Q} \in \mathbf{R}^{n \times c'}$、$\hat{K} \in \mathbf{R}^{n \times c'}$、$V \in \mathbf{R}^{n \times c}$ 分别为正则化的查询 Query、键 Key 和值 Value。

更换顺序以后的注意力先计算键 Key 和值 Value 的点积，随后再用查询 Query 对点积结果进行查询。在这个计算过程中，$K^T \cdot V$ 先进行计算，得到的输出尺寸为 $c' \times c$，$\hat{Q}$ 再与之计算得到 $n \times c$ 的大小尺寸，因而整体的计算复杂度为 $O(nc^2)$。经过优化的快速自注意力与经典注意力机制的计算复杂度相比较，可以得到如式（6.3.4）所示结果。

$$\frac{O(nc^2)}{O(n^2c)} = \frac{c}{n} \tag{6.3.4}$$

由于在语义分割任务中，输入图像的分辨率 n 通常远大于其通道数 c，因此可以从以上公式中看出，通过优化自注意力机制中的计算顺序可以大幅度降低其计算复杂度，进而使快速自注意力机制可以用于轻量化语义分割模型中，在增加少量计算负担的条件下进一步增强网络模型对全局上下文信息的建模能力。

6.3.2 基于多维度快速自注意力的上下文建模语义分割网络设计

基于全卷积神经网络结构的语义分割网络表现出了良好的分割效果，但随着基于卷积操作的网络结构加深加宽，模型的性能逐渐出现了瓶颈。虽然层数较深的网络模型能够对特征进行足够的抽象表示，但是随着深度加深，深层网络输出的特征缺少足够的全局上下文信息进行辅助修正，高维语义特征很容易陷入局部的区域而形成歧义特征。很多研究工作通过利用跳跃连接对不同维度特征进行融合来弥补高维语义特征缺失的空间特征信息。另一种研究思路是，通过像素感知的上下文信息建模来描述全局像素位置对某一位置的贡献度，进而建模全局像素之间的相关性强度，对特征图进行注意力的加权。本节从不同尺度上下文信息建模的角度出发，设计了基于快速自注意力机制上下文信息建模的轻量化语义分割网络FACSNet，网络结构如图 6.3.2 所示。

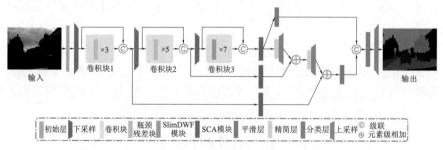

图 6.3.2 FACSNet 网络结构示意图

整体网络为编解码结构，其中编码器经过三次下采样，并在每次下采样后引出中间特征，解码器共进行两次上采样，并在每次上采样后与编码器对应阶段引出的中间特征相融合。输入图像首先经过初始层进行初步特征提取，然后经过编码器得到不同阶段的特征图，这些特征图经过多维度的注意力建模后输入解码器，解码器负责各个阶段特征的融合，最后解码器的输出经过一层点卷积层将输出特征图通道数映射为分割类别数并经过一次 2 倍双线性插值得到最终输出。具体网络结构配置见表 6.3.1，其中 Bottleneck 代表瓶颈结构，D 代表膨胀卷积，其括号中内容为膨胀率策略。

FACSNet 性能的提升主要来自以下几个方面的设计优化：

（1）在特征提取阶段设计了 SlimDWF 特征提取模块，通过结合瓶颈残差块搭建了高效的特征提取骨干网络 ResSDNet（ResBlock and SlimDWF based Network），实现了对特征的分阶段提取和高效表达。

（2）多分支下采样模块进一步减少了空间分辨率降低导致的空间细节特征的损失。

（3）设计了多维度优化的快速自注意力 SCA 模块，并搭建了分阶段多级编解码结构，充分融合了不同尺度的上下文信息，优化了特征恢复性能。

表 6.3.1　FACSNet 网络具体参数配置

阶段	操作方式	模式	通道数	输出大小
输入 初始层	3×3 卷积	Stride 1	3 32	360×480 360×480
下采样 1	最大池化＋3×3 卷积 1×1 卷积	Stride 2 Stride 1	32 32	180×240 180×240
卷积阶段 1	3×ResBlock	Bottleneck 1/2	32	180×240
下采样 2	最大池化＋3×3 卷积 1×1 卷积	Stride 2 Stride 1	64 64	90×120 90×120
卷积阶段 2	5×ResBlock	Bottleneck 1/2	64	90×120
下采样 3	最大池化＋3×3 卷积 1×1 卷积	Stride 2 Stride 1	128 128	45×60 45×60
卷积阶段 3	7×SlimDWF 模块	Bottleneck 1/2 D（2，3，5，8，13，17，21）	128	45×60
注意力层	SCA 模块		256	45×60
初始阶段	3×3 卷积（平滑层） 1×1 卷积（精简层）	Stride 1 Stride 1	128 128	45×60 45×60
注意力层	SCA 模块		128	45×60
上采样 1	双线性插值 1×1 卷积（精简层）	×2 Upsample Stride 1	128 64	90×120 90×120
上采样 2	双线性插值 3×3 卷积（平滑层）	×2 Upsample Stride 1	64 32	180×240 180×240
分类层	1×1 卷积	Stride 1	11	180×240
上采样	双线性插值	×2 Upsample	11	360×480

6.3.3　网络模型训练

1. 实验环境及评价指标设定

1）软、硬件实验环境

本节采用 PyTorch 深度学习框架软件环境进行模型搭建和实验。硬件环境为：Intel（R）

Core（TM）i3 – 9100F 的 CPU（15G 内存），单张 GeForce RTX 2080Ti 显卡（11G 显存）。

2）性能评价指标

本节对网络模型性能的评估综合考虑了精度和效率两个方面。精度方面采用当前广泛使用的分割精度评价指标平均交并比 mIoU 来衡量分割性能。效率方面考虑模型的参数量和前向推理运行速度来考虑模型的运行效率。

2. 实验参数配置及数据预处理

1）训练超参数配置策略

训练深度学习模型时需要配置的超参数包括学习率、训练批量大小等。学习率决定了参数更新的幅度。本节学习率更新策略采用多项式衰减的"Poly"学习率调整方法[7,8]，初始学习率和训练批量大小根据训练数据集进行调整，最大训练轮数设定为 1 000，power 参数用于控制学习率更新曲线的弧度，即控制了学习率更新的速率和步幅，设定为 0.9。

2）损失函数及优化器设计

在图像语义分割任务中，最常用的损失函数是交叉熵损失函数（Cross Entropy Loss Function）。但其并未考虑到数据集中存在的类别不平衡问题。

针对 Cityscapes 的类别不平衡问题，采用在线困难例挖掘[9,10]（Online Hard Example Miniing，OHEM）策略对网络训练过程进行优化，由此改进的损失函数如式（6.3.5）：

$$L_{\mathrm{OHEM}}(x,\Theta) = \frac{1}{\sum_{i=1}^{N}\sum_{k=1}^{K}\delta(y_i=k, p_{ik}<\eta)} \sum_{i=1}^{N}\sum_{k=1}^{K}\delta(y_i=k, p_{ik}<\eta)\lg(p_{ik}) \qquad (6.3.5)$$

式中，x 为特征图像素，Θ 为对应的网络权重参数，N 为训练批量图像包含的像素总数，K 为分割类别数目。对像素位置 x_i 在权重参数 Θ 下的输出值在通道维度进行 Softmax 对数归一化处理，得到其每一个分割类别上的预测概率分布。p_{ik} 为像素 x_i 属于类别 k 的概率值，最大概率值对应的分割类别即该像素位置的预测类别；y_i 为 x_i 的真实语义标签；$\eta\in(0,1]$ 为自定义门限值；$\delta(\cdot)$ 为符号函数，满足条件时输出 1，否则输出 0。

针对 CamViD 数据集中的类别不平衡问题，使用其加权交叉熵损失函数，表示如式（6.3.6）：

$$L_w(x,\Theta) = \sum_{i=1}^{N}\sum_{k=1}^{K} w_{ik} q_{ik} \lg(p_{ik}) \qquad (6.3.6)$$

式中，x 为特征图像素，Θ 为对应的网络权重参数，N 为训练批量图像包含的像素总数，K 为分割类别数目，$q_{ik}=q(y_i=k|x_i)$ 为第 k 个类别的像素 x_i 的真实标注，p_{ik} 为其预测输出，w_{ik} 为加权系数。优化器是网络模型权重参数更新的关键，本节在训练中使用 Adam 优化器[11]更新优化参数。

3）数据预处理

由于数据集中原始数据量和图像特征丰富度有限，而对于数据驱动的深度学习方法而言，特征差异性大、多样性丰富的训练数据是十分重要的，因此在训练模型之前首先对数据集进行预处理，包括水平翻转、尺度缩放以及随机裁剪。

6.3.4　实验结果及分析

在实际场景应用中，无人运动平台由运动控制、环境感知、融合决策等复杂的系统结构组成，而语义分割作为环境感知中的重要任务，能够通过对场景图像进行细致密集的语义解析，为无人运动平台环境感知提供有效的环境语义信息，从而为无人运动平台后续多源信息融合、路径规划、行为决策等提供充分的环境先验。作为无人运动平台自主运动的前驱任务之一，有效语义分割结果的获取是实现准确道路信息判断和行为决策的基础和关键，因此本节利用所设计的方法在无人运动平台实时运行过程中对实际环境场景进行了完整场景的语义分割，为后端任务提供有效的环境场景语义解析结果[12]。

本节中场景语义分割所用的硬件计算平台为搭载在无人运动平台上的移动端边缘计算设备 NVIDIA Xavier 开发板。模型在边缘计算设备上的运行效率结果如表 6.3.2 所示。通过实时获取环境感知模块采集的图像数据，进行实时场景的语义分割。所选取的场景为实验室周边完整道路环境，由于实际场景里程较长，所获取的语义分割结果以 6 个道路场景连续图像帧的形式展示，完整道路及场景分布如图 6.3.3 所示，各场景分割结果如图 6.3.4～图 6.3.9 所示。

表 6.3.2　实际场景下所设计模型运行效率

模型	图像大小	计算平台	前向推理速度（FPS）
FACSNet	360×480	NVIDIA Xavier	21

图 6.3.3　完整道路环境结构及场景分布示意图

6.3.5　小结

本节设计了一种基于快速自注意力机制的高效道路场景语义分割方法 FACSNet，介绍了网络模型参数实验参数配置及数据预处理。实验结果表明，FACSNet 能够实现分割速度和分割精度的有效平衡。

图 6.3.4　场景 1 分割结果

图 6.3.5　场景 2 分割结果

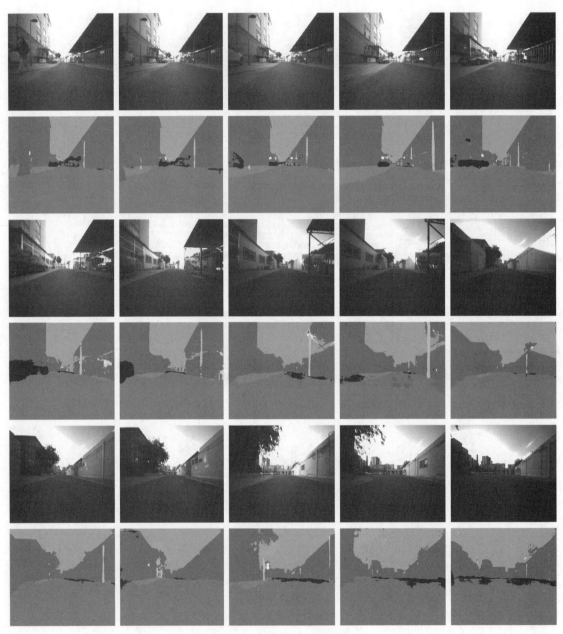

图 6.3.6　场景 3 分割结果

图 6.3.7　场景 4 分割结果

图 6.3.8　场景 5 分割结果

图 6.3.9　场景 6 分割结果

6.4 基于双目视觉的物体检测与定位

6.4.1 引言

基于双目视觉的障碍物检测算法均同于单目视觉目标检测算法，本节只讲述障碍物的定位方法。通过前述的目标检测方法已经可以确定左图像中目标的像素坐标，通过特征点的匹配方法可以确定右图像中对应的目标点像素坐标，或通过双目视觉的极线约束关系找到左右图像之间的目标点匹配关系，从而恢复出目标的深度信息。特征点的匹配方法可参考第4章相关部分。

在完成双目摄像机标定、左右图像立体匹配后，需要对目标物体的空间三维坐标信息进行计算。图像特征点匹配由于具有图像尺度不变性、旋转不变性，且匹配得到的特征点对往往不在同一极线上，因此本节对基于特征点匹配得到的配准点采用最小二乘逼近的方法获取其空间三维坐标；基于区域的立体匹配方法，在匹配前需要对极线进行校正，对基于区域的立体匹配方法得到的配准点可以基于三角视差原理进行空间坐标计算获取[13]。

6.4.2 最小二乘逼近的图像特征点三维信息计算

由立体关系恢复空间坐标点示意图如图6.4.1所示。

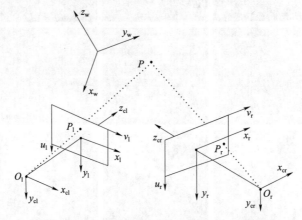

图6.4.1 由立体关系恢复空间坐标点示意图

空间点 P 在左右摄像机成像平面上的投影点为 P_l 和 P_r，设投影点的齐次像素坐标为 $P_l=(u_l,v_l,1)$，$P_r=(u_r,v_r,1)$，空间点 P 在世界坐标系下的齐次坐标表示为 $P_w=(x_w,y_w,z_w,1)^T$，由第3章的双目摄像机模型可以得到以下关系成立：

$$\begin{cases} z_{cl}P_l = M_lP_w \\ z_{cr}P_r = M_rP_w \end{cases} \tag{6.4.1}$$

式中，z_{cl}、z_{cr} 分别为 P 在左右摄像机中的摄像机坐标系下的 z 值，M_l、M_r 分别为空间点 P 与左右摄像机成像平面形成的投影矩阵。方程（6.4.1）因为在求解过程中存在冗余，消去 z_{cl}、z_{cr} 后可得到式（6.4.2）所示线性方程。

$$\begin{bmatrix} u_1 m_{31}^l - m_{11}^l & u_1 m_{32}^l - m_{12}^l & u_1 m_{33}^l - m_{13}^l \\ v_1 m_{31}^l - m_{21}^l & v_1 m_{32}^l - m_{22}^l & v_1 m_{33}^l - m_{23}^l \\ u_r m_{31}^r - m_{11}^r & u_r m_{32}^r - m_{12}^r & u_r m_{33}^r - m_{13}^r \\ v_r m_{31}^r - m_{21}^r & v_r m_{32}^r - m_{22}^r & v_r m_{33}^r - m_{23}^r \end{bmatrix} \begin{bmatrix} x_w \\ y_w \\ z_w \end{bmatrix} = \begin{bmatrix} m_{14}^l - u_1 m_{34}^l \\ m_{24}^l - v_1 m_{34}^l \\ m_{14}^r - u_r m_{34}^r \\ m_{24}^r - v_r m_{34}^r \end{bmatrix} \tag{6.4.2}$$

式中，m_{ij}^l、m_{ij}^r 分别表示的是投影矩阵 $\boldsymbol{M}_l$、$\boldsymbol{M}_r$ 的行列元素值。式（6.4.2）中存在 x_w、y_w、z_w 三个未知变量，满足 4 个方程式，故式（6.4.2）亦存在冗余。根据式（6.4.2）可获取理想状况下的共面直线两两相交的空间坐标点。

但是在实际应用中，由于双目视觉系统存在标定误差、匹配误差等因素，导致 $\overline{O_l P_l}$ 和 $\overline{O_r P_r}$ 不严格共面，因此不存在严格的空间相交点。此种情况下，在求解空间点 P 的世界坐标时采用最小二乘逼近的方法求取空间点的三维坐标。

将方程式（6.4.2）记作 $\boldsymbol{CP} = \boldsymbol{D}$，则得到 P 的最小二乘解表示式：

$$\boldsymbol{P} = (\boldsymbol{C}^{\mathrm{T}} \boldsymbol{C})^{-1} \boldsymbol{C}^{\mathrm{T}} \boldsymbol{D} \tag{6.4.3}$$

求解异面直线近似交点的本质是求取空间点 P，使得空间点 P 到两条直线距离的平方和最小，如图 6.4.2 所示。

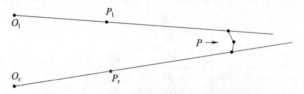

图 6.4.2　最小二乘解空间点坐标的几何意义

6.4.3　基于三角视差的稠密区域三维信息计算

本节采用平行光轴立体成像模型的三角视差原理对稠密区域进行三维坐标计算，平行光轴立体成像原理图如图 6.4.3 所示。

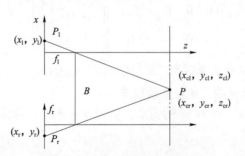

图 6.4.3　平行光轴立体成像图

假设空间一点 P 在左右两摄像机系中的坐标为 (x_{cl}, y_{cl}, z_{cl})、(x_{cr}, y_{cr}, z_{cr})，空间点 P 在左右两个摄像机成像平面上的投影点 P_l 和 P_r 在图像坐标系中的坐标分别是 (x_l, y_l) 和 (x_r, y_r)，f_l 与 f_r 为左右摄像机实际焦距，B 为基线距。在不考虑非线性畸变因素时，由针孔成像的原理可知式（6.4.4）成立。

$$
\begin{cases}
x_1 = \dfrac{f_1 x_{\mathrm{cl}}}{z_{\mathrm{cl}}}, \; x_{\mathrm{r}} = \dfrac{f_{\mathrm{r}} x_{\mathrm{cr}}}{z_{\mathrm{cr}}} \\[3mm]
y_1 = \dfrac{f_1 y_{\mathrm{cl}}}{z_{\mathrm{cl}}}, \; y_{\mathrm{r}} = \dfrac{f_{\mathrm{r}} y_{\mathrm{cr}}}{z_{\mathrm{cr}}}
\end{cases}
\tag{6.4.4}
$$

由于两摄像机平行放置且焦距一致，有 $x_{\mathrm{cr}} = x_{\mathrm{cl}} - B$，$y_{\mathrm{cl}} = y_{\mathrm{cr}}$，$z_{\mathrm{cl}} = z_{\mathrm{cr}}$，令 $y_{\mathrm{cl}} = y_{\mathrm{cr}} = y_{\mathrm{c}}$，$z_{\mathrm{cl}} = z_{\mathrm{cr}} = z_{\mathrm{c}}$，$f_1 = f_{\mathrm{r}} = f$，则上式可改写为：

$$
\begin{cases}
x_1 = \dfrac{f x_{\mathrm{cl}}}{z_{\mathrm{c}}} \\[3mm]
x_{\mathrm{r}} = \dfrac{f x_{\mathrm{cr}}}{z_{\mathrm{c}}} = \dfrac{f(x_{\mathrm{cl}} - B)}{z_{\mathrm{c}}} \\[3mm]
y_1 = y_{\mathrm{r}} = \dfrac{f y_{\mathrm{c}}}{z_{\mathrm{c}}}
\end{cases}
\tag{6.4.5}
$$

可以看出，空间点 P 在左右两个摄像机成像平面上的投影点 P_1 和 P_{r} 的图像坐标只在 x 方向有差异，将这个差异称作空间点在双目立体视觉系统中的视差，记为 $D = x_1 - x_{\mathrm{r}}$，则由式（6.4.5）可以推导出空间点 P 分别在左右两个摄像机系中的摄像机坐标：

$$
\begin{cases}
x_{\mathrm{cl}} = \dfrac{B x_1}{D}, \; x_{\mathrm{cr}} = \dfrac{B x_{\mathrm{r}}}{D} \\[3mm]
y_{\mathrm{cl}} = \dfrac{B y_1}{D}, \; y_{\mathrm{cr}} = \dfrac{B y_{\mathrm{r}}}{D} \\[3mm]
z_{\mathrm{cl}} = \dfrac{B f_1}{D}, \; z_{\mathrm{cr}} = \dfrac{B f_{\mathrm{r}}}{D}
\end{cases}
\tag{6.4.6}
$$

注意：摄像机标定中使用的都是归一化焦距，实际焦距在摄像标定中不可求得，所以考虑重投影矩阵形式：

$$
\begin{bmatrix}
1 & 0 & 0 & -u_{0\_\mathrm{rect}} \\
0 & 1 & 0 & -v_{0\_\mathrm{rect}} \\
0 & 0 & 0 & f_{\mathrm{rect}} \\
0 & 0 & \dfrac{1}{B} & 0
\end{bmatrix}
\begin{bmatrix}
u_{1\_\mathrm{rect}} \\
v_{1\_\mathrm{rect}} \\
d \\
1
\end{bmatrix}
=
\begin{bmatrix}
x \\
y \\
z \\
w
\end{bmatrix}
\tag{6.4.7}
$$

式中，B 为双目视觉模型得到的基线距，$B = |T_{1\_\mathrm{rect}} - T_{\mathrm{r}\_\mathrm{rect}}|$，$(u_{0\_\mathrm{rect}}, v_{0\_\mathrm{rect}})$ 为校正后左图像的主点，f_{rect} 为校正后的归一化焦距；d 为像素视差。

根据式（6.4.7）求出 x、y、z、w 的值后，能进一步求出左摄像机坐标系下的空间点三维坐标：

$$
\begin{cases}
x_{\mathrm{cl}} = \dfrac{x}{w} = \dfrac{(u_{1\_\mathrm{rect}} - u_{0\_\mathrm{rect}}) B}{d} \\[3mm]
y_{\mathrm{cl}} = \dfrac{y}{w} = \dfrac{(v_{1\_\mathrm{rect}} - v_{0\_\mathrm{rect}}) B}{d} \\[3mm]
z_{\mathrm{cl}} = \dfrac{z}{w} = \dfrac{f_{\mathrm{rect}} B}{d}
\end{cases}
\tag{6.4.8}
$$

式（6.4.7）与式（6.4.8）从本质上是一致的。通过矩阵运算形式的式（6.4.7）和补充式（6.4.8）可以方便地通过视差图计算出所有匹配区域的空间点摄像机坐标，进而得到世界坐标：

$$\begin{bmatrix} x_{\mathrm{w}} \\ y_{\mathrm{w}} \\ z_{\mathrm{w}} \\ 1 \end{bmatrix} = \begin{bmatrix} R_{\mathrm{l\_rect}} & T_{\mathrm{l\_rect}} \\ 0^{\mathrm{T}} & 1 \end{bmatrix}^{-1} \begin{bmatrix} x_{\mathrm{cl}} \\ y_{\mathrm{cl}} \\ z_{\mathrm{cl}} \\ 1 \end{bmatrix} \tag{6.4.9}$$

采用矩阵形式求解稠密三维点云的坐标值，会给编程实现上带来很大的方便。

6.4.4 实验结果与分析

双目摄像机可采用 Bumblebee2 摄像机，或者通过两套型号相同的摄像机构建双目摄像机。

一、三维重建实验

实验采集图像经过双目校正后如图 6.4.4 所示。

左图　　　　　　　　　　　右图

图 6.4.4　实验采集图像

1. 对特征点进行距离约束与极线约束

基于改进 SURF 特征点匹配方法进行图像匹配，匹配效果如图 6.4.5 所示，特征点分布不均匀且存在误匹配点，因此需要对特征点进行距离约束与极线约束，设定距离阈值。对特征点设定距离阈值以及极线约束后所得匹配效果如图 6.4.6 所示，本实验所设定距离阈值为 40 个像素距离。

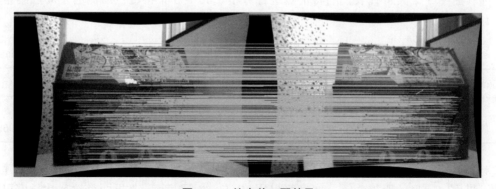

图 6.4.5　约束前匹配效果

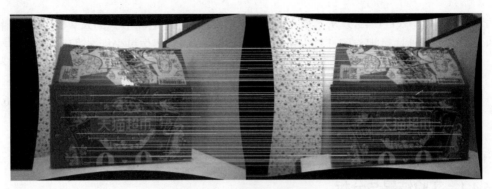

图 6.4.6   约束后匹配效果

由图 6.4.6 所示图像匹配效果可知，经设定特征点距离阈值以及进行极线约束后得到的图像特征点能够均匀分布，且消除了误匹配点，有效消除了由于图像纹理不同导致的特征点疏密极不均匀的情况，提高了三维重建的速度和精度。

2. 三维坐标计算结果

三维坐标计算结果如图 6.4.7 所示。

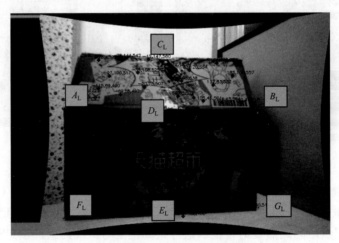

图 6.4.7   三维坐标计算结果

选取图中 5 个具有代表性的特征点进行分析，其中 5 个特征点所测的空间三维坐标如表 6.4.1 所示。

表 6.4.1   物体表面特征点空间坐标   mm

特征点	A_L	B_L	C_L	D_L	E_L	F_L	G_L
空间坐标	（−148，3，462）	（190，43，518）	（−12，147，560）	（0，25，478）	（23，−173，482）	（−148，3，462）	（193，−8，506）

对上述特征点坐标进行计算分析可得到重建物体的尺寸信息。其中，垂直面重建尺寸长度可以用 $F_L G_L$ 的距离表示，宽度可以用 $D_L E_L$ 的距离表示；折面重建尺寸长度可以用

$A_{\mathrm{L}}B_{\mathrm{L}}$ 距离表示，宽度可以用 $C_{\mathrm{L}}D_{\mathrm{L}}$ 距离表示。纸箱的重建尺寸测量值以及实际值如表 6.4.2 所示。

表 6.4.2　重建物体尺寸信息　　　　　　　　　　mm

项目	长度	宽度
垂直面重建尺寸	344.003	199.372
实际尺寸	345	201
折面重建尺寸	344.935	149.144
实际尺寸	342	147

由表 6.4.2 中所得数据可知，在垂直面上物体的重建精度在 1.5 mm 内；在折面上物体的重建精度在 3 mm 内。造成误差存在的原因，一方面是由于纸箱表面不平整造成的误差；另一方面是由于测量工具本身精度以及测量者的操作原因。从整体上来讲，物体重建精度较高，满足本节提出的精度要求。

二、物体尺寸测量实验

随着工业智能化水平的提高，双目视觉系统在工业测量中的应用越来越广泛。由于现有实验条件不具备在实际工业生产中进行实验研究，因此本节将搭建的双目视觉系统应用于课本尺寸的测量。

所搭建的实验平台软件系统流程如图 6.4.8 所示。

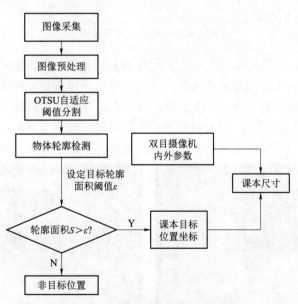

图 6.4.8　物体尺寸测量软件流程图

实验中采集得到的课本图像如图 6.4.9 所示，对采集的课本图像进行尺寸测量的过程如下。

左图　　　　　　　　　　　　　　右图

图 6.4.9　课本图像

（1）畸变校正。由于摄像机存在畸变，导致图像存在较大畸变，影响双目视觉系统的测量精度，因此在进行课本尺寸测量实验时需要对左右图像进行畸变校正，校正后的图像如图 6.4.10 所示。

左图　　　　　　　　　　　　　　右图

图 6.4.10　校正后课本图像

（2）图像预处理。左右图像进行图像预处理的方式相同，图像预处理包括如下过程：首先对图像进行灰度化，将三通道彩色图像转化为单通道灰度图像，从而减少图像处理过程中的运算量，灰度化后的图像如图 6.4.11 所示；接着对图像运用 OTSU 方法进行自适应二值化图像分割，将背景与目标物体分开，自适应二值化后的图像如图 6.4.12 所示；最后对图像进行高斯滤波，消除二值图像中的噪点干扰，经高斯滤波后的图像如图 6.4.13 所示。

左图　　　　　　　　　　　　　　右图

图 6.4.11　灰度化后的图像

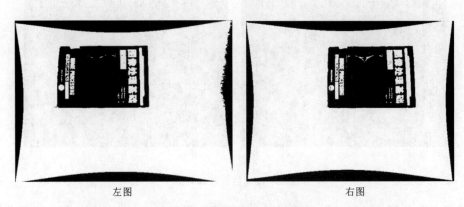

左图　　　　　　　　　　　　　右图

图 6.4.12　进行二值化后的图像

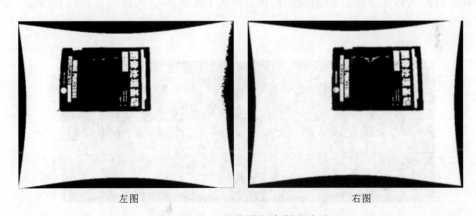

左图　　　　　　　　　　　　　右图

图 6.4.13　对图像进行高斯滤波后

（3）轮廓检测。本节采用轮廓检测的方法对图像进行轮廓检测，检测结果如图 6.4.14 所示，为得到目标物体的尺寸，需要对检测得到的轮廓进行面积约束，以得到目标物体坐标，目标物体用白色矩形进行框选，如图 6.4.15 所示，进而获取物体尺寸信息。

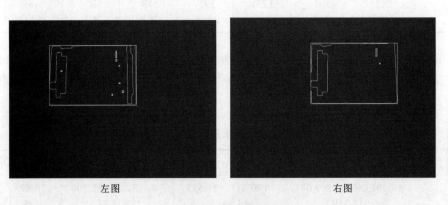

左图　　　　　　　　　　　　　右图

图 6.4.14　轮廓检测结果

左图　　　　　　　　　　　　　　右图

图 6.4.15　目标物体轮廓

（4）目标物体图像坐标获取。通过以上步骤得到目标轮廓，根据框选矩形在图像中的位置可以获取目标物体 4 个顶点的图像坐标值，如图 6.4.16 所示为获取目标位置图像，表 6.4.3 为各顶点图像坐标值。

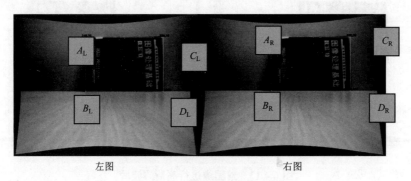

左图　　　　　　　　　　　　　　右图

图 6.4.16　目标物体图像坐标

表 6.4.3　课本顶点图像坐标值　　　　　　　　　　　　　mm

课本位置点	A_L	B_L	C_L	D_L	A_R	B_R	C_R	D_R
图像坐标	（123，76）	（391，76）	（123，259）	（391，259）	（248，76）	（520，76）	（248，259）	（520，259）

（5）获取物体尺寸信息。在获取目标位置的图像坐标之后可以根据式（6.4.3）获取目标点的三维空间坐标点，本节对左图像中物体进行尺寸测量，经计算，其结果如表 6.4.4 所示。

表 6.4.4　课本顶点世界坐标　　　　　　　　　　　　　mm

课本位置点	A_L	B_L	C_L	D_L
世界坐标	（−191.096，−159.043，516.319）	（−190.811，21.635，515.549）	（70.528，−152.509，495.109）	（70.828，20.865，497.213）

由以上数据可得课本测量尺寸如表 6.4.5 所示。

表 6.4.5　课本尺寸　　　　　　　　　　　　　　　　　　　　　　　　　mm

项目	长度	宽度
课本测量尺寸	262.423	177.034
课本实际尺寸	260.000	180.000

　　测量误差在 3 mm 内，这是由于课本本身放置时存在变形，故而导致其顶点之间的像素距离与实际距离存在偏差，因此上述实验结果所得到的课本测量尺寸与实际尺寸的误差在置信范围内。

三、台阶定位与尺寸测量实验

　　随着无人运动平台的发展，基于双目视觉系统的空间定位技术得到了广泛应用，本节应用搭建的双目视觉系统对实验室楼前台阶进行定位与测量，以获取台阶距摄像机的位置以及每级台阶的高度和宽度。实验中对台阶进行图像采集，如图 6.4.17 所示，并对采集的图像进行处理，其处理过程如下。

图 6.4.17　进行三维重建的台阶图像

　　（1）畸变校正。由采集到的图像可知，图像存在较大畸变，在进行台阶定位之前需要对图像进行畸变校正，校正后的图像如图 6.4.18 所示。

左图　　　　　　　　　　　　　　　　　　　　　右图

图 6.4.18　双目校正后的台阶图像

　　（2）立体匹配方法采用 SGBM 算法，其对台阶得到左图像的视差图如图 6.4.19 所示。

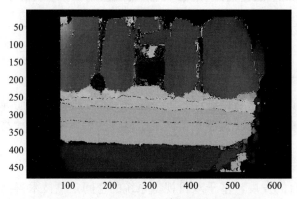

图 6.4.19　MATLAB 视差图显示效果

（3）根据视差数据恢复空间三维信息。在获取图像视差图之后得到稠密视差点的空间三维点云数据，其空间点云分布如图 6.4.20 所示，其中各坐标轴单位均以 cm 为单位。

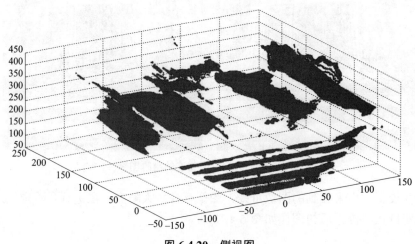

图 6.4.20　侧视图

由侧视图可知检测到的台阶为 5 阶，下面对台阶检测数据进行分析，来获取台阶的高度和宽度信息。

（4）台阶数据分析。由于摄像机坐标系与台阶平面坐标系之间存在一定的位姿转换关系，其关系可用图 6.4.21 近似表示。

台阶的宽度 W 可用台阶实际宽度在 Z_c 方向的投影数据量 W_p 来计算得出，台阶宽度 W 与 W_p 之间的关系可以用式（6.4.10）表示；台阶实际高度 H 与台阶高度在 Y_c 方向的投影用 H_p 表示，其关系可用式（6.4.11）近似表示。

$$W_p = W\cos\theta \tag{6.4.10}$$

$$H_p = H\cos\theta \tag{6.4.11}$$

式中，θ 表示摄像机坐标系与台阶平面坐标系之间的位姿转换角度，本实验中 θ 取为 40°。

如图 6.4.22 所示，取第一级台阶点云数据，对点云数据进行分析。

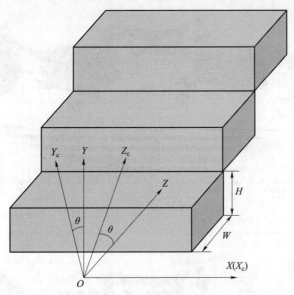

图 6.4.21　摄像机坐标系与台阶平面坐标系的关系

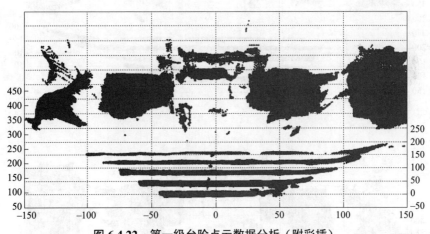

图 6.4.22　第一级台阶点云数据分析（附彩插）

在摄像机坐标系下，图中红色部分为选取的台阶面点云数据，台阶的宽度 W_p 可用相邻两级台阶的深度信息 Z_p 之间的差值表示，可取红色点云数据的深度平均值作为台阶的深度值 Z_p，第一级台阶的深度信息平均值 Z_{p1} 为 83.78 cm；第一级台阶在摄像机坐标系下的高度 H_{p1} 为 10 cm，故而其实际高度 H_1 为 13.05 cm。

同理，如图 6.4.23 所示对第二级到第五级台阶点云数据进行分析。

经对点云数据进行分析，可得到每一级的台阶高度在摄像机坐标系下的距离 H_{pi} 以及深度值 Z_{pi}（$i=1$，2，3，4，5），其结果如表 6.4.6 所示。

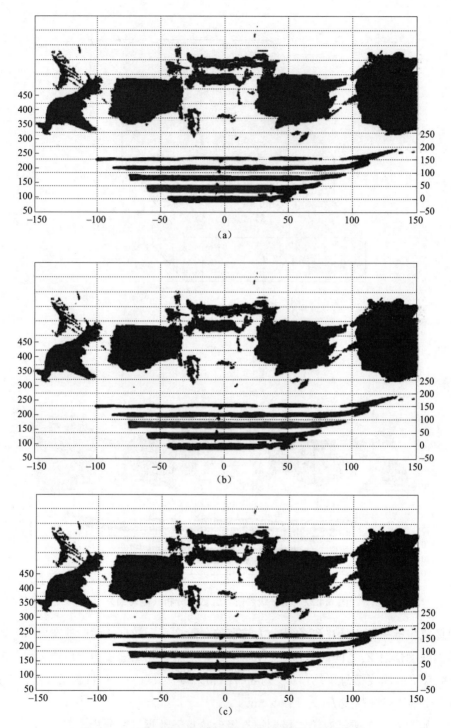

图 6.4.23　第二级到第五级台阶点云数据分析（附彩插）

（a）第二级台阶；（b）第三级台阶；（c）第四级台阶

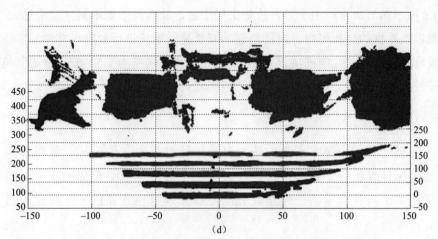

图 6.4.23　第二级到第五级台阶点云数据分析（附彩插）（续）

（d）第五级台阶

表 6.4.6　每一级台阶高度投影值

项目	第一级	第二级	第三级	第四级	第五级
台阶高度 H_p/cm	10	11	11	10	10
台阶深度 Z_p/cm	83.78	113.36	141.77	167.52	192.49

相邻台阶之间的台阶点云数据深度信息平均值 Z_p 的差值可作为台阶的宽度 W_p，其结果如表 6.4.7 所示。

表 6.4.7　台阶宽度投影值

项目	第一级	第二级	第三级	第四级
台阶宽度 W_p/cm	29.58	28.41	25.75	24.97
台阶深度 Z_p/cm	83.78	113.36	141.77	167.52

由式（6.4.10）和式（6.4.11）可求得实际的台阶宽度 W 与台阶高度 H，其计算结果如表 6.4.8 所示。

表 6.4.8　每一级台阶实际高度 H 与实际宽度 W

项目	第一级	第二级	第三级	第四级	第五级	平均值	实际值
台阶高度 H/cm	13.05	14.36	14.36	13.05	13.05	13.57	13
台阶宽度 W/cm	38.61	37.09	33.61	32.60	—	35.48	37

表 6.4.8 所示第五级台阶由于是台阶最上层平台，故而无须表示其宽度信息。

经过对以上数据的分析可得，对所搭建的双目视觉系统进行台阶尺寸测量实验，其实验所得台阶尺寸与实际尺寸之间高度误差为 0.57 cm，宽度误差为 1.52 cm，考虑到机器人实际行进的步长较大，该误差在允许范围内，且精度较高。

6.4.5　小结

本节主要研究了三维深度恢复方法，对基于特征点的三维坐标计算以及基于稠密视差图的三维坐标计算进行了理论分析，在此基础上进行了三维重建的实验，实验结果表明，本节所述基于双目视觉的三维重建方法能够完成目标物体的三维重建，且具有较高的精度。

6.5　基于红外光摄像机的目标检测

6.5.1　网络结构

YOLO v5 由 Glenn Jocher 等人于 2020 年提出，其以小巧的体积、高速的推理能力和优秀的预测精度赢得了青睐，本节使用 YOLO v5 网络作为红外目标检测的方案。YOLO v5[14] 的网络结构可以划分为 4 个模块，包括输入端、基准网络（Backbone）、Neck 网络与输出端，如图 6.5.1 所示。

1. 输入端

在网络的训练阶段，YOLO v5 在输入端中引入 Mosaic 数据增强操作提升模型的训练速度和网络的精度，同时提出了一种自适应锚框计算与自适应图片缩放方法。

Mosaic 数据增强一次使用 4 张图片，按照随机缩放、随机裁剪和随机排布的方式进行拼接，形成 1 张新的图片，该方法有利于丰富数据集、提高网络训练速度。Mosaic 数据增强示意图如图 6.5.2 所示。

自适应锚框计算是在初始锚框的基础上输出对应的预设框，计算其与真实框之间的差距，并执行反向更新操作，从而更新整个网络的参数，得到最适应本数据集的锚框大小。

自适应图片缩放运用在网络的推理阶段，包括三个步骤：① 根据原始图片大小与输入网络图片大小计算缩放比例；② 根据原始图片大小与缩放比例计算缩放后的图片大小；③ 计算图片填充范围。相较于其他图片缩放方法，该方法能够减少缩放后图片的填充量，降低图片中的冗余信息，从而提升网络的运行速度。自适应图片缩放示意图如图 6.5.3 所示。

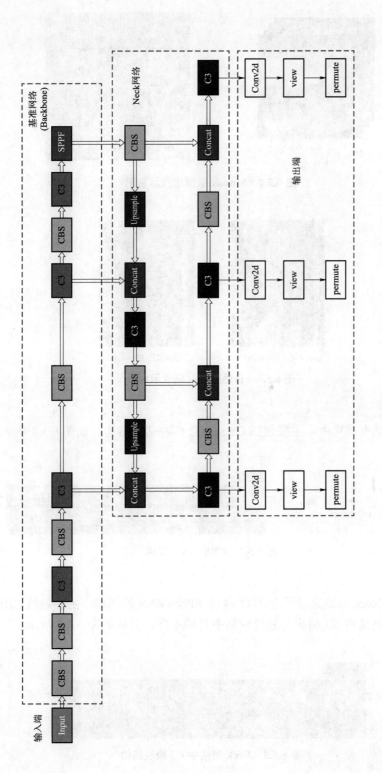

图 6.5.1 YOLO v5 网络结构

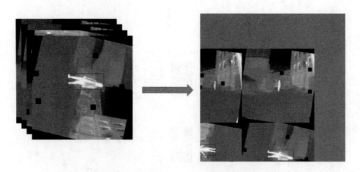

图 6.5.2　Mosaic 数据增强示意图

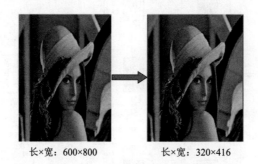

长×宽：600×800　　　　长×宽：320×416

图 6.5.3　自适应图片缩放示意图

2. 基准网络

YOLO v5 的基准网络中，主要包括 CBS、C3 两种基础结构，如图 6.5.4 所示。

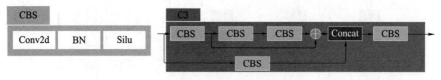

图 6.5.4　CBS 与 C3 结构

3. Neck 网络

YOLO v5 的 Neck 网络延续了 YOLO v4 中 FPN＋PAN 的结构，主要包括 CBS、C3 两种基础结构，Neck 网络中 C3 结构与基准网络中有所不同，具体如图 6.5.5 所示。

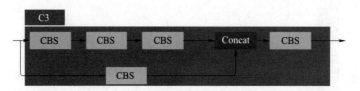

图 6.5.5　Neck 网络中 C3 模块结构

4. 输出端

在网络的训练阶段，YOLO v5 使用 CIoU 来计算包围框的损失，CIoU 需要考虑预设框与真实框的最小外接矩形、真实框和预设框的长宽比等因素，因此避免了当预设框和真实框不相交，即 IoU = 0 时，无法反映两个框之间的距离，或者预设框在真实框内部且预设框大小一致的情况时，这时预设框和真值框的差集都是相同的，无法区分相对位置关系等问题。CIoU 示意图如图 6.5.6 所示。

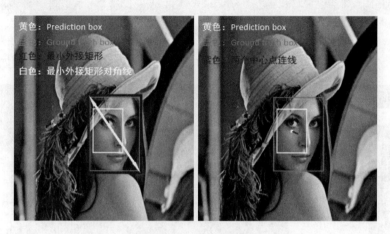

图 6.5.6　CIoU 示意图

根据图 6.5.6，记预设框与真实框最小外接矩形的对角线长为 Distance_1，两框中心连线长为 Distance_2，真实框的长宽分别为 h^{gt}、w^{gt}，预设框的长宽分别为 h^p、w^p，则 CIoU_loss 的计算公式可写作下式：

$$\text{CIoU\_loss} = 1 - \left(\text{IoU} - \frac{\text{Distance\_2}^2}{\text{Distance\_1}^2} - \frac{v^2}{(1 - \text{IoU}) + v} \right)$$

$$v = \frac{4}{\pi^2} \left(\arctan \frac{w^{gt}}{h^{gt}} - \arctan \frac{w^p}{h^p} \right)^2$$

此外，在网络的推理过程中，由于预测结果中存在多个预设框指向同一检测目标的情况，为了删除重复预设框，YOLO v5 使用 NMS 算法进行预设框筛选，其流程如图 6.5.7 所示。

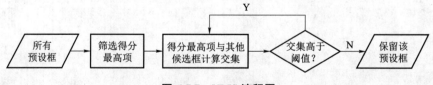

图 6.5.7　NMS 流程图

6.5.2　网络训练

以红外图像中识别行人为例，预先使用红外相机采集约 1 200 张图片，包括行人走姿、蹲姿、站姿形态，如图 6.5.8 所示。

图 6.5.8　所采集图像样本

标注阶段，使用 Roboflow 在线标注工具制作数据集。Roboflow 数据标注界面如图 6.5.9 所示。

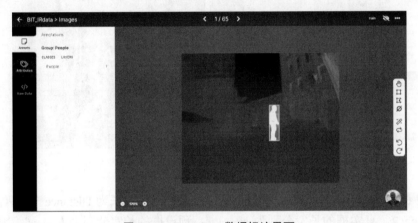

图 6.5.9　Roboflow 数据标注界面

选用 YOLO v5 模型进行训练，同时观察训练中模型的输出情况。训练样本如图 6.5.10 所示。

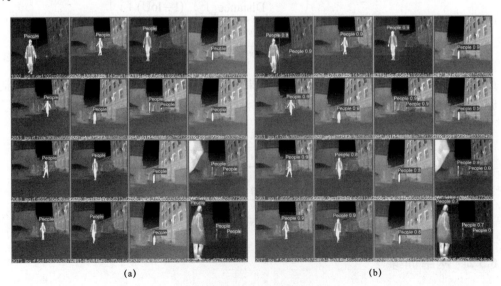

（a）　　　　　　　　　　　　　　　　（b）

图 6.5.10　训练样本及预测输出结果

（a）训练样本；（b）样本预测输出

训练结束后会保存最优模型和最后一轮训练得到的模型，可以根据需要进行选择。

6.5.3　实验结果

采用训练得到的最优模型进行测试，户外场景下，对行人的检测效果如图 6.5.11 和图 6.5.12 所示。

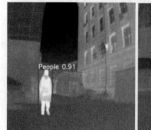

图 6.5.11　测试结果 1

图 6.5.12　测试结果 2

从以上测试结果中可以看出，该模型可以识别出户外场景下站姿、蹲姿、行走姿的行人，具有很好的实用性。

参 考 文 献

［1］ 杨子木. 基于多传感器的无人平台全天候环境下道路场景理解算法研究［D］. 北京：北京理工大学，2020.

［2］ MARIUS C, MOHAMED O, SEBASTIAN R, et al. The Cityscapes Dataset for Semantic Urban Scene Understanding［C］. Proceedings of the IEEE Conference on Computer Vision and Pattern Recognition, 2016.

［3］ GABRIEL J B, JAMIE S, JULIEN F, et al. Segmentation and Recognition Using Structure from Motion Point Clouds［C］. Proceedings of the European Conference on Computer Vision, Springer, 2008.

［4］ GABRIEL J B, JULIEN F, ROBERTO C. Semantic Object Classes in Video: a High-definition Ground Truth Database［J］. Pattern Recognition Letters, 2009, 30 (2): 88 – 97.

［5］ WANG X L, ROSS G, ABHINAV G, et al. Non-local Neural Networks［C］Proceedings of the IEEE Conference on Computer Vision and Pattern Recognition, 2018.

［6］ HU P, FEDERICO P, FABIAN C H, et al. Real-time Semantic Segmentation with Fast Attention［J］. IEEE Robotics and Automation Letters, 2020, 6 (1): 263 – 270.

［7］ CHEN L C, GEORGE P, IASONAS K, et al. DeepLab: Semantic Image Segmentation with Deep Convolutional Nets, Atrous Convolution, and Fully Connected CRFs［J］. IEEE Transactions on Pattern Analysis and Machine Intelligence, 2017, 40 (4): 834 – 848.

［8］ ZHAO H S, SHI J P, QI X J, et al. Pyramid Scene Parsing Network［C］. Proceedings of the IEEE Conference on Computer Vision and Pattern Recognition, 2017.

［9］ ABHINAV S, ABHINAV G, ROSS G. Training Region-based Object Detectors with Online Hard Example Mining［C］. Proceedings of the IEEE Conference on Computer Vision and Pattern Recognition, 2016.

［10］ LIN T Y, PRIYA G, ROSS G, et al. Focal Loss for Dense Object Detection［C］. Proceedings of the IEEE International Conference on Computer Vision, 2017.

［11］ DIEDERIK P K, JIMMY B. Adam: a Method for Stochastic Optimization［J］. arXiv preprint arXiv: 1412.6980, 2014.

［12］ 张鑫. 轻量化表示学习的道路场景语义分割方法研究［D］. 北京：北京理工大学，2021.

［13］ 宋晓宁. 基于双目视觉的三维重建［D］. 北京：北京理工大学，2017.

［14］ 钱坤，李晨瑄，陈美杉，等. 基于 YOLO v5 的舰船目标及关键部位检测算法［J］. 系统工程与电子技术，2022，44（6）：1823 – 1832.

彩　插

	Column 0	Column 1	Column ...	Column m
Row 0	0,0	0,1	...	0,m
Row 1	1,0	1,1	...	1,m
Row ...	...,0	...,1	...	...,m
Row n	n,0	n,1	n,...	n,m

（a）

	Column 0			Column 1			Column ...			Column m		
Row 0	0,0	0,0	0,0	0,1	0,1	0,1	...	...	...	0,m	0,m	0,m
Row 1	1,0	1,0	1,0	1,1	1,1	1,1	...	...	...	1,m	1,m	1,m
Row ...	...,0	...,0	...,0	...,1	...,1	...,1	...	...	...	...,m	...,m	...,m
Row n	n,0	n,0	n,0	n,1	n,1	n,1	n,...	n,...	n,...	n,m	n,m	n,m

（b）

图 3.1.1　图像描述

（a）灰度图像；（b）彩色图像

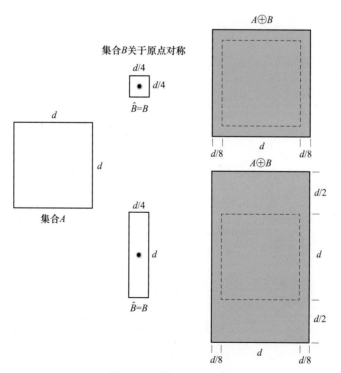

图 3.4.3　膨胀过程示例

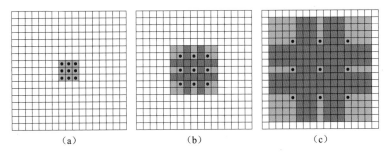

图 4.5.8　空洞卷积示意图

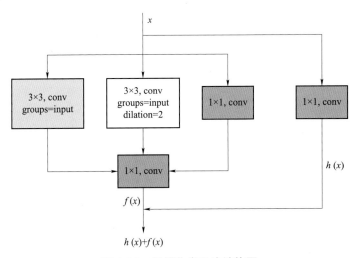

图 4.5.9　轻量化卷积块结构图

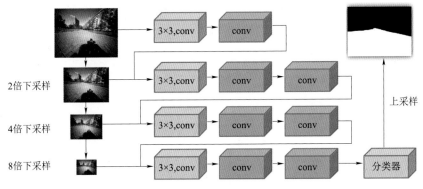

图 4.5.11　本节网络模型具体结构示意图

图 4.6.5 YOLO 位置坐标示意图

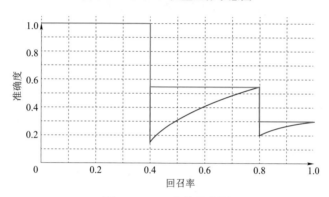

图 4.6.8 PR 曲线示意图

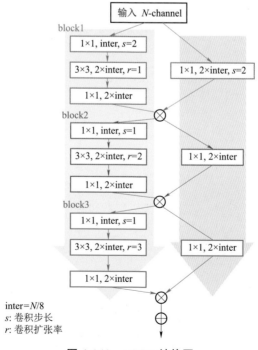

图 4.6.10 mRFB 结构图

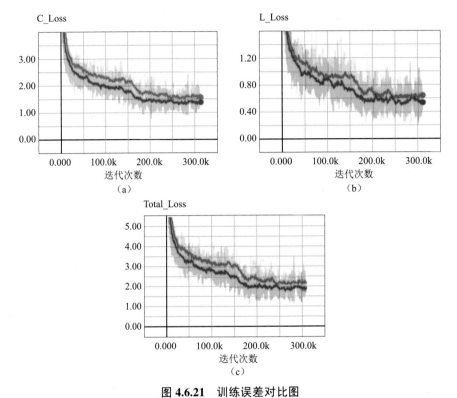

图 4.6.21 训练误差对比图

（a）分类误差；（b）定位误差；（c）总误差

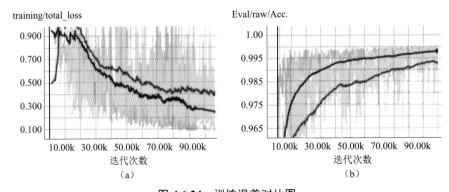

图 4.6.24 训练误差对比图

（a）训练损失；（b）验证集准确度

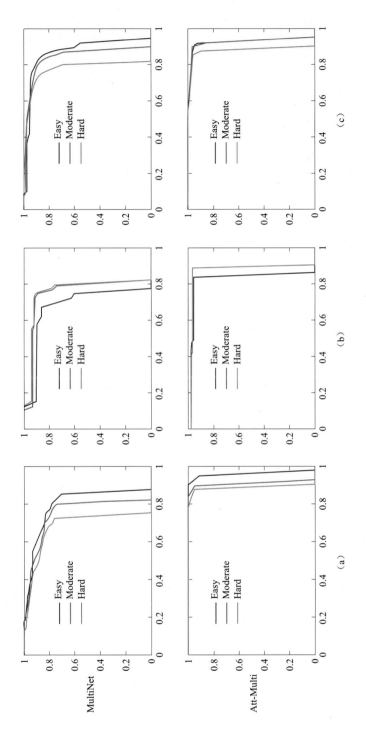

图 4.6.25 加入自注意力模块前后 **PR** 曲线对比图

(a) Pedestrian; (b) Cyclist; (c) Car

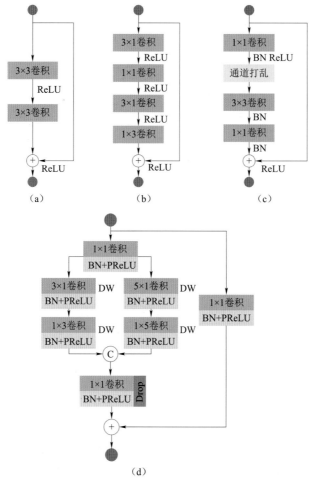

图 4.7.1　现有特征提取模块及 MDF 模块结构示意图

（a）经典残差结构；（b）分解卷积结构；（c）Shuffle 结构；（d）MDF 结构

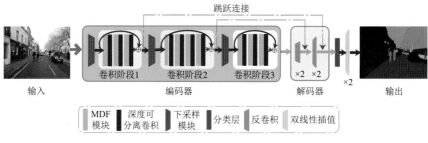

图 4.7.2　MDFNet 网络结构示意图

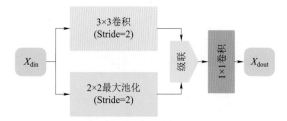

图 4.7.3　下采样模块结构示意图

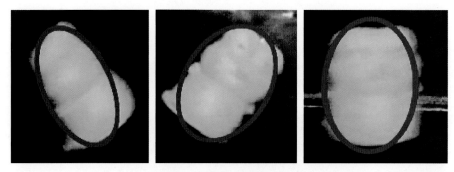

图 5.1.7　区域三的跟踪效果图

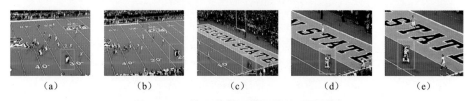

　（a）　　　　　（b）　　　　　（c）　　　　　（d）　　　　　（e）

图 5.2.15　基于前景概率函数的跟踪结果

（a）第 177 帧；（b）第 221 帧；（c）第 333 帧；（d）第 389 帧；（e）第 479 帧

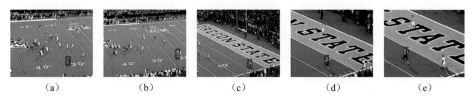

　（a）　　　　　（b）　　　　　（c）　　　　　（d）　　　　　（e）

图 5.2.16　Collins 带宽更新算法的跟踪结果

（a）第 177 帧；（b）第 221 帧；（c）第 333 帧；（d）第 389 帧；（e）第 479 帧

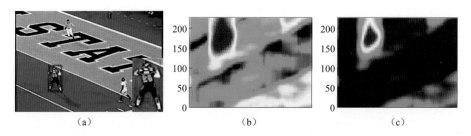

　　（a）　　　　　　　　　　（b）　　　　　　　　　　（c）

图 5.2.17　目标特征相关系数分布图

（a）测试图像；（b）投影前相关系数分布；（c）投影后相关系数分布

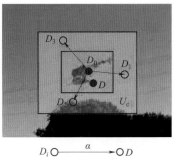

图 5.4.2　目标及其上下文空间关系描述

（红色框内为局部上下文区域 U_c，包括蓝色框中的目标区域；D_0 为跟踪结果中心点，D 为可能的目标
中心点，$D_i\ (i \in \mathbf{Z}^+)$ 为上下文区域中的点）

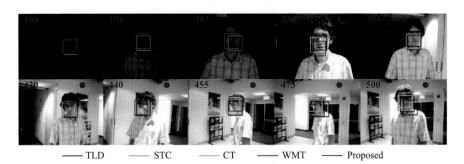

—— TLD　　—— STC　　—— CT　　—— WMT　　—— Proposed

图 5.4.7　视频 david 跟踪截图

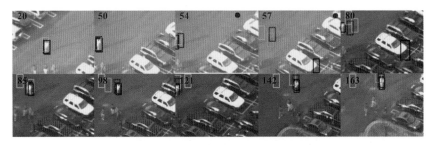

图 5.4.8　视频 Pedestrian 跟踪截图

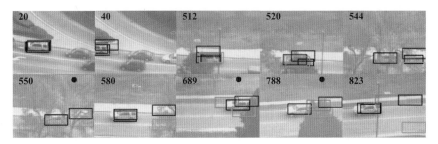

图 5.4.9　视频 Car 跟踪截图

图 5.4.10　视频 Plane 跟踪截图

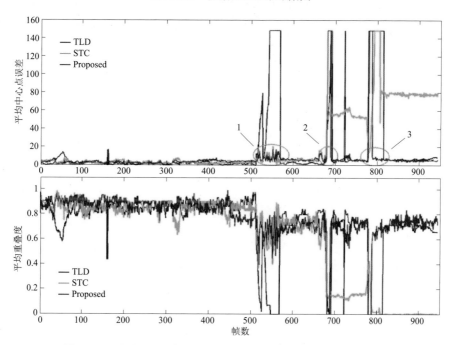

图 5.4.11　视频 Car 中跟踪结果的平均中心点误差和平均重叠度

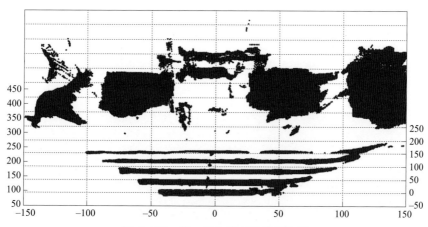

图 6.4.22　第一级台阶点云数据分析

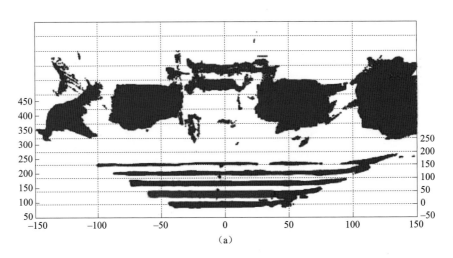

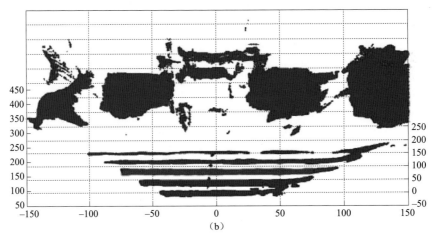

图 6.4.23　第二级到第五级台阶点云数据分析

（a）第二级台阶；（b）第三级台阶

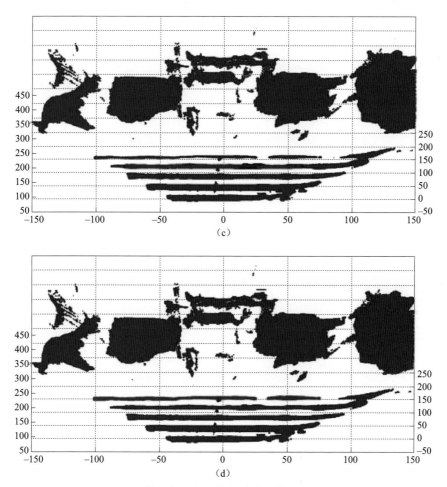

图 6.4.23　第二级到第五级台阶点云数据分析（续）

（c）第四级台阶；（d）第五级台阶